西南林业大学林学一级学科 | 资助
云南省高校极小种群野生动物保育重点实验室

野生动物保护与研究实用技术

● 主编 周伟　●副主编 罗旭

PRACTICAL TECHNIQUES

FOR WILDLIFE CONSERVATION AND RESEARCH

中国林业出版社
China Forestry Publishing House

图书在版编目(CIP)数据

野生动物保护与研究实用技术 / 周伟主编. -- 北京：中国林业出版社, 2020.10(2024.01重印)
ISBN 978-7-5219-0860-2

Ⅰ.①野… Ⅱ.①周… Ⅲ.①野生动物－动物保护－研究 Ⅳ.①S863

中国版本图书馆CIP数据核字(2020)第201764号

内容提要

本书由野生动物学教学和科研一线的教师参考国内外野生动物实用技术最新著作和文献资料，结合编者多年的教学、科研实践经验编撰而成。内容强调实用性和可操作性，避免过多论及技术原理、仪器和设备使用方法、研究方法等。全书有8章，内容包括：动物标本制作技术，野生动物绘图，野生动物摄影，野外痕迹识别与信息采集，野生动物疾病预防技术，野生动物救护与放归，野生动物损害防控技术以及野生动物生态研究技术。本书可作为高等农林院校和职业技术学院的野生动物与自然保护区管理及森林保护、林学等相关专业的本、专科学生的教学参考书，可供相关行业的科技人员和管理人员以及广大的野生动物爱好者参考，也可作为林业、环保和自然保护区的一线工作人员的培训参考资料。

中国林业出版社·自然保护分社（国家公园分社）
责任编辑： 葛宝庆 刘家玲

出版发行	中国林业出版社
	(100009 北京西城区刘海胡同7号)
网　　址	http://www.forestry.gov.cn/lycb.html
电　　话	(010) 83143612　83143519
印　　刷	河北京平诚乾印刷有限公司
版　　次	2021年6月第1版
印　　次	2024年1月第3次
开　　本	787mm×1092mm　1/16
印　　张	16　　彩插 16面
字　　数	330千字
定　　价	68.00元

未经许可，不得以任何方式复制或抄袭本书之部分或全部内容。

版权所有　侵权必究

野生动物保护与研究实用技术

主　编： 周　伟

副主编： 罗　旭

编写人员：（按姓氏笔画排列）

刘　强　李　旭　李奇生

李明会　罗　旭　周　伟

段玉宝　袁智勇　崔亮伟

绘图人员：（按姓氏笔画排列）

牛雅婷　李奇生　张雪莲

黄礼兵　黄　涛　黄海贝

PREFACE 前 言

在野生动物的教学、科研和保护实践活动中，我们不可避免地面临野生动物标本采集、制作、保存与展示，野生动物实体及痕迹等各种信息、图像的收集、识别与使用，野生动物疾病诊断、救护与野化放归，野生动物损害防治与生态研究技术等。这些内容对于野生动物与自然保护区管理专业及森林保护、林学等相关专业的大学本科、专科学生十分重要，是培养学生理论联系实际、训练独立工作能力的重要环节，有利于提高动物学课堂和野外实践教学的质量；对于林业、环保和自然保护区的一线工作人员也同样十分重要，掌握这些技能可以大大提高一线工作人员的实际工作能力，提高野生动物保护工作的成效。但是，目前还没有这样一部适合国情的教材和学习参考书，上述内容分散在浩如烟海的文献和著作中，不是专门收集很难得到。因为，一方面是它们散落在各类期刊文献中，不容易收集；另一方面是有的著作出版发行年代久远，已经很难寻觅。当前，野生动物损害、野生动物疫源疫病传播等方面的问题越来越突出，动物生态学研究的新技术近年来发展也十分迅速，迫切需要一本专门的著作反映当前的问题和趋势。在这样的形势下，编写综合的野生动物实用技术的著作，反映野生动物保护中涉及的方方面面，就是我们编写《野生动物保护与研究实用技术》的主要原因和初衷。

本书作者由西南林业大学从事野生动物学教学和科研的一线教师组成。编者参考了国内外相关教材和文献资料，并结合自身多年的教学和科研实践经验编著完成，内容重在实用性和可操作性，避免过多论及技术原理、仪器和设备使用方法、研究方法等。本书共分8章，内容涉及动物标本制作技术，野生动物绘图，野生动物摄影，野外痕迹识别与信息采集，野生动物疾病预防技术，野生动物救护与放归，野生动物损害防控技术，野生动物生态研究技术等。

本书在编写过程中得到了中国林业出版社严丽编审的支持与鼓励。本书的出版获得了西南林业大学林学一级学科建设经费（51600625）和云南省高校极小种群野生动物保育重点实验室的资助及云南省林业草原局动、植物保护处的支持，谨表谢意。

野生动物实用技术的内容包罗万象，我们仅撷取了与教学、科研和保护密切相关方面的内容，是否符合学科发展的趋势，是否满足教学、科研和保护的需求，有待实践检验。由于编者学识水平、精力与时间有限，错误遗漏之处在所难免，恳请读者在使用过程中若发现问题及时反馈给编者，或者直接发邮件至邮箱：luoxu@swfu.edu.cn，以期再版时作出相应调整，使本书日臻完善。

周伟　罗旭
2020年2月于昆明

CONTENTS 目 录

1 动物标本制作技术 ·· 001
1.1 脊椎动物标本的采集 ·· 001
1.2 标本制作常用器材与试剂 ···································· 004
1.3 浸制标本制作 ··· 007
1.4 骨骼标本 ··· 011
1.5 剥制标本 ··· 021
1.6 鸟卵和鸟巢标本制作 ·· 034
1.7 小型脊椎动物整体干制标本 ································· 035
1.8 标本的保养与管理 ··· 036

2 野生动物绘图 ·· 041
2.1 绘图作用与基本要求 ·· 041
2.2 常用绘图工具和材料 ·· 044
2.3 绘图基本步骤 ··· 045
2.4 绘图主要技法 ··· 049
2.5 生物显微绘图 ··· 059
2.6 动物绘图示例 ··· 060
2.7 图稿放大方法 ··· 064
2.8 生物教学挂图 ··· 067
2.9 渲染绘画 ··· 069

3 野生动物摄影 ·· 073
3.1 概述 ··· 073
3.2 拍摄前的准备 ··· 075
3.3 拍摄技巧 ··· 079
3.4 微距摄影 ··· 087
3.5 长焦摄影 ··· 093
3.6 动物园拍摄 ·· 098
3.7 水生动物摄影 ··· 099
3.8 显微摄影 ··· 102
3.9 后期制作 ··· 105

4 野外痕迹识别与信息采集 ······ 107
4.1 野外痕迹的类别 ······ 107
4.2 野生动物痕迹信息采集 ······ 117
4.3 基于野生动物痕迹的生态研究案例 ······ 122

5 野生动物疾病预防技术 ······ 129
5.1 传染病预防 ······ 129
5.2 寄生虫病预防 ······ 138
5.3 普通病预防 ······ 141
5.4 机体防御机能 ······ 145

6 野生动物救护与放归 ······ 147
6.1 野生动物救护 ······ 147
6.2 野生动物放归 ······ 169
附录：陆生野生动物收容救护管理规定 ······ 177

7 野生动物损害防控技术 ······ 179
7.1 野生动物损害的定义及性质 ······ 179
7.2 野生动物损害特点 ······ 180
7.3 野生动物损害类型 ······ 180
7.4 防控技术 ······ 189
7.5 野生动物损害补偿 ······ 208

8 野生动物生态研究技术 ······ 215
8.1 红外相机技术 ······ 215
8.2 环志 ······ 231
8.3 卫星跟踪 ······ 239
8.4 环志与卫星跟踪实例 ······ 242
附录：附录Ⅰ 野生动物多样性调查——相机审核表 ······ 246
　　　附录Ⅱ 野生动物多样性调查——相机状况表 ······ 247

附图 ······ 249

1 动物标本制作技术

> **提要** 本章介绍了动物标本的采集方法，制作工具，标本的制作步骤，主要标本类型：浸制标本、骨骼标本、鸟类剥制标本、兽类剥制标本、鸟卵和鸟巢标本、干制标本等的制作方法和过程，标本的保养与管理等。

动物标本在科研、教学和保护宣传中具有极其重要的地位和不可替代的作用。在科学研究中，标本是一个地区拥有哪些种类的凭据。当描述新种时，依据的标本被称为模式标本，它们是该新种名称的载体。一旦出现种名的争议时，模式标本就是解决纷争的唯一依据。即使目前可以制作出高质量的3D模型，但也远远不能还原动物体的微观细节和给人以真实感，难以满足教学和保护宣传的需要，而且成本和广泛性、实用性也是大问题。动物标本的重要性和不可替代性由此可见一斑。

在采集动物标本时，要严格遵循《中华人民共和国野生动物保护法》(2018)、《国家保护的有益的或者有重要经济、科学研究价值的陆生野生动物名录》(2000)和《国家重点保护野生动物名录》(2021)等法律法规，按程序报相关政府主管部门审批，在获准后才能猎捕和采集动物。在动物标本制作过程中，要充分保障动物福利与权利，严禁虐待动物。

1.1 脊椎动物标本的采集

1.1.1 常用标本采集工具

（1）诱捕笼和扣套

陆栖小型动物，特别是小型兽类适合使用铗猎工具采集。大型哺乳动物适合用大型诱捕笼采集，而小型诱捕笼则用于猎捕鼠类、黄鼬等。扣套用于捕捉爬行类、鸟类和兽类，可用铁丝、绳子、鱼线等制作扣套。

本章作者：李奇生；绘图：李奇生、黄海贝

（2）网具

包括渔用网和捕鸟网，可用于捕捉大多数的鱼类、两栖类、鸟类和翼手类等。常用的网有迷网、手持兜网等。

（3）常用的辅助工具

包括斧、锯、刀、铲等；背包、鼠袋或猎袋、绳索、钓竿或竹竿等；望远镜、照相机、录音机等；电子秤或弹簧秤、卷尺、游标卡尺等；温度计、风速仪、湿度计、注射器、手电筒、地形图（1/200000比例图或1/50000比例图）、笔记本电脑、全球定位系统（Global Positioning System，GPS）和海拔表、安装定位软件的手机、通信工具。

（4）记录和标记工具

标签、脚环、环志工具、记录笔等。

（5）标本处理工具

解剖盘、解剖刀、各种解剖剪（尖头、弯头等）、骨剪、各种镊子（大号、中号、小号和尖头、弯头等）、石膏粉、肥皂、脱脂棉、纱布、针线和标本箱等。

（6）诱饵

采集小型哺乳动物一般用花生、葵花籽、玉米粒、麦粒、水果和火腿肠等作为诱饵。采集食肉类动物一般用鲜肉、活动物或气味（尿、腺体分泌物、鱼油、腐鸡蛋等）作为诱饵。采集鱼类和两栖类可用蚯蚓或鱼饲料作为诱饵。此外，使用采集目标相近的宠物饲料效果更佳。

1.1.2 采集准备

为提高采集效率，在拟定的工作区域内要充分收集相关数据，如植被类型、海拔、采集目标动物的分布位点等。

采集样线的设置首先应根据地形、海拔、栖息地状况等设计一条采集线路，隔一定距离再设计其他采集线路。一般来说，体形小的动物其活动范围亦小。对于中小型哺乳类，其采集线路间距通常应为200m左右。设计线路时需要考虑交通、食宿方便和动物丰富度高的地区，如鱼类采集时可以依托顺江的公路。

1.1.3 采集方法

1.1.3.1 鱼类的采集方法

采集鱼类标本常用的网具有拉网、围网、刺网、张网等。可以请渔民协助采集，可以到乡村农贸市场购买，也可向当地水产公司或专业捕鱼队收集标本。单一目标种采集时，有当地渔民协助可以提高采集的成功率。

1.1.3.2 两栖动物成体的采集方法

根据两栖类动物成体生境将它们分为静水型、流溪型、陆栖型和树栖型等 4 类。采集前，应详细了解两栖动物成体的生活习性和活动规律，观察成体的分布地域等。一般有以下 3 种采集方法。

（1）抄网法

对水中活动和跳跃能力较强的种类，如黑斑蛙（*Rana nigromaculata*）、金线蛙（*R. plancyi*）和蓝尾蝾螈（*Cynops cyanurus*）等，可网捕捉。用强光电筒照射目标动物的眼睛，将抄网慢慢伸至距动物不远的水体或栖息的场所下方，然后迅速提网，将其网住并拖离水面，放入采集袋内保存（蝌蚪的采集也使用抄网法）。

（2）钓竿法

主要用于采集静水型的物种，如牛蛙（*Rana catesbeiana*）和虎纹蛙（*R. tigrina*）等，当发现水体中有动物个体分布时，将挂有饵料的钓线垂直放在距水面 2cm 左右的高处，轻轻晃动钓线，诱蛙捕食。当动物咬饵料时，迅速将钓竿提起，将其甩到陆地上，用手捕捉。

（3）徒手捕捉法

观察动物所在的位置，用强光电筒照射目标动物的眼睛，慢慢靠近动物，迅速出手捉住动物。对活动能力较弱的种类，如大蟾蜍（*Bufo bufo*）、花背蟾蜍（*B. raddei*）和中国林蛙（*R. chensinensis*）等，可徒手捕捉。

野外保存活体两栖动物标本时，要特别注意它们的皮肤分泌物多具毒性，如臭蛙属（*Odorrana*）的物种，应将不同个体分别保存。使用打孔的塑料饭盒保存两栖类动物效果比较好。可以在盒子里放一些草、湿纱布、湿的吸水纸等，避免动物个体因大量失水而死亡。标本盒要放置在阴凉处，避免太阳直晒。注意要在盒子表面粘贴采集标签，记录采集时间、地点和采集人，避免标本采集地的混淆。活体动物在保存过程中可能会将近期取食的食物或残渣吐出，这时用 75% 的乙醇将食物或残渣浸泡在 2~5mL 离心管中，作为食性分析的凭证材料。

1.1.3.3 爬行动物的采集方法

爬行纲中不同类群采集方法有所不同。

（1）龟鳖类的采集

龟类栖息在山溪、小河及其岸边湿度较大的岩穴或土洞中，如外来种红耳龟（*Trachemys scripta elegans*）也能在湖泊中采到。龟类常在雨天出穴活动，3~4 月产卵，杂食性。预先调查到龟类常活动的场所后，用动物脏器碎块等作诱饵，亦可使用捕鱼笼、布设地网或找到其洞穴挖掘捕捉。鳖类栖息于江河湖沼中，如中华鳖（*Trionyx sinensis*）在江河相接的水库中可以采到，底栖性，5~9 月在松软的沙滩、泥滩掘坑产卵。夏、秋季天气晴朗无风时常出水上岸，有时将整个身体埋藏在沙中。用猪肝作诱饵放钓，在江河、水塘中也能钓得。

（2）蜥蜴类的采集

根据蜥蜴类栖息的地点，大致可分为4类：穴居型，如白尾双足蜥（*Dibamus bourreti*）和细脆蛇蜥（*Doasia gracilis*）；半水栖型，如鳄蜥（*Shinisaurus crocodilurus*）常在溪流中或溪水上方的树枝上，伊江巨蜥（*Varanus irrawadicus*）常在山溪水流冲成的小水塘中；树栖型，如鬣蜥科；陆栖型，蜥蜴亚目中的大部分属、种为此类型，它们常出没于石缝、碎石堆、路边或坡地的草丛、灌丛、戈壁滩及开阔河岸沙地、住宅的岩壁和墙壁上。了解蜥蜴类的生活习性和栖息环境后，根据它的活动时间蹲守或搜索捕捉。我国的蜥蜴类均无毒，可徒手捕捉；也可以用网捕、绳套捕捉、树枝击晕后捕捉。

（3）蛇类的采集

捕捉蛇类时，应根据蛇的种类来确定捕捉方式和工具，一般可以用捕蛇钳和蛇钩捕捉。一部分蛇类具有毒性，即使没有毒性也会让伤口感染，所以一般不建议徒手捕捉。总的原则应以安全为主，不能被蛇咬伤。熟悉蛇类的生活习性和栖息地情况后，可使采集工作更具针对性。蛇类多在雨前、雨后空气湿度大时出来活动；太凉、太热和大雨天出来的较少。在道路靠山体一侧的公路防水沟中可以找到许多种类。

1.1.3.4 鸟类标本采集方法

鸟类标本采集常用的为网捕法，可以捕捉猛禽和林鸟，常用的网有张网、粘网、挡网、铺网、翻网、锥形网、地网等。也可以用陷阱法捕捉食谷鸟类；套扣法可以捕捉大型鸟类，如大多数的涉禽。

1.1.3.5 兽类的采集方法

杀伤性诱捕器（如老鼠铗）可致动物死亡或者受伤。当准备采集活体动物时，则要使用活体诱捕器（如笼捕法）可用来捕捉田鼠等各种小型动物。围栏陷阱法是用数根支撑物支撑起围栏，围栏可使用塑料篷布、塑料板或铁皮等材料搭建，埋入土中20cm，地上高35~50cm，围栏设置成一条直线、"X"或"Y"形等，塑料面绷平整。沿围栏的内外两侧挖埋2~4个陷阱，放入塑料桶，桶口沿与地面平齐，边缘紧贴围栏。使用围栏陷阱时注意塑料桶内不要积水。

1.2 标本制作常用器材与试剂

1.2.1 常用器具

（1）解剖工具

包括解剖刀、解剖针、剪、镊子、骨钳、锯、大头针、解剖盘等。

（2）盛放用具

量筒、烧杯、标本瓶、封口剂（凡士林、石蜡、树胶等）。

（3）义眼

较好的义眼使用透明玻璃或陶瓷烧制而成，目前可以从厂家购买，有较多的网店销售。可通过玻璃的反光亮度和折光程度判断质量好坏，好的义眼安装完成后呆板的感觉较弱。义眼由黑色的瞳孔和无色的虹膜构成，后者可根据被剥制动物虹膜本身的颜色购买，或者用油画颜料涂抹即可；安装时将义眼内部放上陶泥嵌入标本眼眶内即可。

（4）充填物

棉花、竹丝、棕丝、麻丝、锯末、油灰、塑泥。

（5）其他器具

钢丝钳、电钻或手摇钻、天平、针、线、毛笔、漆刷、标本台板、2~20mL注射器、脱脂棉、玻璃棒、软塑料尺、玻璃板、打印标本编号牌、铅丝等。

1.2.2 常用药品

制作标本使用的药品主要用途是处死动物、清除脂肪、腐蚀多余肌肉、漂白骨骼、标本防腐等。现将常用的药品介绍如下。

1.2.2.1 乙醚（$C_4H_{10}O$）

无色透明有特殊气味的液体。极易挥发和燃烧。用以麻醉和处死动物。使用时注意通风，避免燃烧或爆炸。

1.2.2.2 氢氧化钠（NaOH）

强碱，具有强腐蚀性的固体，易潮解。用于骨骼标本腐蚀肌肉和脱脂，一般常用0.5%~2%浓度溶液。

1.2.2.3 氢氧化钾（KOH）

强碱，具有强腐蚀性的白色固体，易潮解，参照氢氧化钠的性质和用途使用。

1.2.2.4 汽油

为无色或淡黄色的溶剂，易燃，易挥发，用于骨骼脱脂。

1.2.2.5 过氧化氢（H_2O_2）

又称双氧水，常用作氧化剂、消毒剂、漂白剂。常用的售卖浓度为30%。它能放出氧离子使标本漂白，用作骨骼的漂白剂。常用3%浓度，依骨质情况，浸泡1~7d。浸泡时注意避光、避热减缓过氧化氢的分解速度。操作时应避免双氧水与眼及皮肤接触，并远离易燃品。

1.2.2.6 漂白粉 [次氯酸钙，Ca(ClO)$_2$]

为强氧化剂，含有效氯为 35%，常用浓度为 1%~3% 的漂白粉用于骨骼的漂白剂。能溶于水，同时分解生成次氯酸（HClO），使有色物质分解。各种溶液的配制浓度及浸泡时间如表 1-1 所示。

表1-1　各种溶液配制浓度及浸泡时间

使用类型	溶液名称	鲫鱼	蛙类	家鸽	家兔
腐蚀剂	氢氧化钠（氢氧化钾）（%）	0.5~0.8	0.5~0.8	0.8~1	1~1.5
	浸泡时间（h）	1~2	1~10	2~24	2~24
脱脂剂	汽油（%）	100	100	100	100
	浸泡时间（d）	3~5	3~5	7~10	7~10
	乙醇（%）	95	95	95	95
	浸泡时间（d）	5~10	5~10	7~14	10~20
漂白剂	过氧化氢（%）	3	3	3	3~5
	浸泡时间（d）	1~7	1~7	1~7	4~10
	漂白粉（%）	1~2	1~2	1~2	1~3
	浸泡时间（d）	1~4	1~4	2~4	2~7

1.2.2.7 常用防腐剂

在动物皮毛内涂抹或浸泡可使其不腐烂和掉毛；防止虫害侵袭。防腐剂种类繁多，其中含砷防腐剂防腐效果好，标本保存时间长，剥制标本常常使用，但有剧毒，在购买、使用和保管上需要向管理部门申请。以下介绍两种含砷和两种无砷防腐剂。

（1）三氧化二砷防腐膏

配方：三氧化二砷 50g、肥皂 40g、樟脑 10g、水 100mL、甘油少许。

配制方法：把肥皂切成薄片，放入热水中，持续加热，使之融化，按比例加入三氧化二砷及研磨成粉末状的樟脑，搅拌溶解后加入甘油，冷却后呈糊状。使用时若感觉太稠，可加适量温水调稀。注意放入三氧化二砷时不能有粉末飞起。

适用范围：用于大部分剥制标本。

（2）无砷防腐膏

配方：冰片（苊二醇-2）11g、95% 乙醇 20mL、苯酚 1mL、聚乙烯醇 4g、新洁尔灭 3g、水 70mL。

配制方法：将聚乙烯醇用 20mL 水发透，水浴加热，使之透明。取冰片溶于 95% 乙醇中，加入苯酚、新洁尔灭和 50mL 热水，缓缓加入聚乙烯醇液，搅拌均匀后即成透明稀糊状。

适用范围：各种脊椎动物剥制标本。

（3）三氧化二砷防腐粉

配方：三氧化二砷 20g、明矾（硫酸铝钾）70g、樟脑 10g。

配制方法：将明矾、樟脑研磨成粉末后，与三氯化二砷混匀。

适用范围：鱼类、两栖类、爬行类和哺乳类剥制标本。

（4）无砷防腐粉

配方：硼酸 50g、明矾 30g、樟脑 20g。

配制方法：同三氧化二砷防腐粉的配制方法。

适用范围：同三氧化二砷防腐粉，用于哺乳动物皮毛的临时防腐处理。

1.3 浸制标本制作

动物浸制标本是指长期保存在浸泡液中的一类标本；浸制标本是将采集到的动物个体使用化学药物制成的浸泡液固定和防腐，让生物体的原生质凝固，防止细菌或其他微生物的作用，可以使标本不腐败。浸制标本制作简便，适用于大多数的脊椎动物，可以长期保存。在野外调查和采集中就可以简易制作和保存，且运输方便。根据标本使用、陈列等要求的不同，可分为整体浸制标本和解剖浸制标本。浸制标本用于展示和研究时有一定的区别，科研标本要求分类特征明显、信息完整、方便存取等；展示标本要求完整、姿态优美、浸泡液透明度高等。以下以展示浸制标本的要求进行介绍。

1.3.1 浸制标本制作基本步骤和要求

1.3.1.1 选材与处死

制作浸制标本要尽可能做到及时、新鲜和完整。如果收集到死亡一段时间的标本，要尽可能第一时间进行处理。残损样品应该冲洗和修整，动物个体较多时可选择完整和新鲜的个体制作标本。

小型脊椎动物可用乙醚等麻醉或直接投入固定液中处死。

1.3.1.2 固定

福尔马林液和乙醇是野生动物浸制标本常用的浸泡液，其简要特性如下。

（1）福尔马林液

福尔马林液为 37%~40% 甲醛水溶液。请注意，当配制福尔马林液时，将市售的甲醛水溶液作为 100% 溶质来进行配制。

（2）乙醇

乙醇也叫酒精，是最为常用的杀菌剂和保存剂。常配制成100%、95%、75%和70%几种浓度。使用乙醇作为固定液和保存液，有利于后期分子生物学研究时提取DNA。整体标本保存一般用70%~80%的乙醇作为保存液；如果保存组织样品一般使用95%或100%的乙醇。

在标本放入保存液固定之前，一般使用注射器向动物体腔注射保存液，以加快内脏的固定，避免腐烂，并在解剖盘上整姿和定形。新泡的动物标本浸泡12h后更换一次浸泡液，以后再更换一次浸泡液就可以长期保存了。

1.3.1.3 标签

标签大致可以分两类。一类是粘贴在标本瓶外壁上；另一类是拴挂在动物身体上，或者粘贴在内脏系统、器官和组织表面。拴挂在动物身体上的标签可用白棉布或硬卡纸。同一个动物个体的不同类型标本标签要使用相同的标签信息，只是在中间插入标本类型代码。

内脏系统器官和组织标本的标签应做到以下几点。

第一，标签纸表面光滑，能经受长期浸泡而不烂。

第二，标签纸面积一般可裁剪成30~50mm见方的小纸片。

第三，标签上的信息应用绘图墨水或中性笔书写。

第四，粘贴标签前，应将标本表面的固定液擦干，或暴露于空气中晾干。亦可采用热烫法粘贴标签。具体操作时，使用一块铁片将水分烫干后快速粘上标签。然后放回固定液中。

1.3.1.4 装瓶与保存

根据标本的大小选择相应大小的标本瓶装瓶。另有以下注意事项。

第一，易漂浮的标本将其下方绑缚在玻璃片上，使其整体沉浸，保存在浸泡液中。

第二，易沉标本在标本瓶中斜放入一片玻璃片，然后用细绳将标本绑缚于玻璃片近上端处，但要没于浸泡液中。

第三，易皱缩卷曲标本可将其夹于两片同样大小的玻璃片之间，上下两端用丝线缚住。

第四，微小标本可用蛋清或明胶等将其直接粘贴于玻璃片上。装瓶时，可在玻璃片后方用有色塑料片或有色纸反衬，通过标本体色与背景间的色差，使微小标本更为醒目。

标本瓶口可使用凡士林涂抹瓶盖周围，这样方便打开和保存，又可防止浸泡液挥发。此方法尤其适合需要经常取出观察的标本保存。温度低，瓶盖不易打开时，可用暖风机围绕瓶口加热。需要长期保存的标本，其瓶口使用石蜡、蜡烛、蜂蜡、火棉胶、火漆、松香等密封。常用密封剂配方：石蜡（熔点52℃）100份、松香100份、甘油1份，置于容器内熔化后趁热使用。封口方法是将瓶盖边缘加热后涂抹上密封剂，迅速将瓶盖盖上，再用毛笔将密封剂趁热涂在瓶盖与瓶口的隙缝中。

1.3.2 浸制标本制作实例

1.3.2.1 鱼类浸制标本

（1）选择材料

选择体形完整，大小适合，新鲜、鳞片和鳍条完整的个体作为标本制作材料。

（2）清洗与记录

对选定的鱼类标本，先用清水洗涤体表，将污物和黏液洗掉。对体表黏液多的鲇鱼、泥鳅和黄鳝等种类，反复清洗数次；对有鳞片的种类应选择鳞片保存完整的个体，清洗时要避免损伤鳞片和鳍条。在清洗过程中，如发现有寄生虫，要小心取下放进瓶内，注入70%乙醇保存，并在瓶外贴上号牌、写明采集编号。根据采集顺序依次编号。在野外广泛采集或专项采集鱼类标本时，一般只做好采集记录，如时间、地点、水系、每一种类采集到的个体数量和采集人等。重点是尽快浸泡，避免鱼体发臭和变质。如果时间宽裕，浸泡1d后可为每个标本拴标签。一般标签可拴挂于鱼类口缘；口部特征为重要鉴定依据的类群，则标签拴挂于鱼体胸鳍基部，也可捆绑于背鳍之前或尾柄处。

（3）整理姿态

标本个体较大时，用注射器从腹鳍基部向鱼体内注射70%的乙醇或5%~10%的福尔马林液，以固定内脏，防止腐烂，注射使鱼腹部微变圆即可。如果是做展示标本，将鱼的背鳍、臀鳍和尾鳍展开，用纸板及曲别针加以固定。把整理好的标本侧卧于解剖盘内。鱼体向解剖盘一侧可适量放些棉花衬垫，特别是尾柄部要垫好，以防标本在固定时变形。如果是野外批量采集标本，则注意将弯曲个体校直，尽可能使各鳍自然即可。

（4）防腐固定

加入10%的福尔马林液浸没标本，约4h翻面，使标本左右对称。待鱼体硬化后即可。标本固定过程中，要保证容器密封，避免福尔马林液挥发和污染空气。使用90%~95%乙醇固定时，则24h后更换一次乙醇，再浸泡1~2d标本变硬即可。

（5）装瓶保存

用适当大小的标本瓶（标本瓶要长于鱼体6cm左右，以便贴上标签后仍能从瓶外看到标本全貌），将固定好的鱼类标本头朝下放入。

（6）贴标签

将注有科名、学名、中文名、采集地、采集时间的标签贴于瓶口下方。标签贴好后，可在标签上用毛笔刷一层石蜡液，以防字迹褪色。

1.3.2.2 两栖类浸制标本

（1）成体的固定和保存

采集到的动物用乙醚麻醉杀死或用乙醇直接处死，然后用清水洗涤。将洗好的标本放置在解剖盘上，从肛门处向腹腔内注入一定量 70% 的乙醇或 5%~10% 的福尔马林液，注入后系上编号标签并将采集信息登记在表上（表 1-2），形态固定后转入瓶中存放。注意固定姿态，指、趾是否伸展得很好，若有卷曲，可用探针、镊子将其位置拨好。野外工作为节约时间可以减少固定时间 0.5~2h，时间充分时可延长到 1d。固定完成后保存在 5% 的福尔马林液或 70% 乙醇液内。野外工作中要选择大小合适、牢固和运输方便的容器。

（2）蝌蚪及卵的处理

野外采到蝌蚪及卵后，观察后放回野外，仅将少量标本直接浸入盛有 10% 福尔马林液或 70% 乙醇的瓶内。大型蝌蚪可参照鱼类的处理方法，但每瓶不宜放太多。标签上的信息一定填写完整，用硬铅笔在质地坚韧的纸上写明编号和采集地放入瓶内，也可以粘于瓶外。

表1-2 两栖类采集记录表

采集号：	日期	年	月	日
采集地：	气温：	水温：	湿度：	海拔：
生活习性				
学名	地名		采集人	

1.3.2.3 爬行动物浸制标本

（1）小型蜥蜴类

乙醇浸制标本时先用注射器从肛门处向体腔中注入 50%~80% 乙醇，然后放在解剖盘上定形。用线固定在玻璃条上，放入盛有 80% 乙醇的标本瓶中浸泡保存，为使标本尽量保持柔软的形态，乙醇由低浓度向高浓度逐步更换，最后保存在 80% 的乙醇中。福尔马林液浸泡时先用注射器向标本体腔中注入 7%~8% 福尔马林防腐固定，然后放在解剖盘上定形。随后放入盛有 20% 福尔马林液的标本瓶内固定 1~3d，再转入 7%~8% 福尔马林液中长期保存。

（2）大型爬行动物

龟、鳖、巨蜥和鳄鱼等大型爬行动物，要先将头和四肢拉伸，然后每隔一定距离向皮下肌肉和腹腔注射7%~8%福尔马林液，定形后保存在20%福尔马林液中。几天后再转入7%~8%福尔马林中长期保存。

（3）蛇类

采集蛇后，用乙醇或乙醚麻醉处死，向其腹部每隔10cm注射75%乙醇5~10mL。将标本整理成一定形态，通常是"Z"形折叠或整理成圆盘状，固定0.5h。完成定型后浸泡在75%乙醇溶液中，或浸制在5%~10%福尔马林液内。在浸制前还需将各种测量数据记录下来，再用绘图墨水将标本编号写在棉布签上拴在颈部放入容器。野外工作结束后，要尽快鉴定，以"种"或"单号标本"为单位放入盛有75%乙醇溶液的广口瓶内，瓶外需粘贴注明学名、产地、采集人和采集时间等的标签。

1.4 骨骼标本

脊椎动物骨骼标本大体可分为干制骨骼标本和透明骨骼标本。干制骨骼标本是动物的骨骼经过一系列处理，然后按其自然位置串连安装成整体骨骼的标本。透明骨骼标本是剥离动物肌肉后用化学的方法使软组织透明和透明剂的折光率相近，对骨骼进行染色，达到软组织透明和骨组织明显的效果后，将其保存在透明浸泡液中的一类标本。

1.4.1 骨骼标本制作基本步骤和要求

脊椎动物干制骨骼标本制作过程主要包含剥皮、去内脏、剔除肌肉、腐蚀、脱脂、漂白、整形及装架等步骤。下面简述其中的几个主要步骤及相应的要求。

1.4.1.1 剔除肌肉

取得动物后，先剥去外皮，如果制备全身骨骼，在剥皮时，应尽可能剥至四肢末端。剥皮后，即需要剖腹，除去内脏。剖腹时应注意勿损伤胸骨、肋骨及胸骨末端的剑突和软骨。外皮和内脏处理完成后，用刀剥除附着在骨骼上的肌肉，骨骼上尽可能少残留肌肉，这一过程不要损伤骨骼以及与小骨块连接的韧带。去肉时可先将四肢连同肩带、腰带从脊椎骨上剥离下来。注意保留肋骨与胸骨联结处的软骨，膝盖骨、指（趾）骨和尾部末端较细小的尾椎容易脱落，注意保留。某些兽类特有的骨块亦须保留，如鼬科雄性动物的生殖器内有细长的阴茎骨，猫的尾椎腹面有"V"字骨，兔的肩胛骨有一细小向后的突起等。割去四肢及腹部肌肉后，即可小心地在枕骨与寰椎间剖断，取下头颅，割除其面部肌肉，用小刀轻轻挖去眼球，切勿挖破眼眶。脑亦尽量取出，通常用镊子夹住小块棉花或棉签，从枕孔伸入钩出或掏出。用粗铁丝伸入脊柱内，捣出脊髓，如在流水冲洗下工作，会更方便。

1.4.1.2 腐蚀

通过氢氧化钾或氢氧化钠腐蚀剂处理，进一步去除骨骼上残留的小块肌肉。部分种类骨骼经过碱液浸泡处理后不再需要脱脂处理。不同脊椎动物所用碱液浓度及腐蚀处理时间不同。

碱液腐蚀处理时应注意：①碱液腐蚀剂的浓度、处理时长和处理温度应视动物体的大小和骨骼的坚硬度而定；②对于制作附韧带骨骼标本，要注意避免损伤关节处的韧带，由于骨骼不同部位关节处韧带粗细不等，如指、趾骨间的韧带较其他关节部位的韧带更易被破坏散落。因此，腐蚀处理可以适当降低浓度或分多次进行，即间隔一定时间用刀和刷子去除一部分被腐蚀的肌肉，清水冲洗，检视情况再放回腐蚀液中，如此反复几次直至肌肉被除尽。这样可以缩短腐蚀处理的时间，减少对韧带的过度损伤，同时检查骨骼中那些细骨、小骨和薄骨以及关节处韧带的情况；③忌用金属容器盛放碱液处理标本，因金属容易被腐蚀；④强碱对骨骼有损伤，使用时特别要控制好处理时间、浓度和温度等，如果标本较珍贵不建议使用碱液处理。

1.4.1.3 脱脂

除去骨骼中的脂肪，避免骨骼标本变黑、变黄、招引害虫和发臭。常用的脱脂方法有：使用热水加上洗洁精多次漂洗；95%乙醇浸泡除脂；汽油浸泡除脂等方法。

1.4.1.4 漂白

漂白的目的是使制成的骨骼外形洁白美观。由于漂白剂对骨骼和关节韧带有一定的腐蚀作用，因此其使用浓度、处理时间要根据动物体的大小和骨骼的坚硬程度而定，处理过程中需定时检查标本漂白的情况。

1.4.1.5 整形和装架

骨骼标本进行姿态设计和整理，使其自然和美观，具有更佳的展示效果。注意：①附韧带骨骼标本整形应在标本干前完成；如标本过干难以整形，可以放入清水中浸泡回软，浸泡时间视标本大小等情况而定；②整形后的骨骼应尽快干燥，然后上台和入库保存。

剔除大部分肌肉后还会有少量肌肉附着在骨骼上，剩余的肌肉可用煮制法或虫蚀发去除。

（1）煮制法

可利用某些药物加水煮制，使软组织在短时期内除去，并经脱脂剂处理和漂白处理制成骨骼标本。优点是时间较短，脱脂较完善，骨块呈象牙色；缺点是耗费燃料，费工时，较嫩的骨骼容易煮坏。该法适宜制作禽类、小型兽类等比较精制的骨骼标本。大多情况可以直接使用清水煮制。制作过程及注意事项：将剔除软组织后的骨骼材料用清水浸泡 2~3d，让其泡透，浸泡至稍微腐败时再剔刮一次软组织。然后再放入大锅内，加水及少量洗衣碱（碳酸钠）。注意碱容易损坏骨骼，如要观察骨骼形态请勿加碱，碱的含量为 0.5%~1%。煮沸，煮至韧带变黄时取出泡于水中，再剔刮软组织，然后再煮。第二次水煮，碱量要减少约 0.3%，煮沸后取出泡水再剔除软组织。这时基本上把软组织都能剔除干净；如果剔刮不净，还可再煮一次，泡水再刮。煮制时，对于胸骨和肋骨要掌握好火候，可以把骨骼按大小分开煮，小骨骼煮制时间不宜过长，以尽量保留其软骨部分。待骨表面软组织都剔除干净后，即可取出晾干和钻孔。钻孔的位置一般都选择在关节面的中央或骨块内侧面隐蔽的部位，用清水从钻孔处注入冲洗使骨髓、脂肪等物质逸出，干净后晒干。

（2）虫蚀法

制备一箱子，箱底用木板，四周用玻璃，不留缝以免蚂蚁逃逸，用一个有气孔的盖子或者纱布盖住顶部。在老屋旁或田间找到蚂蚁的巢，将蚂蚁连巢带土移入箱内，放入一些饭粒、面包等饲喂备用。动物处死后，去掉皮毛、大块肌肉和内脏后，把肱骨、股骨钻一个洞，将其搁于无味的木板上放入箱内。约经过48h后，动物的肌肉、骨髓和脑髓会被蚂蚁吃光，只剩下完整骨骼。取出骨骼，扫净蚂蚁和泥土等。将骨骼放入汽油中浸泡 2~7d，除去脂肪。将脱脂后的骨骼浸入 3% 的过氧化氢液中 1d，漂白至骨骼洁白后取出。根据骨骼的形态和姿态，用细铁丝和胶进行黏合，方法同前。蚂蚁虫蚀法适宜于小型动物骨骼标本制作，也可以与手工剔除法相结合处理大型动物骨骼标本。虫蚀法制作骨骼标本时，应注意：①所处的地理环境和季节，北方的冬季不适合这种方法；②骨骼变形时可放到温水中浸泡 1~2h 回软，再用细铁丝把变形的部分修整；③骨骼较嫩或需要保留软骨组织时不能使用此方法。

1.4.2 骨骼标本制作实例

1.4.2.1 鱼类骨骼标本

现以鲫鱼（*Carassius auratus*）骨骼标本制作为例。鱼体刮去鳞片，剖开腹腔后去除内脏。

（1）剔肉

剔肉时须注意：①鱼体头骨、脊柱、肋骨、肩带、背鳍、胸鳍、腹鳍和尾鳍各骨间有纵肌间隔和韧带相连接或相愈合，剔肉时应保持它们之间的连接；②由于背鳍、臀鳍骨和脊柱上的髓棘十分纤细，容易分节或折断，用刷子慢慢刷去肌肉；③保留鳍条间的膜状组织，其干燥后起到固定鳍条作用。

(2）脱脂和漂白

剥除肌肉的鱼骨放入汽油中浸泡1~3d。从汽油中取出后冲洗干净，然后浸泡入3%的过氧化氢溶液中2~4d。

(3）装架

取两根粗细适当的铅丝（或铜丝），分别插入椎骨的髓弓和脉弓内，以加固中轴骨。用两根铅丝分别托在头后及尾鳍前方的脊柱上。在胸部和臀部用细铅丝做一个环并固定在脊椎骨上，然后把胸鳍、腹鳍或臀鳍固定在铅丝上。使用托在脊椎骨上的两根铅丝把鱼骨标本固定到台板上。

1.4.2.2 两栖类骨骼标本

以牛蛙骨骼标本制作为例。先将牛蛙剥去皮肤，剖开腹腔后除去内脏。

(1）剔肉

剔肉时须注意：头骨、脊柱、腰带、肢骨各关节间均有韧带相连，剔肉时勿将骨骼与韧带分离；前肢带骨与脊柱间无韧带相连，因此可在脊柱第Ⅱ、Ⅲ椎骨横突上将左右肩胛骨分开。剔除荐椎椎骨横突与髂骨相关节处肌肉时注意保留韧带，以避免中轴骨与腰带的脱离；保留四肢指、趾骨关节的完整性。

(2）脱脂和漂白

同鱼类骨骼标本制作。

(3）装架

按牛蛙活体姿态整理躯干和四肢骨骼；下颌骨和胸部椎骨下方用纸团垫起，使头部骨骼抬起呈倾斜状，两前肢骨与肩胛骨用白胶粘附在第Ⅱ、Ⅲ颈椎横突两侧，腕骨和蹠骨用胶粘在标本台板上，髋关节及骨骼其他关节若连接不够牢固或脱离，均可用胶加固或粘连。为防止阴干过程中骨骼支架变形，用大头针将整形好的骨骼固定在标本台板上，待标本完全干燥后拔去大头针。

1.4.2.3 蛇类骨骼标本

以王锦蛇（*Elaphe carinata*）骨骼标本制作为例。

(1）剥皮和剔肉

将麻醉处死后的蛇用剪刀剪开腹部；除其内脏后开始剥皮，剥皮时要细心，可以从颈部向尾端褪皮，仔细从颈部向头前端褪皮至口部嘴唇再往下时剪去皮，不要损伤头骨；剥皮到尾部时要注意不能用力过猛而扯断尾部。然后顺着脊椎两侧用小刀和镊子慢慢剔除两侧和肋部的肌肉，切不可损伤髓棘和肋骨。

(2）腐蚀

当蛇骨骼上附着的肌肉大部分被剔除以后，将其放入1%氢氧化钾或氢氧化钠内浸泡约 1d。浸泡后应随时检查，如果发现骨骼上的残留肌肉有溶化现象，立即用清水冲洗。

（3）脱脂和漂白

同鱼类骨骼标本制作。

（4）整形和装架

先用 1 根铁丝从头端穿至尾端，将蛇的脊椎串连起来，铁丝的粗细要合适，过粗的铁丝在尾部需要焊接一段细的铁丝，铁丝要能支撑蛇骨的姿态。整形时将骨骼用大头针固定在蜡盘上，较大的蛇使用钉子固定在木板上，调整蛇的形态使之呈现生活时的姿态。蛇类的肋骨较多，而且容易脱落，整形过程中应用胶粘好。最后把蛇的一套完整骨骼标本放在台板上，用铁丝卡子将其固定在台板上。挂好标签放入标本盒内，放少量樟脑丸保存。

1.4.2.2.4 鸟类骨骼标本

以家鸽为例，介绍骨骼标本的制作过程。鸟类骨骼与哺乳动物有一定差异，鸟类骨骼轻而坚固，骨骼内有空腔，只有少量骨骼有骨髓；骨骼愈合程度高，胸骨和腰带骨等骨骼愈合。肢骨和带骨与哺乳动物有较大差异，前肢特化成翼。

（1）处死

先将家鸽使用窒息法处死，用手捏住它的鼻孔挤压两肋，使其无法呼吸而窒息。

（2）剔除肌肉

从家鸽的腹部中央，用解剖刀纵行直线剖开皮肤，并向两侧把全身皮肤剥下。再由龙骨突的两侧，用刀割除胸部肌肉，当剔除到肋骨时要小心，因为肋骨比较柔软，不要伤到肋骨。然后逐渐把颈项、躯体和四肢等处的肌肉尽量除净，再取一段细铁丝，将一端裹上棉花，由枕孔上方伸入颅腔，并将脑髓挖出；用铁丝从寰椎脊髓腔插入，将脊髓清除，用注射器吸水冲洗干净，最后除去舌、眼和颈部周围的肌肉，去除颈部肌肉时相对较难，少量肌肉可以待腐蚀后再除；再用电钻或锥子把前肢的尺骨、桡骨、后肢胫骨的两端各钻一个孔，用注射器吸水后将针头穿入骨髓腔以洗去骨髓。

（3）腐蚀

清水冲洗后把骨骼浸入 0.8% 氢氧化钠溶液（或氢氧化钾溶液）中 2~3d，取出后在清水中漂洗，并把残余的肌肉用刷子刷净，但肋骨部位的肌肉不要彻底剔除，可留待漂白后再行处理。然后用清水洗净。

（4）脱脂和漂白

同鱼类骨骼标本制作。

（5）整形和装架

将已漂白的骨骼，初步整理姿态后。取一段约等于 2 倍体长的铁丝，将一端由颈椎插入，并由腰椎处钻个小孔穿出铁丝，从髋关节处穿出，可以顺腿骨向下，也可以在腿骨上打孔从中穿过，顺腿骨向下弯曲成适当的角，并根据骨骼高度和膝关节的曲度，把下端固定在标本台板的内面（图1-1a）。在颈椎的前端约2cm长的铁丝上，绕一些棉花，蘸取乳胶插入脑中（图1-1b）。调整颈椎和躯体整理成自然姿态，并使后者保持一定的曲度，脚趾则用大头针固定在台板上。然后按固定肋骨的方法，用铁丝把鸽子两前肢的掌骨、尺骨和桡骨、肱骨和肩胛骨绞合并连接在胸椎上（图1-1c）。也可先把骨骼置于框架中，并整理好姿态后，用线缚住，等关节之间韧带干燥后，再固定到标本台板上。

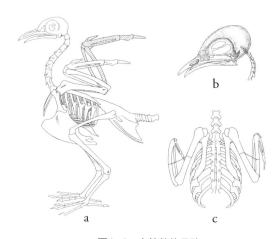

图1-1　家鸽整体骨骼
a. 整体骨骼；b. 头骨和颈椎骨骼串连与固定；c. 前肢骨骼固定

1.4.2.5　鸟类透明骨骼标本

以虎皮鹦鹉（*Melopsittacus undulatus*）为例，介绍双色法透明骨骼标本的制作方法。透明骨骼标本，采用阿利辛蓝（Alcian Blue 8GX）把软骨染成蓝色，用茜素红（Alizarin Red S）把硬骨染成红色，再经甘油透明，使动物的全部骨骼在不受任何损伤的情况下清楚地展示出来，经过一般的解剖，就可了解动物的骨骼构造。

（1）选材

市场上购买新鲜标本，已经死亡一段时间的鸟类不适合做透明骨骼标本。

（2）药品

95%的乙醇（或无水乙醇）、3%和1%的氢氧化钾溶液、蒸馏水、丙三醇（甘油）、5%的福尔马林液、阿利辛蓝和茜素红等。

（3）剥皮去内脏

使用窒息法处死动物，用解剖刀从其腹面中央纵行直线剖开皮肤，并向两侧把全身皮肤剥下。再用刀剖开腹部，除去内脏，用清水冲洗后放入干净的烧杯中。

（4）固定

向烧杯里缓缓加入 95% 的乙醇，使标本完全浸泡。置于恒温（20℃）培养箱中放置 2~3d，使其固定。若用无水乙醇固定，则时间可适当缩短，室温下适度增加放置时间。

（5）软骨染色

将固定好的标本用蒸馏水清洗 3 次，放入软骨染色液（无水乙醇 60mL、冰乙酸 40mL、阿利辛蓝 20mg）中，染色 24h 左右，物种不同或个体大小不一样时染色时间不一致，染色至可视表层软骨染成蓝色为宜。

（6）脱色

将软骨染色完成的标本用清水冲洗 3 次，再置于升序梯度脱色液中。梯度分别为 25%、50%、75%、100% 的乙醇。24h 换液 1 次，至肌肉变成白色、软骨清晰为止。

（7）硬骨染色

将脱色完成的标本水吸干。然后浸于硬骨染色液（茜素红 5mg、氢氧化钾 0.5g、蒸馏水 100mL）中，染色 18h 左右，可见硬骨染成红色并与蓝色软骨能明显区分开为止。

（8）透明

将染好的标本用清水冲洗 3 次，再依次浸泡于升序梯度透明液中，梯度分别为 25%、50%、75%、100% 的丙三醇。每 24h 换液一次。

（9）保存

将标本浸入 100% 的丙三醇保存液中，长期保存。

注意：整个过程在温度为 20~30℃ 的条件下完成，染色时每 2h 查看一次。标本要放在清澈透明的保存液中；全身肌肉透明，骨骼呈紫红色并清晰地显现，这样的骨骼标本才算制作成功。鱼类、蛙类、小型鸟类和兽类比较适合做透明骨骼标本；大型动物的肌肉难以透明，做此类标本效果欠佳。

1.4.2.6 哺乳动物骨骼标本

以家兔为例介绍哺乳动物骨骼标本制作。

（1）选材和处死

在实际的保护和研究工作中，当得到野生动物标本时大多已经死亡，所以实际工作中一般没有选材和处死的步骤。如果有选材的机会，可选择成年较瘦且身体正常的个体。可用乙醚麻醉或在耳静脉注入空气处死。以家兔为例，可用注射器吸取 3~5mL 空气，将针头插入家兔耳朵后侧边缘的静脉血管中，注入空气，1~2min 后，家兔就会死亡。

（2）剥皮

右手由上而下挤压兔的腹部，将尿液排出体外。然后将兔仰放于工作台上，从颈椎前端至肛门按直线划开。四肢开口应从四肢内侧走刀，前肢到胸开口处为止，后肢到腹开口处为止。开线后，拉开兔皮由后向前的方向剥皮。剥离后肢后，用镊子或两根带棱的小木棍夹住尾椎，小心褪出，然后向前剥离；剥完前肢后，将皮翻过头顶，向嘴的方向剥离，直到皮与躯体分离为止。

（3）剔除肌肉

先用手术剪剪开腹肌，剖开时注意不要损伤肋软骨和剑突软骨，取出整套内脏。将头骨从第一颈椎处断开，连同肩胛骨卸下前肢，注意保存好游离的两根短小的锁骨，后肢在股骨与髋骨之间断开。四肢卸下后，把脊椎和肋骨上的肌肉剔除。然后剔除四肢上的肌肉，保留连接各关节的韧带和软骨，髌骨要带在胫骨和股骨上，便于装架和造型。最后清除头骨的肌肉、眼球和脑髓，由于头骨上的肌肉不易剔除，可以把头骨放在锅中煮片刻，煮制的时间不宜过长，以免导致头骨分散。

后肢骨可分为腰带、股骨、胫骨、腓骨和后脚骨五个部分。后肢通过腰带连接到脊柱上，左右髋骨在腹侧正中线相结合，形成骨盆合缝，在背侧与荐椎相连，形成不动的关节。股骨近端内侧圆球形的股骨头与髋臼相关节，另一端则与胫骨、膝盖骨（髌骨）相连。胫骨、腓骨、髌骨和趾骨之间均有韧带相连，制作大型哺乳动物骨骼标本时需要剔除韧带。除去脊髓时，用一根铁丝从脊椎贯穿椎体，边拉边用流水冲洗。在肱骨、尺骨和桡骨及后肢的股骨、胫骨两端打2个小孔，使用铁丝或注射器把骨髓取出，如果不清除干净，放置后标本会由黄变黑，且易沾染灰尘和招引蝇虫，从而影响标本的洁净和美观。

除按上述方法剔除肌肉外，还可以采用浸腐法，就是把兔子整体或大部分肌肉剔除后的标本浸没于水中，让其自行腐烂分解。一般夏天需要15~30d的时间（需根据动物的个体大小和气温的高低而定），冬季则需要更长的时间，待肌肉腐烂后，用刷子刷去肌肉。浸泡的时间要适当，不宜太长，否则骨架散开，增加拼装难度和工作量。

（4）腐蚀和脱脂

将已剔除肌肉的骨骼，放在清水中清洗干净（冬天用温水），然后将其浸入1%~1.5%氢氧化钠（或氢氧化钾）溶液中，一般2~4d，冬季约7d，观察骨骼上的肌肉，膨胀成半透明状态时即可。接着把骨骼取出，清水冲洗干净，再用解剖刀或刷子把残留在骨骼上的肌肉细致地剔除，并且不断用流水冲洗，直到完全剔除干净。小型骨骼相较大的骨骼更容易被腐蚀和脱脂。动物个体较大，脂肪较多时，光靠腐蚀剂无法把脂肪脱除干净。当制成标本放置一段时间后，残留的脂肪就会使骨骼由黄变黑，且易沾染灰尘。所以，还需要将骨骼标本用汽油浸泡 2~7d 脱脂。

（5）漂白

取出骨骼，清水冲洗干净，再用 3%~5% 的过氧化氢浸泡漂白 7~10d，每隔 2~3d 更换一次漂白液，漂白完后用清水洗净。

（6）装架和整形

取一根 18 号铁丝，从颈椎脊髓腔中插入，沿颈椎、胸椎插至荐椎，可以向下方穿出到髋臼关节，再取一根铁丝将一端的部分穿入椎孔另一端穿出另一个髋臼关节。注意，颈椎前要留出 5cm 的铁丝以固定头骨。适当弯曲插入脊柱的铁丝，将标本整理成展示姿态。再取两根铁丝一根较粗一根较细，两根铁丝绞在一起，细的一根较长，粗端插入腰椎孔，细铁丝插入到最后一枚尾椎。为了保持各肋骨的距离和加强肋骨的强度，可用少量脱脂棉蘸上乳胶将肋骨肋软骨粘牢固；或者用细铁丝连接并铰合，其方法是用 2 根 22 号铁丝，在肋骨端部打孔 2~3cm 后插入，然后分别向两侧浮肋方向绞合，再继续按顺序向前逐渐绞合，直至第一肋骨后扭合在胸骨柄上。固定时应注意各肋骨之间的距离和两侧肋骨之间的对称。使用从髋臼关节穿出的铁丝穿入肱骨头，使两后肢相连；在肩胛骨背面涂上乳胶用夹子固定在肋骨上方，再将肩胛骨关节臼和臂骨上端打孔使用铁丝串接，在关节处涂适量乳胶固定。待标本完全干后，取下固定材料。

骨骼有一定的重量，需要用支架支撑才能使标本站立起来。制作家兔的骨骼支架（四肢）一般有两种方法：一是支柱法，就是用铁丝做两根支柱，支撑在前后脊柱上；二是串装法，就是将铁丝由四肢长骨中穿过，在四肢骨的外表面几乎看不到铁丝的痕迹。两种方法中，第一种方法较为简单、省事，但金属支柱露在外面，影响整体美观；第二种方法，相对来说较为复杂，技术要求也很高，且肢骨串装时容易破碎，但标本比较美观。

1.4.2.7 零散骨骼标本

以豹（*Panthera pardus*）为例介绍此类标本的制作方法。

在海关、森林公安、研究所和高等院校标本库的库存中有部分野生动物零散骨骼。众多的骨骼混乱堆放在一起，利用率不高，造成了资源浪费，而且不便于管理。简单介绍一下这类骨骼如何制作成完整标本。

（1）识别

利用相关的动物解剖学书籍进行识别与鉴定，对比成年豹骨骼的大小、色泽、形状、滑车接合面、骨骼密度等特征来完成一套动物骨骼标本的识别，剔除不成套的骨块。

（2）脱脂

完成骨骼识别后，采用温水反复浸泡方法脱脂。操作应尽量延长时间且尽量保持水温在比较高的温度，但是不可煮沸，2d 左右换一次水，直至浸泡的水中几乎没有油脂；或 95% 的乙醇浸泡 7d 脱脂。待骨骼颜色变淡后取出骨骼晾干。

（3）漂白

骨骼晾干后，配制 3% 的双氧水浸泡骨骼，浸泡时间 7d。此过程中应注意随时观察，以避免漂白时间过长造成骨骼损伤。骨骼漂白之后置于太阳光下曝晒 1d，这样骨骼会变得更洁白。

（4）装架

脱脂漂白后，用电钻使用合适的钻头在骨骼的关节接合处、需固定处、椎体等处打孔，在不破坏整体骨骼和外观的情况下进行串接，方法可参考家兔骨骼标本制作。台板使用长 1.2m、宽 50cm 的木板制作。

（5）遗失骨骼的模型制作

参考现有的骨骼或图谱，先用铁丝做支架，使用塑泥捏制一个近似遗失骨骼的形状，用雕塑刀将骨骼模型形状进行仔细雕刻与修饰；完成泥塑模型后适当干燥。将泥塑模型水平放置在撒有少量滑石粉的木板上，后取适量塑泥捏成泥条将模型分为上下两半，注意分线处整齐平滑。调制石膏，慢慢搅拌至没有气泡为止，倒在模型的上部分，取少许棕榈丝，蘸取少量石膏后轻轻放模具上方增加模具的牢固程度，外表进行适当修整。上部分模具干后，制作另一半模型，把模具翻过来后取下分形的泥块，在模具边缘涂抹一点凡士林，然后用石膏完成另一面的模具。待石膏干后小心分开两半模具，取出内部的泥塑模型，得到石膏模具，注意分开两部分石膏模具时勿用力过大造成石膏模具的损坏。

制作造牙粉模型。造牙粉是制作义齿中人造牙、冠、桥的树脂部分以及个别缺失牙修复的粉状材料。用其制作骨骼可以保证骨块的硬度和强度。在石膏模具内侧涂抹少量凡士林，调制适当浓度的造牙粉浆液，边搅拌边倒入石膏模具内，然后用橡皮圈把两半模具固定。将模具翻转数分钟让造牙粉浆液均匀地分布在模具内。待造牙粉凝固后将两半石膏模具分开，取出凝固的造牙粉模型，用锉刀、砂纸等进行打磨完成。在制作造牙粉模型过程注意不要让两部分模具错位。

上色，造牙粉模型打磨定型后，调制骨骼颜色的丙烯颜料，涂抹上色 2~3 次。将完成模型与其余骨骼按照正确的连接关系连接。最后调整整个骨骼标本的姿态。

1.5 剥制标本

动物剥制标本是利用动物皮张制成的动物标本,适用于大部分脊椎动物,在鸟类和兽类中使用较多,在野生动物研究和学习中有广泛的应用。

1.5.1 剥制标本制作概述

1.5.1.1 选材要求

动物体要新鲜,宜选用活体或死后不久的动物,死亡时间久的动物皮肤腐烂,难以制成理想外形的标本。另外,体形要完整,包括动物体的皮肤应完整无损,四肢及其他外部结构,如喙、耳等要齐全。鱼类及爬行类要求体表鳞片完整;鱼类鳍条无残缺断裂;鸟类和哺乳类要求体表无大面积脱羽、脱毛现象。

1.5.1.2 活体处死方法

鱼类、两栖类、蛇类可用乙醚或乙醇麻醉致死。鸟类处死方法有多种,可用手紧捏其胸部两侧,压迫胸腔使之无法呼吸而窒息;也可以使用乙醚麻醉致死。哺乳类除用乙醚麻醉处死外,还可采用耳缘静脉注射空气法处死。

动物处死后,最好放置1~2h,待血液凝固后再行剥皮,这样可以减少剥皮时流出血液对毛皮的沾污。

1.5.2 剥制标本制作实例

剥制标本工序复杂,制作时间长,为使标本制作完成后能更好地展现姿态、色彩和基本形态,制作前应当拍照记录,最好能拍摄动物活体照片。照片应当有正侧照、正前照和一些生动的生活照。

1.5.2.1 鱼类剥制标本

(1)剥皮

用解剖刀由胸鳍起点处沿腹中线向后划开,绕过肛门后向臀鳍略高于基部上方剪至尾柄基部。沿开口剥离皮肤,剥离至胸鳍、腹鳍、臀鳍时,剪断鳍棘基部,使其与肌肉分离;剥离至尾部时,剪断与尾鳍相连的肌肉和尾椎;向上剥离至背鳍时,剪断背鳍棘基部;向前剥离至头部后侧肩带处时,剪断头骨后的脊椎,取出整段躯干。剪去鳃和鳃附近的肌肉,仔细清除头部后端肌肉、脑髓和眼球,刮净鱼皮上残留的肌肉。鱼皮内均匀涂上防腐剂后,用湿纱布包好,准备填充。

(2)装架和填充

使用铅丝和木块制成大型鱼的支架(图1-2a);使用铅丝制成小型鱼支架(图

1-2b），支架的两端距离相当于胸鳍到肛门的距离。

将制成的支架装入鱼皮内，尾端铅丝抵达尾基，头端铅丝插入脑颅腔内，然后将竹丝、棕丝或棉花等填充材料由尾柄处向头部方向逐段填充。填充时应注意：①要边塞、边捏、边按，使鱼体各部，尤其是背部呈饱满状；②要逐段缝合，每填充一段后，用针线将剖口缝合，再填充下一段。在眼眶、口腔及鳃盖内腔分别用油灰填充，装入义眼。

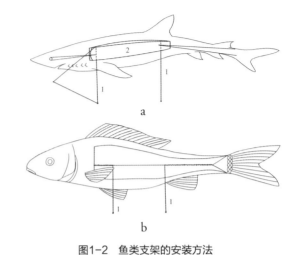

图1-2 鱼类支架的安装方法
a. 使用木块和铁丝连接的安装方法；b. 铁丝支架安装方法
（1. 铁丝；2. 木块）

另外，在填充时也可以使用发泡剂进行填充。方法是，鱼皮放入支架后，将内部的水汽吹干，把鱼皮缝合到仅有 1~2cm 开口，然后使用密度合适的瓶装发泡剂，将喷头伸入鱼体内喷入发泡剂，不要一次性多喷，喷一会儿适当用手轻捏整形，最后完成填充；等发泡剂完全透干后，用小刀将从鱼皮开口处溢出并凝结的发泡剂去除干净，完全缝合鱼皮；注意在用手整形时，不能捏太紧，过紧的话发泡剂可能不会完全凝结。最后将标本安装在台板上。

（3）整形

用纱布将鱼体从头至尾呈螺旋状缠裹，以防鳃盖、鳞片干燥后翘起。在鱼鳍两侧夹上硬纸片使鱼鳍充分展开，并用回形针固定。待鱼体自然干燥后取下纱布和硬纸片，有脱落下来的鳞片可用乳胶补粘上去，鳍条若有破损，用牛皮纸粘一侧后上色。最后，依据标本原色用丙烯颜料适当补色，阴干 1~2d 后，在标本表面涂上清漆，挂上标签后完成制作。

1.5.2.2 两栖类剥制标本

由于两栖类体表裸露，剖口线显而易见，所以两栖类剥制标本常用剖口方法。利用两栖类动物口腔较大的特点，从口腔取出体内的肌肉和内脏，从而保持动物体表的完整。以下以牛蛙为例，叙述两栖类中无尾目动物无剖口剥制标本的制作方法。

（1）剥皮

将解剖剪伸入口腔，剪去舌，再经口咽腔伸入至躯干部内侧，从左右肩带处剪断与前肢骨的连结，剪断内脏的连结。用镊子取出全部内脏后，用流水冲去血污和内脏碎片，然后按下述步骤剥皮。

前肢皮肤的剥离。用手将一侧前肢从体腔内侧向上推入口腔。露出肱骨头后，一手捏着肱骨，另一手的拇指和食指捏住躯干，将前肢皮肤慢慢地外翻向前臂方向，剥至掌骨与指骨关节处时，剪断此处骨关节，其余弃之。依同法剥离另一侧前肢的皮肤。

躯干部皮肤的剥离。从口部使用解剖剪剪断颈椎，从断口处把头颅掀向背侧，用解剖刀刀柄从断口处插入，向下方及左右方向逐步分离躯干两侧和背侧的皮肤。用手捏住露出的脊柱，将已分离出来的躯干部肌肉与脊柱从口腔中拉出，同时另一手继续将背腹部皮肤向反方向剥离。直至泄殖腔孔处，在泄殖腔孔括约肌内侧将躯体剪断。

后肢皮肤的剥离。剪断坐骨后，按前肢皮肤剥离方法，从腰带一侧开始剥离股骨以下的皮肤，剥至腕骨关节处，剪断此关节，使后肢皮肤内仅保留趾骨，其余弃之，转而剥离另一侧后肢皮肤。至此，牛蛙的皮肤与躯干分离。

头部的处理。将手指伸入口腔，用一小的弯镊子伸入眼窝摘取下眼球。剔除附着在头骨上的肌肉，并清除颅腔内的脑髓。

剥皮过程中，骨骼、肌肉与内脏均是由口中取出，要注意保持皮肤的完整性，不要过度拉伸皮肤，同时指、趾骨应与皮肤相连而不能使之分离。

（2）防腐

剥离下来的皮肤用清水冲洗干净、擦干后，浸于5%福尔马林液混合70%乙醇的溶液中。待皮肤稍变硬后，取出并擦干，然后将皮肤复原；也可以涂抹少量的砷防腐剂。

（3）装架和填充

取20号铅丝，剪成20cm长的3段，中间绞紧，由于牛蛙无尾，绞合呈"土"字形，铅丝的五端磨尖，以便于穿破皮肤。安装时，将此支架由口腔插入皮肤内。铅丝的五端分别从掌部、蹠部及口中伸出（图1-3）。

填充物宜选用锯木屑。取锯木屑3份、石膏粉1份、乳胶1份，用少量水调匀。用玻璃棒将填充物由口中填入，填充顺序是后肢、胸腹部、前肢和头部。填充时，应边填充边捏实，尤其是四肢，要用圆头细长玻棒填实，使其呈现饱满状。也可以使用发泡剂填充（参考鱼类剥制方法）。

（4）整形

用干布或软毛刷刷去牛蛙标本上残留的锯木屑，然后根据两栖动物的不同生活姿态整形，一般可整

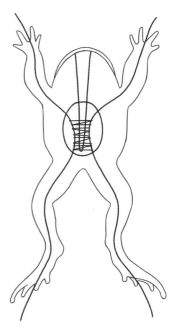

图1-3 蛙类支架的安装方法

形成蹲着向前观望的姿态。注意整形要在填充物凝固前完成。剪去多余铅丝并缝合口部。眼眶内嵌入义眼。整形完毕,将标本固定在台板上。最后,用毛笔蘸少许清漆涂于体表,置于阴凉处风干,挂上标签完成制作。

1.5.2.3 蛇类剥制标本

(1)剥皮

将蛇体侧卧,沿腹中线将腹部皮肤剖开10~15cm,从切口两侧向背部剥离皮肤,使与切口同长的这段躯体肌肉与皮肤分离,将此分离的躯体截断,让两个断口由皮肤的剖口处露出。蛇体前端逐渐翻转剥离至头部鼻端为止,在枕骨大孔处截断颈椎及肌肉,后端皮肤逐渐翻转剥离至尾端,此时蛇皮的内面已完全翻转在外,并与躯体脱离。用刀刮净蛇皮内表面残留的肌肉,洗去血污,在蛇皮内面、头骨、颅腔和眼眶内涂以防腐膏,眼眶内填塞油灰。待防腐膏稍干后,将蛇皮翻回原状。也可以使用无剖口剥皮,方法类似牛蛙无剖口剥离的方法,区别在于:蛇类从口腔剪断颈椎较难;部分蛇类颈部较细,采用此方法不太好用;蛇类没有四肢,褪皮时外翻剥离即可,但是这个过程可能会对蛇皮有一定的拉伸。

(2)防腐

方法类似牛蛙标本防腐的方法。

(3)装架和填充

取粗细适当的铅丝,长度与蛇体等长。把铅丝支架由腹中线剖口处塞入蛇体,一端插入尾端,另一端经脑颅腔插入头骨中,使之固定。用锯木屑3份、石膏粉1份、白乳胶1份,用水调匀后从口部或开口处向尾部填充,边填充边检查标本表面填充是否均匀,若有凹凸不平处,用手轻捏给予纠正;如果是无剖口剥皮的,这个步骤必须迅速,不然填充剂凝固后容易堵塞;填充时用粗铁丝作为填充器,边填充边用铁丝充实,然后转向头部方向填充,填充至恢复蛇体原体形。填充完毕后,蛇体剖口处填入薄层棉絮,以免木屑漏出。缝合开口,针口由鳞下穿入,自后向前缝合剖口。

(4)整形

嵌入义眼,若是毒蛇标本,整理成张口姿态。然后在蛇体表面涂上一层稀薄清漆,待标本表面晾干后将其整形成自然状态时的姿势。

1.5.2.4 鸟类姿态标本

鸟类姿态标本目的在于展现鸟类生活时的姿态,所以又称真剥制标本;另一种标本为假剥制标本,主要用于分类研究。假剥制标本的制作方法较姿态标本简单,主要区别在于假剥制标本不需要安装铅丝支架。其制作方法:鸟体经过剥皮、涂防腐剂,在内部放一根竹签,其前端插入枕孔,后端插入尾骨。然后在皮毛内直接充填填充物直至标本呈饱满状,缝合剖口。在头骨周围和眼眶内填塞棉球,以防下陷。理顺羽毛,头、颈、身子和两脚整理平直方便储存,待标本风干后,在脚部挂上标签后保存。下面以家鸽为例介绍鸟类姿态标本的制作过程。

(1)剥皮(胸剥法)

第一,剥胸皮,将鸟体用一袋子装好,向里面喷入适量的杀虫剂,半小时后取出,腹面向上放于桌上,向两侧分开胸部中央羽毛,露出龙骨突。用解剖刀从龙骨突中前部的中央向后剖开皮肤至腹部前端(不划伤肌肉为宜),分离皮肤至两侧肩关节处(图1-4a),从剖口轻轻拉出颈,在近胸处剪断颈部,用剪刀在靠近头部位置剪断气管和食管(图1-4b)。

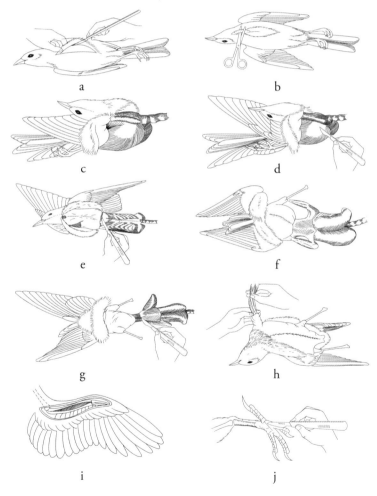

图1-4 鸟类皮肤剥制步骤

a.胸部开口与旁边皮肤剥离;b.颈部的剥离与截断;c.剥离肩背;d.截断肱部;e.剥离腰部;f.后肢剥离与截断;g.尾部剥离与截断;h.翼部的剥离;i.翼中段开口取出肌肉;j.爪部开口取出肌腱

第二，剥背皮，适当拉开皮肤露出肩关节（图1-4c），用解剖刀切断肩关节，使两翅与躯体分离（图1-4d）。

第三，剥腹皮和剪两腿，继续向体背腰部方向剥离，可以直接使用手指分离皮与背部，用力要适宜。随着体背皮肤的剥离（图1-4e），同时将腹面皮肤朝泄殖孔方向剥离，待腿部肌肉露出后，将皮肤剥至胫部与跗骨之间的关节处，切除胫部肌肉使胫骨露出。切断膝关节，使两腿与躯体分离（图1-4f）。

第四，切泄殖腔和剪尾椎，当腹面皮肤剥至尾部泄殖腔孔时，沿孔边缘切断，并向后剥至尾基。待尾椎露出时去净尾脂腺，从2~3块尾椎处剪断（图1-4g）。注意不能剪断尾羽基部，以免尾羽脱落。至此，除头部、两翅、胫部、跗部和爪附着在鸟皮上，其余部分与鸟皮相脱离。

第五，剥翼皮，拉出肱骨，逐渐剥离皮肤（图1-4h）。由于飞羽轴根牢固地着生在尺骨和指骨上，因此当剥至尺骨时，剥离这一部分皮尽量不伤到羽根。向前剥至尺骨与桡骨关节处后，将桡骨与肱骨连接处剪断并清除尺骨上的肌肉，仅留下尺骨（图1-4i）。如果制作展翅姿态标本时，则要保留肱骨和桡骨。

第六，剥头部，拉出颈部将鸟皮翻转过去，露出颅骨后，向前端剥去，剥至耳孔时用解剖刀紧靠耳道基部将其剖断，注意保留一点点耳道皮肤；再向前剥至眼眶前端，不能切开喙部，用解剖刀小心切开眼睑边缘的薄膜，注意保留一点内眼皮，用镊子取出眼球。剔除上下颌及其附近的肌肉之后，用镊子裹上棉花取出脑髓。

第七，皮肤剥完后，将爪垫部皮肤剖开少许，用镊子将肌腱全部抽出并齐根部剪断（图1-4j）。

剥皮过程中常出现的问题是胸部的皮肤开口会越来越大。产生的原因是在剥制过程中，尤其是将头、翅和腿部翻出或还原时，操作不当所致。剥皮过程一定要小心操作，避免开口因被拉扯而加大。

（2）涂防腐剂和皮毛复原

仔细剔除皮肤及骨骼表面残留的肌肉碎屑和脂肪，在皮肤内表面各处均匀地涂上防腐膏。在胫骨上缠绕竹丝或棉花，使形状近似原先的小腿肌肉，两侧眼眶内填入油灰或塑泥，然后将皮毛复原。复原时，依次翻转胫部、尾、腹和腰部，接着是双翼，最后是头部。

（3）装架、充填及缝合

将鸟体仰卧伸直，截取3段铅丝，一段铅丝为翼展长，另两段铅丝稍长于鸟喙端到趾端长，按（图1-5）绞合成支架。在支架的"2"处，用棉花或竹丝缠绕成颈的形状。装架时，将支架的"5""6"端插进并穿过胫骨缠绕，经跗部关节的后侧由脚底穿出，同时将支架的"4"端从尾椎骨下方穿出以托住尾羽。将支架的"1""3"端分别紧贴各自的尺骨，沿皮肤和腕骨之间插入，至指骨后自翼部的下方穿出皮肤，尺骨与支架铅丝另用细铅丝捆紧。装颈部时，将支架的"4""5""6"端向尾、腿部后移，使"2"端稍弯曲，从颈部插入经枕骨大孔、颅腔直抵喙尖，可以用义齿基材料填充把铅丝固定在颅骨上。

充填时，先在鸟皮内部背面用一块棉花垫在尾部、腰背、两侧和支架下面，然后逐渐向尾部、两腿外侧及尾部腹面中央进行充填。待尾部充填成与原体相似时，充填胸腹部的两侧及中央。充填后，检查鸟体各部外形是否均匀，适当调整补充后，用针线将剖口由前向后缝合。注意，在胸部的剖口处可能会皮肤卷缩，要尽量拉伸皮肤；颈部要填充饱满圆润。

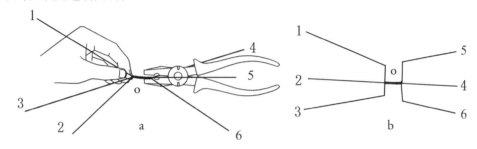

图1-5　鸟类支架制作方法
o. 绞合点；a. 绞合3根铁丝；b. 铁丝形成1~6号端

（4）整形

①头颈部整姿：一手按住颈的基部，另一手握住头及颈的上部慢慢向下推，使颈的基部饱满圆润。鸟头略向下弯并稍转向一侧。

②翼部整姿：弯曲翼内铅丝，使两翼贴在躯体两侧呈收翅叠状，剪去翼部铅丝外露多余部分。整理翼部时，翼背部和腹部的皮肤容易易位，易位会让翼部和背部的翼零乱。

③两腿整姿：把两腿的羽毛整理到正确的位置，然后弯曲腿内铅丝，使胫跗关节微曲，两腿位于躯体中心偏后处，将从脚垫穿出的铅丝固定在台板上。

④装义眼和细节上色：用镊子理顺羽毛，嵌入义眼。在喙部和爪、趾部用油画颜料上色。

上述整姿是取鸟静立时的姿态，根据需要也可将标本整姿成展翅、啄食、飞翔、行走、上仰等各种姿态。

1.5.2.5 小型哺乳类剥制标本

以家兔为例介绍小型哺乳类剥制标本的制作过程。

（1）剥皮

处死兔子后，将其仰卧于台子上静置1h，待血液凝固后开始剥皮。沿腹中线分开被毛后，由胸中部至肛门前剖开皮肤，但切勿割破腹肌，否则肠溢出不利剥皮。剥皮时，沿剖口两侧向背部方剥离，剥至后肢时沿骨盆与股骨交接处切断股关节，将与躯体后端分离的毛皮向背部翻转，继续向头部分离。剥至肩部时沿肩胛骨与肱骨交接处的肩关节切断，然后经颈部剥至头部，至耳部时用刀紧贴头骨割断耳道。剥至头部两侧出现暗黑色薄膜即眼球时，用解剖刀沿眼睑边缘细心割开，保留一点内眼皮，继续向前剥至鼻端，分开唇部与颌骨、牙根部。在颈椎与枕骨大孔处切断，使躯体与头骨分离，清除头骨表面肌肉、舌、脑髓及眼球。分开唇部，剥除唇部的肌肉。兔的两耳较大，适当位置剪除耳根，不宜保留太长，也不宜过短。从头皮内侧用解剖刀插入耳壳两层皮肤间，将耳壳剖成两层，这一过程需仔细认真，否则容易切穿耳皮；剥完后翻转耳壳内表面涂上防腐剂，插入事先已剪成略小于耳壳的塑料片，嵌在耳壳两层皮肤间，将耳壳还原；也可以填充一点塑泥，用手捏出形状后等它自然干燥。头部清理完毕后，将前肢毛皮剥离到指骨，后肢剥离到趾骨。剔净肢骨上的肌肉，保留肢骨。最后，将尾椎断口处皮肤稍稍剥离后，用钢丝钳夹住尾骨使之从尾部毛皮内拉出。

翻转毛皮，在其内表面、头骨、四肢骨表面颅腔内和眼眶内均匀地涂上防腐膏，用油灰或塑泥填塞眼眶，然后将毛皮翻转复原，准备装架填充。

（2）装架和充填

取3段铅丝，一段为躯干铅丝，其长度为由尾部至头部再折回至肛门前的长度，另外两段为四肢铅丝，其长度较之前肢至后肢爪端的最大长度长10cm左右。将这3段铅丝中间绞在一起。在铅丝上缠绕棉花或竹丝。装架时，将前肢铅丝沿前肢骨旁插入，从前掌中间穿出，用线将前肢铅丝与前肢骨固定，再以填充物裹在前肢骨和铅丝上形成原先前肢的形态；后肢铅丝沿后肢骨旁插入，经脚掌中间穿出，用线将后肢铅丝和后肢骨固定，用填充物捆扎成后肢的形态；把躯干铅丝支架末端插入尾部；躯干铅丝支架顶端经枕骨大孔插入到头骨颅腔内，倒入调制好的造牙粉，凝固后将头部固定在支架上。颈部填充长条状填充物，整理成近似原来的形态。

假体装架完毕后，检查躯体及四肢填充是否适度，如发现不够充实，即用充填物填入不实之处，务必使标本外形结实、饱满、类似自然生活的形态。最后，缝合剖口。

（3）整形

将义眼嵌入眼眶，调整义眼的对焦点，让两眼注视于一点，然后根据动物的自然生活姿态对躯体进行整形，家兔的常见姿态有蹲姿、取食和半坐姿。自然阴干后放置到台板上，挂上标签。

1.5.2.6 大型哺乳动物标本

以孟加拉虎（*Panthera tigris tigris*）为例介绍此类标本的制作过程。

（1）观察记录体色

体色是识别大多数哺乳动物的重要特征，生长于不同环境下的同一种动物常常也存在一定的体色差异，甚至可能是分类鉴别的主要依据。但标本可能随着死亡时间的长短不一，颜色发生变化，所以获得标本后要尽快记录其体色。除体色外，还要记录动物的性别、体形、体重、姿势、采集地、采集时间等，以此作为教学、分类和科研的参考。同时也为标本填充、整形以及上色提供依据。最好能有该标本活体时或剥制前的照片，这将有利于剥制后的标本尽可能符合其生活时的形态，避免失真。

（2）数据测量

动物体形数据测量可以在动物死后直接测量身体，还必须对皮张进行测量，因为动物皮张在剥皮和制皮后尺寸和形状会发生变化，如完全按照身体尺寸制作模型可能会不符合皮张的尺寸或形状。测量时先把皮张铺开，找准位置测各个部位的长度。各部位的测量以一只成年雄性孟加拉虎为例（表1-3）。

表1-3 孟加拉虎皮张测量部位及数值

序号	部位	数值（cm）	序号	部位	数值（cm）
1	掌基部周长	29	18	髋骨长	27
2	掌基部到腕关节长	10	19	膝关节至尾根部长	27
3	腕关节处周长	34	20	尾长	90
4	腕关节到肘关节长	20	21	尾根部周长	25
5	臂部周长	35	22	尾部1/6处周长	18
6	肘部周长	41	23	尾部2/6处周长	12
7	耳后颈部的周长	60	24	尾部3/6处周长	10
8	颈部长	35	25	尾部4/6处周长	8
9	肘关节中线至肩峰长	40	26	尾部5/6处周长	7
10	腋下至肩峰长	36	27	尾尖周长	5
11	肩前颈部周长	66	28	膝关节处周长	35
12	胸前周长	103	29	膝至跗关节长	27
13	腹中周长	105	30	跗关节周长	25
14	腰围	98	31	跗关节至趾关节长	10
15	尾根部至肩峰长	100	32	跗关节至趾关节中点周长	20
16	坐骨至肩关节长	134	33	趾关节周长	18
17	腋下至胯部长	118			

（3）身体模型内部钢架结构设计

大型动物标本需要承受一定的重量，动物形态和姿态来自内部的骨骼解剖结构，所以大型动物姿态标本内部使用钢架结构能更好地维持其形态和姿态，在以后的搬运和展览中也可以更牢固。例如将孟加拉虎标本设计为行走姿势。根据动物园观察孟加拉虎的行走姿势或图片，绘出标本轮廓的前、后和侧视图（图1-6）。制作时各部分之间的角度等可根据实际情况调节。

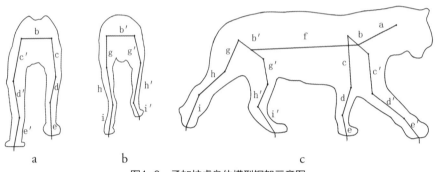

图1-6　孟加拉虎身体模型钢架示意图

a. 前视图；b. 后视图；c. 侧视图（图内a为枕大孔到左右肩关节连线的垂距；b为左右肩关节间距离；b'为左右髋关节间距离；c和c'为肩关节到肘关节的距离；d和d'为肘关节到腕关节的距离；e和e'腕关节到掌心的距离；f为b到b'的距离；g和g'为髋关节到膝关节的距离；h和h'为膝关节到踝关节的距离；i和i'为踝关节到掌心的距离）

（4）皮张的加工

①剥皮及处理：大型兽类一般从喉部一直到肛门前端剖开，开剥前用自来水把附着在皮张上的血液、灰尘等杂物冲洗干净；剥下皮张后再仔细去除附着在皮上的肌肉、脂肪和结缔组织；冲洗后沥干，放入85%的乙醇中浸泡，24h后更换一次乙醇。

②削皮：85%乙醇浸泡10d后进行削皮。从头部往下削，削皮过程中左手托住削皮部位，右手用刀小心再削除残留的肌肉、脂肪、皮下组织，并适当削薄整张皮。头部削皮时用解剖刀紧贴皮张削至耳部，切断耳根，并把耳部的皮与软骨分离；剥到眼部时，用解剖刀的刀尖逐渐分开眼皮；削去鼻软骨上的肌肉，使鼻部的皮变得更薄；用刀分开上唇内外皮，削去两层皮间的肌肉；剥离上下唇时，先在鼻尖的软骨处剪断，再用解剖刀剥离出下唇；削至两颊和有胡须的部位，在胡须根部毛囊处留一定厚度的真皮。颈部、背部、腹部等部位削平整即可。削爪时，由腕部向里削，除去肉垫、结缔组织，保留第一掌指骨（趾骨）。

③皮张的熟制：皮张的熟制又称鞣制或硝制，操作步骤有盐化、酸浸、鞣制、上油或加脂。盐化，把皮张平铺在操作台上，把盐均匀地涂撒在皮张的内侧，头部、四肢和尾部多放一份，可以进行搓揉，之后浸泡入甲酸饱和盐水中。

浸酸液的配制：甲酸 6g/L（pH=1.05）；硫酸钠 50g/L；氯化钠加至饱和。将上述试剂溶解澄清后倒入塑料箱（100cm×40cm×50cm），加水 14L，再加甲酸至 pH 值为 2.0，置于室温下，不宜过热。

每天搅动，并检查皮毛的情况。背脊部位横向延伸，纤维柔软，弹性好为宜。

④鞣制：皮毛的鞣制是把生皮加工成熟皮，有硝面熟制法、明矾熟制法、鞣铬揉制法。鞣铬揉制法能使成品具有耐水、耐温、耐老化等性能，具体操作如下。

鞣制液的配置：碱式硫酸铬 0.2g/L（以三氧化二铬计），明矾 10g/L、氯化钠 40g/L，硫酸钠 30g/L，硫代硫酸钠 2g/L，JFC 湿润剂（脂肪醇聚氧乙烯醚）0.3g/L，碳酸氢钠适量。用水 12L，用硫酸调节 pH 值至 1.5，皮张出箱时 pH 值为 4.5，温度 40~45℃，时间 72h。

操作过程：把浸酸的毛皮浸入配制好的鞣制液中，并搅动 2min，以后每隔 1h 搅动 1 次，每次 2min，在第二天把毛皮捞出控水，加入硫代硫酸钠和 JFC，每天需取样测定皮毛的收缩温度，温度控制第一天为 40℃，第二天、第三天为 45℃，并添加碳酸氢钠调整鞣液的 pH 值至 4.5。鞣制到第三天取出。

⑤加脂：为了使皮张更加柔软，应对皮张进行加脂处理，整个过程加脂液温度为 48℃。加脂液的配置：48℃温水 40L，丙三醇 600mL 和肥皂粉末 200g 充分溶解，把皮张放入并搅动使皮张完全被加脂液润湿。待皮张柔软滑嫩时取出皮张，用清水冲洗数遍，沥干即可缝合。

（5）动物模型制作

①头部模型制作：头部模型既可在原头骨的基础上制作，也可重新仿制。介绍使用原有头骨基础上制作头部模型。先在上下颌适当地方打孔用铁丝固定。头部骨骼缝隙和被剔除肌肉部位用石膏填充，方法是白石膏 300g、绿石膏 50g、锯末 50~100g。根据锯末的颗粒大小和水分多少调节；放入锯末可以减轻重量，修形更容易。混合好后加水调制成糊状。待石膏固定变硬后雕琢鼻部、眼部、耳部、腮部、枕部等。在制作过程中要不断试皮，查看模型的适合度（图 1-7）。

②身体和四肢钢架：具体步骤可分为主钢架、四肢关节结构、全身肌肉钢架。主钢架结构，是整个标本的重力支撑结构，也是标本造型的主结构，分为底座、躯干和四肢三部分。底座的作用是固定标本，标本放置地点不同采用的方法也随之改变，一般可用木板、钢架甚至可根据需要结合一些特殊材料制成石头、草地、树干等形状。躯干部分包含颈部、胸部、腰部和臀部。各部分角度，按设计图纸进行。四肢部分按肩胛骨、肱骨、桡骨、尺骨的长度，注意在制作过程中必须按皮张的尺寸（表 1-3）。接下来做前肢的运动造型。后肢部分则按股骨、腓骨、胫骨、跗骨

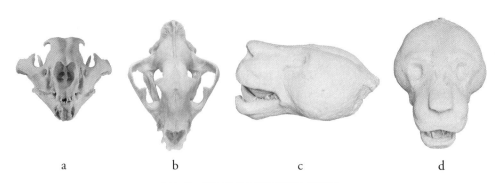

图1-7 孟加拉虎头部模型制作示意图
a.头部骨骼前视图；b.头部骨骼俯视图；c.头部石膏模型侧视图；d.头部石膏模型俯视图

的长度做后肢的运动造型。示例的孟加拉虎标本使用直径为1cm的钢筋按设计图支架焊接模型（图1-8）。

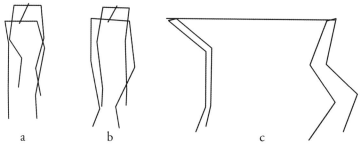

图1-8 孟加拉虎身体模型基本支架焊接图
a.前视图；b.后视图；c.侧视图

先用点焊连接，之后可适当调整四肢与脊柱钢架的角度，确定后再加固焊接。主要钢架完成后，使用铁丝焊接四肢和身体各部分的外廓。四肢关节肌肉较少，铁丝焊接造型时要小一点，在缝皮时四肢关节处容易出现难缝合的情况，特别是肩关节、肘关节、腕关节、膝关节、跗部等。为了便于造型，使用铁丝做出肌肉的大概形状（图1-9），根据肌肉大小和走向做出略小于真实形状的肌肉铁丝造型。按图1-10中线条弯曲铁丝成肌肉形状焊接，尾部较粗的地方可用3根铁丝焊接而成，较细部分用一根即可。

③肌肉造型：分为内部填充物和浅层肌肉造型。内部填充物的选择很多，可以使用麻丝、棕丝、塑料泡沫、报纸等，也可根据内部空间的情况，用纱布包裹在钢架上再用其他材料做出浅层肌肉模型。选用塑料泡沫、报纸、发泡剂作为填充材料，发泡剂可以成为其他填充物的黏合剂使各种材料结合。在制作模型时，内部可用塑料泡沫

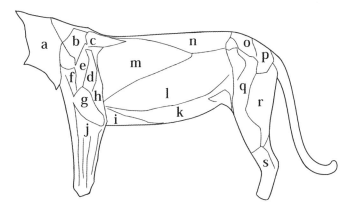

图1-9 孟加拉虎身体肌肉分布示意图

a. 臂头肌；b. 斜方肌；c. 菱形肌；d. 三角肌；e. 冈上肌；f. 肩甲横突肌；g. 臂三头肌；h. 前臂筋膜张肌；i. 胸后深肌；j. 腕桡侧腕伸肌；k. 腹直肌；l. 腹外斜肌；m. 背阔肌；n. 胸腰最长肌；o. 臀中肌；p. 臀肌；q. 股四头肌；r. 股二头肌和半腱肌；s. 腓骨长肌

或废旧报纸填入内部，再将调配好的发泡剂从缝隙中倒入。填充物的体积与面积都要比真实尺寸大一些，以方便之后雕塑浅层肌肉。

④浅层肌肉造型：首先在发泡剂、塑料等材料制成的模型上使用锉刀和砂纸等工具精细雕琢出臂头肌、斜方肌、背阔肌、胸腰最长肌、臀中肌、臀浅肌、腓骨长肌、股二头肌和半腱肌、股四头肌、腹外斜肌、腹直肌、臂三头肌、冈上肌的形状（图1-9）。雕刻造型时应当对照测量数据与各个肌肉的走向和大小，使标本模型整体和谐统一、造型逼真、细节突显，特别是肩部、肩端、肘端、臀部、髋关节（腰节）等部位。之后，用普通石膏、绿石膏、锯末按3∶1∶2与水混合重新雕塑标本的浅层肌肉模型，让标本的浅层肌肉模型敷上一层坚硬的外壳，增加其牢固程度。在制作过程中根据尺寸进行修正和试皮，检查尺寸和形状、大小是否合适。

⑤头和身体拼接：把先前做好的头部模型与身体模型用铁丝固定，应注意颈部的长度和头部的角度等细节。连接处再用普通石膏、绿石膏、锯末按2∶2∶1与水混合填充，同时做出颈部肌肉形状。使用棕丝在尾部的铁丝上缠绕出尾部形态。最后，对整个模型打磨、磨光完成模型制作（图1-10），标本缝合前在模型表面抹上一层乳胶。

⑥犬齿的仿制：参考现有的犬牙或照片，使用塑泥捏制一个近似形状，用雕塑刀将模型形状进行仔细雕刻与修饰；完成泥塑模型后适当干燥（后面参照1.4.2.7"零散骨骼标本中遗失骨骼的制作过程完成"）。

⑦舌的仿制：舌属于肌肉组织，不耐储藏，做标本时必须除去，若所做标本嘴张开，则必须用适当材料仿制舌头（舌头的仿制参照1.4.2.7"零散骨骼标本中遗失骨骼的制作过程"完成）。舌由于面积较大，仿制过程中需多次放入虎头模型中查看效果。

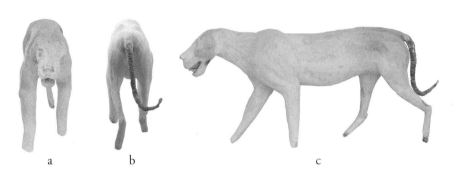

图1-10 孟加拉虎石膏模型
a.前视图；b.后视图；c.侧视图

（6）皮张缝合

缝合前先把皮张沥干，同时准备好一定量的雕塑泥、缝合所用的针和线以备缝合时用。先检查皮张是否有破口并小心地缝补好，并且用塑泥把耳部的内外两层塞满。把皮张放在模型上，对齐皮张的接缝，特别是头部、肩部、肩端、肘端、臀部、髋关节（腰节）等。调整放好后用布条捆绑固定，再把标本四肢倒立仰卧在工作台上，用湿毛巾包裹头部、四肢的爪部，防止这些部位水分蒸发变形不利于整形。接下来开始缝合，从四肢的爪端开始向内侧缝合，缝合时在爪部适当填充塑泥，缝合时注意对齐斑纹。四肢缝合好后缝合下颌至腹中线、尾部。

（7）整形

整形是姿态标本制作中关键步骤之一。由于缝合时皮张尚未完全干，有一定的松弛，在其风干过程中会紧缩变形，所以要用针把相应位置的皮毛固定，待其光滑平整地包裹在躯体上，再拔掉所有针。在标本自然干燥的过程中也要进行整形，特别是头部的形态。安放义眼时，在眼窝处放入适量的塑泥，安装完义眼后，调整义眼的对焦点，两只义眼对焦于正前方。头部模型肌肉不足的地方填入适量的塑泥，可以让标本脸部表情整形到预想的效果，并用大头针固定。待标本完全干后，拔出固定的大头针，然后对眼角、唇、口腔、仿制牙齿、仿制舌头进行上色，使标本更逼真。

1.6 鸟卵和鸟巢标本制作

1.6.1 鸟卵标本制作

将鸟卵洗净擦干后，放在纱布上，用注射器针头或锥子在卵的一端轻轻地钻一个直径为1mm的小洞，通过注射器向卵内缓缓注入空气，感觉有压力后轻轻拔出针头，让蛋清和蛋黄自行流出；也可以用注射器抽吸，当吸不出时再吹气使蛋清和蛋黄流出。

如此连续操作几次，直至卵内物质除净为止。然后向卵壳内注射清水冲洗，反复冲洗几次，直至卵内流出清水时止。将5%福尔马林或5%的苯酚溶液注入卵壳内，用手慢慢地转动几下，使卵壳内表面均匀地沾上防腐液，最后将鸟卵有洞处朝下放入垫有棉花的标本盒内保存。如果收集到的鸟卵为半孵化的死卵时，卵内物质可能流不完全，这时候要使用5%福尔马林液多次注射进去防止腐败；静置数天后阴干，使用较大注射器向卵壳里注射防腐剂，阴干后装盒保存。

1.6.2 鸟巢标本制作

收集到鸟巢后，记录鸟巢的自然环境、生态条件、生态学参数，如巢深、内径、外径、巢材、巢重、巢形等资料。清除巢内粪便等，放置在盒子中使用"敌敌畏"或"灭害灵"等杀虫剂喷洒鸟巢杀灭虫和虫卵。然后把乳胶用水调稀，反复喷洒鸟巢几次。阴干后放入垫有棉花的标本盒内保存。

1.7 小型脊椎动物整体干制标本

小型脊椎动物用防腐剂注射，经过干燥后制成的标本同样具有防腐、防霉等作用，可以长期保存。由于此技术简便易行，下面举两例不同类型的整体干制方法以供借鉴。

1.7.1 蜥蜴整体干制

蜥蜴用乙醚麻醉后，在腹部剖开一个小口，把内脏取出，分开口腔取出舌，用水冲洗干净后，晾干。然后在腹腔内塞入纱布条，放入10%福尔马林液中浸泡2~4d后取出标本，将浸有10%福尔马林液的棉球填充口腔和腹部至原先形态。整形后置于通风处阴干，放于标本盒内保存。

1.7.2 蝙蝠整体干制

蝙蝠用乙醚麻醉致死后，放入70%的乙醇中浸泡消毒。从乙醇中取出冲洗后吹干。展开两翼，腹面向外用夹子和针固定在玻璃板或纸板上，头部两耳及后肢适当摆正姿势后用夹子固定在塑料片上，口腔内先用棉花填充撑开。在蝙蝠身体的各部位内注入适量10%福尔马林液后，将其浸于10%福尔马林液中。2d后取出，浸泡在明矾和硝酸钾饱和水溶液中，可以防止体表脱毛。2d后，取出置于通风处阴干。取出口腔中的棉花，使口保持张开状态以显露牙齿。整理全身，特别是两翼要平整，注意翼上的爪勿缺失，两腿收起。阴干后装盒保存。

1.8 标本的保养与管理

1.8.1 标本的损害原因

标本损害的原因主要有内因与外因。内因是标本在制作过程中遗留下的骨骼、肌肉、脂肪和防腐不到位引起的。造成标本损害的外因主要是物理因素、气候变化、化学损伤、生物破坏、机械性磨损等。物理和化学因素如温度过高、湿度过大，光照过强，灰尘污染，空气中的杂质，酸、碱、盐等有害物质对标本的皮张和内部的填充物损坏。生物因素如昆虫、微生物的寄生，鼠类啃咬等对标本的损害。机械性磨损如陈列过程中的不正确拿放等所造成的人为破坏，还包括不正确的保护方法等。

1.8.2 标本损害的几种类型

一件标本不管其防腐措施如何周到，如果在日后的保存过程中，标本处在不良的环境下，仍然会引起各种形式的损坏，因此要注意以下几点。

1.8.2.1 虫蛀

虫蛀是标本的最大危害之一。虽然标本在制作过程中已经采取了防虫和防腐处理，但这些措施主要是防止标本自身有机体的腐烂，但是随着时间的增长，防腐剂效果降低、防腐剂处理不到位的地方暴露，如毛皮、羽毛的蛋白质结构仍然对昆虫具有很大的吸引力。防腐不等于防虫，即使有一时的防虫措施，也不能保证多年后仍对害虫有驱避作用。除了定期对标本检查和维护外，对标本每年至少要有1~2次熏蒸、喷洒药物杀虫。皮蠹科的一些物种对皮张有很大损害能力，标本填充物等也容易带入其卵和蛹。存放标本的场所，要关紧门窗，隔绝潮湿，隔绝虫子的侵入，如能将标本密封、真空保存或充氮气保存则防虫效果更佳。

1.8.2.2 霉变

在气温高、空气湿度大的地区，容易发生霉变，这可能会使标本报废。因此，在存放大量珍贵标本的室内，要设置恒温除湿空调设备。标本室要尽量避免在潮湿的底层，阴雨天要尽量减少打开标本室和标本柜；标本柜内放置一些除湿的材料或者干燥剂。标本室内尽量不装置冷气、冰柜或洗手池，因为夏日冷气机、冰柜在工作时会释放热量，打开后可能会使水汽凝结，增加空气湿度。标本发生霉变时，最开始只会有很小的霉斑，不容易被发现，霉斑扩大后就不容易清除，会使标本损坏。常用防霉方法是制作防霉纸袋，将水杨酸苯胺或邻苯基酚配成 0.5%~1.0% 的溶液，把溶液刷在纸上，干后做成防霉纸袋。把小型珍稀标本放入袋内保存，有一定防霉效果。标本室主要采用福尔马林、高锰酸钾熏蒸除霉菌。操作时在大烧杯中先放入 100mL 福尔马林液，再慢慢倒入高锰酸钾 30g，此时会有浓烈的气体升腾，人要立即撤出，密闭房门 1~2d。

1.8.2.3 阳光直射

光对标本的损害常与潮湿、高温互相作用。光会使纤维老化、有机质机械强度降低，会促使标本毛、羽中的色素分解，造成标本逐渐褪色，强度变低、变脆，表面失去光泽感。标本室一般选在楼层的北面房间，使标本处在阴凉、光线较弱的地方，标本室的窗户要装有防光照的窗帘，室内照明采用日光灯。

1.8.2.4 灰尘

灰尘对标本的破坏作用可能会给标本带来虫、菌和霉变。所以，标本要放置在环境清洁的封闭抽屉或橱柜中。每年定期除尘，防止太多的灰尘吸附潮湿的空气及其他有害物质。

1.8.3 标本的保护措施

1.8.3.1 防虫措施

防治标本虫害是确保标本长期安全保存的重要工作。动物标本由蛋白质、脂肪、几丁质及其他有机物质构成，它们是某些昆虫喜爱的食物。有些标本的充填物或支架，如麻丝、稻草等，也可能有虫卵附着；有的标本由塑胶制品、化纤织品等制作出来，处理不当也可能会遭受某些虫害。标本发生虫害，造成使用价值降低或丧失，会给教学和科研工作带来难以挽回的损失，特别是对一些已灭绝的物种和模式标本来说，那更是无法弥补的灾难。预防虫害的措施主要有以下几方面。

第一，保持标本存放环境的清洁卫生。定期对卫生死角，如门窗、墙壁、天花板等处出现的孔洞缝隙清除、打扫和封堵。

第二，恒温除湿管理。

第三，撒放防蛀药剂，定时喷洒杀虫剂，或对存放标本分类套袋密封充氮，熏蒸消毒，对可能潜入的害虫进行杀灭。

第四，做好标本入库验收和储存期的检查。标本入库前要仔细察看是否带入虫体或虫卵，加强对易生虫的标本支架检查。发现害虫先消灭后保存，并注意不与其他标本混放，然后做好记录便于复查。对收藏标本中出现的局部虫蛀现象，无论是台板还是标本都可用 5%~8% 福尔马林进行处理。

使用中主要进行喷洒，常用的除家庭罐装喷雾剂外，还有"敌敌畏"、溴氰气酯稀释 250 倍、"敌百虫"稀释 100~200 倍等；熏蒸剂有溴化甲烷（气温低于 6℃ 的情况下不适合使用）；高锰酸钾与福尔马林液以 3 : 5 的比例混合，使用剂量 $70g/m^3$，兼具防霉作用；防虫驱避剂除常用的樟脑丸外，还有萘、对位二氯化苯、冰片等。

采用熏蒸剂杀虫时，应严格按照规定操作，以确保人员安全。注意以下几点。

第一，有条件的熏蒸场地要采取密封式，与人居住或办公的地方要隔开。操作时及药剂作用期间要悬挂明显的警戒标志，严禁非操作人员进入，并严禁烟火。

第二，参加施药人员至少两人，应明确分工。操作人员应加强自身防护，穿戴长袖防护衣裤、手套、头罩及防毒面具。施药后应迅速离开现场。

第三，熏蒸过程完成后，要经过3~5d的散毒，方可自由进出。如学校标本室在假期熏蒸后，暂时无教学任务可延长标本室密封时间，在使用前一周打开散毒。当需要熏蒸的标本较少时，可选择密封塑料袋、密封式小型熏蒸柜操作，以节省药物投入量和减少环境污染。

1.8.3.2 简单修复维护

微生物除在标本的机体上滋生，还在标本的毛、羽表面形成霉斑，菌丝能侵蚀并损害标本。黏附的尘埃除了影响标本的外观外，还给各类细菌、蛀虫的繁殖创造了条件。尘埃和菌丝要在定期的检查和清洁中及时清除。标本有灰尘或霉斑，此时若用常规的湿抹布揩擦，既容易损坏标本又起不到消除灰尘和霉斑的效果。清除方法：在一杯湿水中滴入洗洁精或洗发液数滴，并加入有机溶剂，如汽油或二甲苯混合，对污染严重的，洗涤液浓度可稍加大些，甚至直接用洗涤液和有机溶剂进行局部擦洗。在清洁全身为发黄的白色羽毛时，可加入过氧化氢溶液进行擦洗，但其浓度不可太大，以免对羽毛产生腐蚀作用。用干净棉球或棉布浸透洗涤液后，将需清洗的羽毛沾湿，静置几分钟，然后顺着羽毛的长势由头部向尾部作多次单方向重复揩抹。棉球脏后应更换清洁湿润棉球继续擦拭，直至不再有脏物为止。另一种方法是，用脱脂棉蘸75%的乙醇擦洗；也可以使用5%的福尔马林擦洗，这种方法会有刺鼻的气味。注意，洗涤液不要将羽根处和皮完全浸湿，以免将防腐药洗去或将皮肤泡软，令羽毛容易脱落。

喙和趾爪的清洁较简单，可用棉球蘸苯酚乙醇液直接揩擦，清洁双眼可用乙醇。经过清洗、干燥的标本应放在封闭橱柜中保存，并放些樟脑丸、麝香草酚防霉防蛀。反复的清洗会影响标本的外观质量，尽量减少清洗次数或部位。羽毛失去光泽感时，可使用美容化妆品加以修饰。

1.8.4 标本的展示与管理

1.8.4.1 标本的展示

标本展览有开展科普教育、宣传、唤起民众的保护意识、学习交流等作用。常见的标本展览陈列有直接陈列法、半复原陈列法和全复原陈列法。

直接陈列法是没有原有动物生境相关的任何辅助展品，姿态标本一般直接放置在台板上，或者站立于岩石、树枝、树桩等上，但是可以使用文字、图解、触摸屏、声光电设备等其他形式的辅助手断介绍展品。

半复原陈列法是使用动物的典型生境，一种或多种动物组合成小型生境柜。通过动物标本和生境部分特征的组合，再配合文字、图解、触摸屏、声光电设备进行展示。半复原陈列有开放式，观看可以接触到标本；封闭式，标本完全使用玻璃柜等设备与观众隔离。

全复原陈列法是针对某一类标本的完全生境，或者某一地点的完整生境，整体复制一样的场景在博物馆展厅展示，其核心要素是生境的客观和准确反映。全复原陈列法需要进行实地考察，标本的采集和制作、背景画的制作、环境元素提取和模型制作和生境的组合复原，整个过程要结合物候学、动物生态学和当地的民族文化等多个相关学科。如天津自然博物馆的《家园·生态》展区，在设计理念上突出生态系统，形式上以大景观、大手笔来体现，展示生态系统的多样性；每一大洲的动物群以若干个景观组成，每个景观以不同的场景来展示，每个场景又由动物生活中的一个典型故事来表现；利用人工造景及背景画，结合各种现代化的展示手段，准确、科学地将世界上最具代表性的野生动物及其生态环境再现于观众面前，生动展示动物生活的真实场景；既有展板，又有多媒体，同时有互动设置，提高了观众的探索欲望。

1.8.4.2 标本的管理

除了展览标本外还有一类科学研究用的标本，大多存放在抽屉式的标本橱中，标本橱的抽屉较多，主要是对标本分门别类。鸟类标本体形大小差异很大，抽屉的尺寸规格也做相应变化，大小不等。

标本标签和卡片的管理，也是标本管理中的重要内容。保存完整的卡片系统，能帮助使用标本者准确、迅速地找到想查看的具体对象和相关资料。标本的记录信息要有以下3套。

第一，附在标本上的原始记录标签。原始记录标签记录的信息是标本的名称（以学名表示）、采集地、采集日期、分类地位及主要的外形数据。

第二，检索卡片。检索卡片主要说明某个标本具体存放在哪个位置。对于标本收藏众多的单位，每件标本均有独立的数字代码，检索卡片有时备有两套，一套存档，一套放在标本所在处。

第三，较详细的存档资料记录。存档资料记录的职能是对原始记录标签的具体化，在标签上不可能详细记载有关标本的栖息环境、生活习惯、食物构成、鸣叫、繁殖及个体特征等。许多情况下，检索者通过检看这部分内容，就能得到想要的资料，而不必查看具体的标本，减少标本受损的机会。

所有有关标本的文字资料要真实客观，特别是对标本所附的原始卡片标签不能做随意更改。需要更新标签时，要反复核对内容是否一致。对文字已模糊不清的地方，宁可空缺，也不能凭想象去补全，以免以讹传讹。数字代码是文字资料的扼要补充和联系手段，每种标本均有一个独立的数码，数码所代表的含义要明确，有时凭借数字就能反映出一定的相关情况。标本的类别、采集地及日期均可由特定的数字来表示。例如：用字母A表示鸟类，市、县代码用01~99来表示。假设昆明市的代码是12，那么编号是A12201505159号标本的数字可包含有"鸟类标本，采于昆明市，是2015年5月采到的第159号"的含义。目前尚无统一的国际标准，各单位各标本室可自行制定一套编号规则，一旦确定，便不能随意更改，同一号标本，在原始标签、检索卡片及资料记录上的代码要完全相同。有计划地对标本进行维护管理也是必要的，常见的维护是熏蒸除虫、放置害虫驱避剂及干燥剂、标本清洁、环境消毒以及残缺修补等。

参考文献

李大健, 江智华, 2007. 中型兽类头部标本的剖制技术. 动物学杂志, 42(4): 75-80.

李敬双, 唐雨顺, 2010. 动物解剖生理学. 北京: 中国农业科学技术出版社: 17-40.

李文靖, 何顺福, 陈晓澄, 2009. 哺乳动物标本制作中皮张的鞣制. 四川动物, 28(4): 593-594.

罗文寿, 2008. 大型兽类姿态标本模型制作方法. 四川动物, 28(4): 662-665.

伍玉明, 2010. 生物标本的采集、制作、保存与管理. 北京: 科学出版社.

肖方, 1999. 野生动植物标本制作. 北京: 科学出版社: 112-149.

薛大勇, 2010. 动物标本采集、保藏、鉴定和信息共享指南. 北京: 中国标准出版社.

2 野生动物绘图

提要 本章介绍了野生动物绘图的基本要求，常用的工具、材料和仪器，野生动物科学绘图的步骤、主要技法，野生动物绘图示例和图稿的放大方法，以及生物显微绘图和生物教学挂图的绘制等。

随着照相术和制版术的快速发展，尽管生物绘图的一些功能逐渐被生物摄影替代，其功能和重要性逐渐降低，但生物绘图仍然具有一些不可替代的优势，使其不可能完全被摄影所取代。因此，生物绘图在科研和教学活动中仍占有重要地位。野生动物研究工作中，绘图不仅仅局限于野生动物本身、动物栖息地、取食食物等信息，还涉及无脊椎动物、植物的绘图。因此，本章内容以野生动物为主要对象并辅以其他生物类群的介绍。

2.1 绘图作用与基本要求

2.1.1 绘图目的与特点

2.1.1.1 真实性与针对性

野生动物绘图在动物学研究工作中常常是一个不可替代、不可或缺的重要环节。野生动物绘图在许多方面都发挥作用，比如记录野外观察到的事物、用作科学出版物和图鉴的插图、教学挂图以及科普宣传展示等。图像与文字描述相互补充，以图文并茂的方式，使所述动物特征具体化、形象化。插图与文字的契合，相得益彰，其直观的效果，成为一种极为有效的表达形式。在当前的各种出版物中，插图依然常见。

野生动物绘图属于科学绘图的范畴，它和艺术绘图具有相通之处，但其绘图目的及内涵有其特殊性。艺术绘图具有主观性、抽象性、艺术性，是精神图像的再现，凭借抽象性和夸张性获得更深层次的艺术价值，可以工笔，亦可写意。动物绘图具客观性、科

本章作者：周伟；绘图：黄海贝

学性、艺术性，强调写真为主，辅以艺术性。野生动物绘图的关键是要能够真实、准确地反映被描绘对象。所以，要做好动物绘图工作，必须具备相当的动物学专业知识。虽然动物绘图可能缺少一些艺术表现力，只要画面上充满着科学的正确性，尚不失为正确的野生动物图。假如只擅长艺术而缺乏动物学专业知识，则对于动物体的观察往往好像眼上罩着一层轻纱，所绘制的图很难将分类特征一一画出。这样的图，即使合乎美学条件，也因为正确性不足，科学价值也因此逊色。所以，动物绘图的特点是以动物学研究的内容为主，艺术的表现手法为辅，二者需有机结合。

野生动物研究的人员如果能够自己动手绘图，则可以加深对研究对象的了解；而且自己动手绘制的图更能充分体现所绘对象的一些关键特征。但是，当面对大量绘制对象时，靠研究人员自己动手则往往难以胜任，所以必须与专业绘图员密切配合，以达到比较理想的效果。

2.1.1.2 与摄影呈互补关系

生物科学绘图与生物摄影相互补充，各有偏重，相得益彰。生物摄影得到的图像可以直观、真实地反映被摄对象的总体或局部形态特征、质地和质感等，达到绘画所不能及的效果。但对于动物体的某一部位或局部的一些细节特征，尤其是分类学特征，由于本身轮廓界线不十分明确，反差小，受拍摄角度等因素的限制，摄影往往难以达到详尽、细致的记录；或者动物有的行为、表情等虽然能被观察到，但稍纵即逝，用照相机很难捕捉到这些行为和表情，而绘图则不受这种限制。

动物科学绘图与用文字描述记载和用照相机、摄像机记录动物生命过程起着相互辅助的作用。通过科学绘图可以将文字难以描述清楚、摄影也不完全能记录清晰的大量宝贵的信息记录下来，作为形象化的科学资料积累。

在中国，对大象的解剖是一件可遇不可求的事件。1984年，云南个旧宝华动物园一头大象意外死亡，动物园遂将这头大象送中国科学院昆明动物研究所制作标本。该所接收标本后，迅速组织了一组富有解剖经验的科研人员对大象做系统解剖。伴随着解剖的进程，一位科研人员一边参与解剖，一边凭借娴熟的速写和解剖功底，快速、准确绘制了大象的肌肉、器官和各系统的大量速写，并做了相应的标注，积累了一批难得的资料，很可惜这批宝贵的资料最终未能公开出版，也不知散落何处。

2.1.2 绘图的基本要求

2.1.2.1 科学性和准确性

当描绘每一幅动物科学题材时，应该做到如实反映。科学性和准确性表现在以下几方面。

(1)形体的正确

所谓形体是指动植物的外部形态。以描绘一张鱼类的外形图为例。首先,应注意鱼体的全形,背鳍、臀鳍、尾鳍、胸鳍和腹鳍的位置及形状;次为侧线鳞、侧线上鳞和侧线下鳞的数目,背鳍和臀鳍的分枝鳍条数,以及背鳍、臀鳍不分枝鳍条的粗细和软硬,其后缘是否具细锯齿等;最后还要留意鱼体身上的斑纹、位置及形状,各鳍上的斑纹形状和位置等。

(2)比例的正确

比例的正确包含3层意思,首先,指描绘动物体及各种器官的长短、大小比例;其次,指局部解剖与整体的比例;再次,还指所绘图的大小与实物的比例。

(3)倍数的正确

在显微镜下放大500倍与放大1000倍相较,所看到物体的形象和外貌常常不相同,因此必须求得正确的放大倍数。

(4)色彩的正确

色彩、斑点是反映物种特色的重要特征,往往被采用作为分类鉴定的依据,必须仔细观察并依据实物固有的色彩、斑纹特征如实描绘。

一幅动物图,还需注意活体生活时的姿态,务须绘得和鲜活时一样,含有自然生态美。如蛙类静止不动时,必须绘成生活时前肢支撑、后肢盘坐的姿态;松鼠的尾一定要绘成卷曲的,而树鼩的尾一定要画成向后下方斜伸的;爬行类的四肢必须向体侧,绘出爬行的姿势,方算正确。

2.1.2.2 神形兼备与质感

(1)物质的真实感

通过画面,要对最能表现各种不同物体质地的那些属性,给以恰如其分的体现。因为有时它们往往关系到生物图的真实性和影响物种鉴定的正确性。例如,甲虫厚重的甲壳与轻薄的蝉翼,光滑的树叶与粗糙的树皮等。

(2)立体的真实感

就动物个体而言,就是指要表现出动物个体的立体形象;而在整个画面,则是指各个动物个体之间、它们与环境之间的远近层次。

2.1.2.3 画面生动具艺术感染力

严谨的科学性与完美的艺术性相结合。所谓艺术性可以从以下几个方面来衡量:构图布局适当;姿态生动完美;用笔合理传神;色彩准确鲜明;明暗层次适宜。

2.1.2.4 保证作品使用最佳效果

作品的好坏必须根据作品的具体用途来评判其效果。

（1）制版的画稿

如果画稿是供制版的话，要考虑到印刷的实际尺寸和制版技术。线条太细、太密，或墨色浓淡不匀等都将影响制版效果，出现版面糊涂不清、线条丢失或合并等现象。这就不能算符合科学标准的生物图。因此，制版画稿的好坏，应当以制版后印刷效果作为最后评判标准。为制版用，通常画幅应比印刷尺寸大 1/3、1/2、1 倍或更大进行描绘。

（2）教学、宣传挂图

如果画稿用于教学挂图或者宣传招贴画，则应考虑线条的粗细、点的大小，以现场的观众能看清楚为准则。

2.1.2.5 画面必须保持整洁

绘画时必须十分重视保持画面的洁净，在画稿绘制完成后，必须细心做好每一疵点的处理工作。

2.2 常用绘图工具和材料

2.2.1 工具和材料

2.2.1.1 笔

（1）铅笔

型号 HB 和 H 用于一般绘图纸（草图）；2H 和 4H 用于硫酸纸，硫酸纸很耗铅笔。铅笔要削，磨得尖尖长长的，需要多支备用。常见的有 HB、2B、4B、6B、8B，起稿的话一般选用较硬的铅笔，如 HB、2H、4H，这样笔触会轻些，在后期容易覆盖，如果出错也容易擦掉重画。

（2）毛笔

小白圭、大白圭、狼毫。用后立即用清水洗净，待阴干后用笔筒套住。

（3）蘸水钢笔

备粗、中粗、细蘸水钢笔，用于打点的各一支（需打磨制成），用后洗净。

2.2.1.2 其他工具和材料

橡皮擦、直尺、圆规、透明胶片（旧称赛璐珞 celluloid）制作的九宫格、100g 的绘图纸和描图纸（硫酸纸）。

2.2.2 绘图仪器

生物绘图通常要借助一定的仪器以保证描绘出正确的草图。常见的有阿倍描绘仪、棱镜描绘仪、网纹镜片以及体视显微镜绘图仪等（图 2-1）。

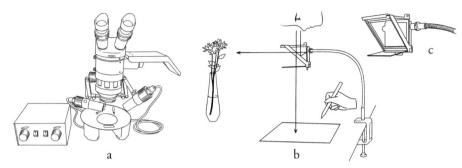

图2-1 绘图显微镜（a）和棱镜绘图仪（b、c）

2.3 绘图基本步骤

生物科学绘画根据实际操作需要，可以归纳为准备、起稿、定稿、上墨、整饰、底稿的保存与收藏等6个主要步骤。

2.3.1 准备

2.3.1.1 物质方面的准备

一方面，绘图之前必须将常用仪器、工具、材料等物质尽可能置办齐备，以便工作能够得心应手地开展；另一方面，需要认真挑选准备绘制的动物标本，如果是按图复制，则应对原件内容审核，确认无误后方可使用。

2.3.1.2 业务方面的准备

在每一幅生物科学绘画之前，首先必须对被画对象细心观察，对其外部形态、色彩、花纹、斑点、绒毛、刺，以及各部分的位置关系、比例或其他附属物等特征有完整的感性认识。同时，还应尽可能参阅有关文字资料，进一步了解那些对研究具有重大意义的环节和分类鉴定的主要依据。

如果对鸟兽生态习性、行为不熟悉，则绘出来的姿态就不会栩栩如生。依靠模仿永远创造不出自己的上乘佳作。我国著名的画家徐悲鸿先生绘的马呼之欲出，离不开他养马、观察马。绘骨骼图，如对骨块之间的相互空间关系不了解就不行；绘昆虫，对其自然状态下附肢的姿态不了解，对其静止状态时翼的摆放姿势不了解，都不可能绘出真实的昆虫图。一句话，要熟悉所绘对象。

2.3.2 起稿

起稿也就是常说的"勾画轮廓"或"构图"，是动物绘图中的重要环节。应根据题材的需要,将必须表现的内容适当组织,构成一幅协调而完整的画面。起稿遵循的基本原则如下。

第一,充分合理利用画面的有限空间,使构图左右均衡,上下平稳而又不至于呆板单调;使画面有主有从,有虚有实,给人以层次清楚的印象;使内容充实而又不至于杂乱拥挤,做到大小相宜,美观大方。

第二,绘制的主要内容(主体)应尽可能安排在画面的主要位置,以反映其主要特点,做到重点突出。

第三,根据画面的需要,局部解剖或细部放大可插画在一定的空白处。在不妨碍突出主体的前提下,亦可部分地叠画在主体的次要部位上方或下方,给人以主次分明的感觉。

第四,通过有限的画面,要能准确反映主体的主要形态特征,各部分的构造,相互之间的比例关系等,使人能从一幅小的科学绘画之中了解所表达主体的全貌、给人以完整的印象。

第五,落笔要轻,线条要简洁。要尽可能少改少擦,保持图稿的纸面整洁。一般起稿用较硬的(如4H、5H)铅笔为好。

2.3.3 定稿

初稿完成后必须对图稿进行一次全面的检校,查看有无错漏之处,或处置不当之处,以便及时发现,及时修正或补充,防止因起稿不慎,处置不妥或描绘差错而留下"后遗症"。如果画稿仅用作科研原始资料保存的观察记录图稿,一般绘制成铅笔稿图即可,即在审定无误后,再用削尖的HB铅笔将有效稿线复描一次,作为最后定稿保存。

2.3.4 上墨

上墨(或着色)是科学绘图中的一关键性环节。整个绘画的全部内容只有通过上墨后才能显现出来。因此,必须十分仔细、认真地把握好这一环节,使科学绘画作品尽可能达到最理想的效果。上墨的方法一种是直接用毛笔(小白圭、大白圭、狼毫)或者蘸水钢笔在底图上描绘;另一种方法则是在底图上覆盖半透明的描图纸(硫酸纸),用毛笔或蘸水钢笔细心而又耐心地描绘。一般绘鸟兽等大型动物的外形多用毛笔直接在绘图纸上描绘;而绘鱼类或细胞等结构多采用硫酸纸。但不绝对,具体采用哪一种方法,依绘图者的喜好、绘画内容和出版的要求等而定。无论采用哪一种方法上墨,保持图纸的洁净是必须的。在绘图纸上描绘时,往往在图上覆盖一张薄白纸,镂空其中的一部分,露出需要描绘的部位,逐步描绘和移动镂空部分,以避免污染画面。如果采用硫酸纸上墨，一定不要让图纸沾上汗渍，因为有汗渍的地方没有办法着墨。所以，上墨时也常常在硫酸纸上覆盖一张薄白纸，避免上墨时手指或手腕直接触及硫酸纸。

2.3.5 整饰

整饰是生物科学画中的最后一道工序。一般说来有3个主要方面。

2.3.5.1 标示比例

标示比例可以较容易直接从生物科学画中了解原物的各项实际数据。标示比例常用的方法有3种，可根据具体情况需要确定（图2-2）。

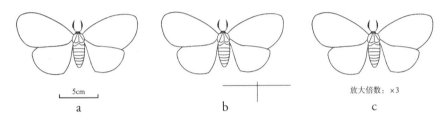

图2-2 绘图比例表示法
a.比例尺法；b.示例法；c.数记法

（1）比例尺法

比例尺法即在画幅上将图像与实物之间的比例用简明线段和相应的数据标示出来。这是最常用的方法。

（2）示例法

示例法即在图像旁直接用简明的垂直交叉线段示例，以标示原物实际长、宽的方法。此法多用于展翅昆虫图像。

（3）数记法

数记法即用带"×"号的数字在图像旁标记比例。此法的缺陷在于：如果用于制版，再次缩放将改变原来的放大比例。

2.3.5.2 标注图序、图题、图注

（1）图序

包括两方面的含意，一方面是一篇论文或书稿有多幅图，需要对每幅图标注图序；另一方面是如果同一幅图中含有多项内容，为了使各项内容交代清楚，必须在画面绘制完成后及时将各项按主次顺序编号。

（2）图题

上述两种情况均需做好言简意赅的图题，以示明每一幅图或每一项内容所表达的主题。图题一定要简明，让人明白其含意，不产生误解。

（3）图注

对需要指明具体细节的各部分结构，分别用中文或英文缩写直接在图中标注，如果是英文标注的一般在图题下还应有对应的说明。如果在图中做图注，可以用规范、工整的字体书写；如果是用于出版，最好采用植字或贴字的办法，但要注意字形大小与图幅的比例协调。现在一般采用扫描技术在电脑上对图像和贴字做处理。

2.3.5.3 修饰整理

为使画面整洁美观，必须在绘制工作全部完成，墨线色迹完全干燥后，及时进行一次最后的修饰和整理，以除去污迹，处理误笔等有碍整洁的疵点。在过去直接提交原始画稿给编辑部或出版社时，修饰整理这一步非常重要。具体操作方法如下。

（1）先用洁净软橡皮沿线条方向擦去影响画面的铅笔痕迹

对已上墨的线、点或已着色的部分，切不可使用橡皮擦拭，以免磨损墨迹和颜色，沾污画面。

（2）用揭除的办法处理墨迹

在100g以上的绘图纸上作画，由于纸基较厚，纸质坚紧，墨迹一般不易下渗，便可将少许误笔或污迹比纸面揭除。操作过程是先以锋利单刃刀片的刃角沿应除去的线段黑迹外围轻轻划一圈，将纸上待除去部分的表面纤维与邻近部分之间的联系切断（注意：仅以切断画纸表层纤维为度，切忌用力过猛，以防划切太深），然后用先端尖利的解剖镊子，轻轻将误笔或墨迹的边缘挑起，细心地逐一揭除干净，直至显出下层新的白纸为止。最后复以一层白纸，隔着用指甲平面沿起毛的纸面反复压磨几次即可恢复原状。

（3）用刮除的方法处理墨迹

此法常用于描图纸上的修饰处理。对于描图纸上的墨迹或误笔，宜用锋利的刀片轻轻刮除的办法处理。

（4）用白粉涂盖的方法修饰

在污损面积较大情况下，可用广告颜料中的"锌钡白"，或水彩颜色中的"铅白"调和均匀，浓淡适中，用毛笔小心涂盖，直至将墨迹全部遮盖无遗为止。

随着网络和电脑技术的发展，现在向期刊或出版社投稿已普遍采用图稿的电子版投稿，绘制的图稿需要扫描成电子文档。请注意在扫描的时候选择分辨率600dpi（每英寸像素），注意普通的线条图直接扫成黑白图，不要扫成灰度图，以免在格式转换过程中损失清晰度。根据不同期刊或出版社的要求，需要将图形文件存为BMP、TIF或JPG等不同格式的文件。绘制好的图经扫描后，可以在电脑上使用Photoshop、画图板或其他绘图软件对线条粗细不匀、线条衔接不准或者毛边、衬阴不当、墨迹污染等瑕疵修饰和加工处理，亦可对主体内容的某些细部说明做图贴字处理。贴字处理时，一方面需要注意字体类型、大小等与画面主体的统一和协调；另一方面也要注意引出线的粗细与主体的协调，不能过粗或过细，特别要注意引出线之间不能交叉。

2.3.6 底稿的保存与收藏

这是一项容易忽视的问题，但又是一项必须培养的好习惯。图稿绘制好后，底图必须妥善编号、登记、收藏，以备与标本做对照查考（表2-1）。

图的编号登记一般在图纸的一角或背面，将以下内容进行登记：编号、分类、科别、图名、标本号及存放处、用途（该图用于何目的）、绘图者、备注。对于大量绘图的情况，可做一橡胶图章包容上述内容，印于图上，或印制相应的小标签，填后贴于图的相应部位。

图的收藏可以按一定的分类方式，对所绘图夹入厚纸夹中，分类保存。

表2-1　绘图的收藏标签

绘图登记		年　月　日
编号		
分类	科别	
图名		
标本号	存放处	
用途		
绘图者	备注	

2.4 绘图主要技法

熟悉生物科学绘画的各种表现方法，熟练掌握有关的绘画技艺，是生物科学工作者一门不可缺少的本领。现就基本的技法简要介绍如下。

2.4.1 起稿的方法

2.4.1.1 灯光投影起稿法

投影原理与透视原理是相互吻合的，有了投影的轮廓，再对照实物描绘出各部分的细部（图2-3），自然会省时省力；而且各部分的比例形态等会正确得多。这种投影描稿方法，在植物绘图方面只适合于描绘新鲜的标本。如果这种方法用来描绘动物，则小的鸟类、鱼类、螺蛳等都很适宜。小型昆虫需要放大的，可利用照相放大机或幻灯机的光照将它放大，其原理相同。使用这种方法应注意以下几点。

第一，灯光必须与画面成90°直角，勿使灯光稍有倾斜，以免变形。

第二，主体（如鱼、昆虫等）必须与画纸平面平行，勿使其稍有倾斜而改变形态。

第三，投影的轮廓，因系灯光（并非平行线），故通常要比原物略大一些。

图2-3　灯光投影起稿法

第四，用侧面的光把物影投射于直立的画面上；与用上面的光把物影投射于平铺在桌面的画面上，原理相同，可灵活运用。如用侧面的光把物影投射在直立的玻璃屏上，而人在玻璃屏的后面勾出物体的轮廓，效果也相同。

第五，灯光的远近强弱要调节合宜，使细微之处都很分明。

第六，物体的安置可用橡皮泥等固定。

2.4.1.2 植物标本直接印描法

这种印描标本的方法只适用于描绘植物蜡叶标本。印描法类似于摹描，用较透明的纸（一般用拷贝纸或较透明的薄宣纸等）覆于拟印描的叶片上，以稍秃的2B铅笔依样仔细在叶片表面来回扫描式涂抹和描摹叶片的轮廓。最终，叶片的轮廓和叶脉全部显现在图纸上。移开拷贝纸，置于叶片旁，两相对照，逐一检查，如有不合原样之处，再行仔细修改，以求达到与原叶片一模一样为止。

2.4.1.3 玻璃示迹器起稿法

用一块干净的玻璃垂直固定在桌面上或固定架上，窥视点和物体各在玻璃的一方，通过窥视点来观察物体，即可看到物体反映在玻璃面上的影像，再用特种铅笔将物像的轮廓勾描在玻璃面上（图2-4）。使用此法应注意以下事项。

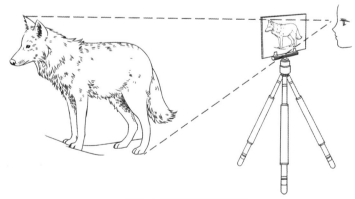

图2-4　玻璃示迹器起稿法

第一，绘图选用的玻璃必须平整、厚薄一致。

第二，玻璃表面必须拭净，竭力避免油脂，以方便使用特种钢笔在玻璃面上描绘物像。用过后，须用湿布拭净，以备下次再用。

第三，勾描物像时，窥视点必须固定。

第四，能绘制较大物体，但要注意计算物—像的倍数。

2.4.1.4 九宫格实物起稿法

基本方法是将物体固定在载物台上，载物台背景与物体应形成较大反差。透明胶片九宫格紧贴物体，在九宫格垂直上方固定窥视点（图2-5）。使用此法应注意如下事项。

图2-5　九宫格实物起稿法

第一，此法不适用于太大物体。

第二，一旦确定窥视点高度后，不可任意调整高度。

第三，应以九宫格透明胶片的划线面贴近物体，并以橡皮泥等粘牢九宫格板，不得稍有移动。

第四，在九宫格胶片的边缘上，可注数字，以便描绘时核对。

第五，可以使用坐标纸作为绘图纸，避免自己画方格之累，但因坐标纸小方格多显得背景不干净；也可以自己在绘图纸上画"九宫格"，但必须保证经、纬线的平行与垂直，全部方格呈同样大小，这样做背景干净，且可以按照自己的意愿画方格的大小。起稿之初就必须考虑透明胶片九宫格方格与坐标纸方格的对应关系，即选择起稿的比例，即等大（1∶1）起稿，还是放大（1∶1.5 或 1∶2 等）起稿。

2.4.1.5 控制点和比例起稿法

构成物体形态的每一根线条上总可以找到一些"点"，它们是控制或测量该线长短、距离、弧曲、走向等起控制作用的点，运用这些控制点，帮助确定一些骨干线段的长短、方向、角度、距离，而且部位之间有固定的比例，将控制点和比例有机地结合起来，从而达到准确描绘动物体轮廓的目的（图2-6）。

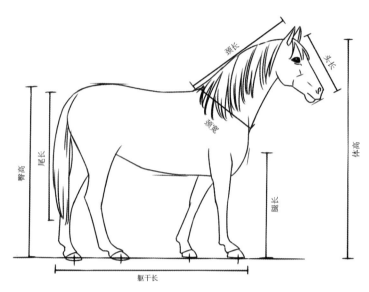

图2-6　控制点和比例起稿法

2.4.1.6　简单直线造型起稿法

构成生物体的所有线条，一般都是不规则的曲线，实无直线可言，故不易画准。但是，在描绘各种生物科学题材时，只要将构成物体主要轮廓或特征纷繁复杂的线条稍加梳理，便可归纳为一些近似的直线，并由这些直线构成相似的几何形体，在此基础上，便不难勾画出初步的轮廓，然后按照标本实物将稿线逐一校正，修改完善，即可得到准确精微的图稿（图2-7）。

图2-7　简单直线造型起稿法

2.4.2 构图的基本程式

一般在起稿时,确定物体的位置关系,使画面上物体主次得当,构图均衡而又有变化,避免散、乱、空、塞等弊病。

用长直线画出物体的形体结构(物体看不见部分也要轻轻画出),要求物体的形状、比例、结构关系准确。再画出各个明暗层次(高光、亮部、中间色、暗部、投影以及明暗交接线)的形状位置。

注意要把握好物体的结构,保证物体的完整性和准确性。一副素描画的起稿起到举足轻重的作用,如果起稿时构图没做好,那么后面就很难继续进行下去,或者还得重来。一定要看到什么画什么,感觉不对时就把画放远处看看。

2.4.3 阴影与衬影

2.4.3.1 阴影与光向

通常绘画上把"阴"与"影"混称为"阴影",其实"阴"与"影"不同。"阴"是附在己体上的,"影"是落在他体上的。说得明白一点,"阴"是物体受着光的照射,随着物体本身的形状,凹凸等所显出的现象。"影"是光线受了物体的阻隔,随着阻隔物体的形状,而落在其他物面上所显出的现象。从绘画者的角度对光的方向一般来说可分为3类(图2-8):①从侧面来的光,指从画者左方或右方主射来的光;②从正面来的光,指从画者前面射来的光;③从后面来的光,指从画者背后射来的光。

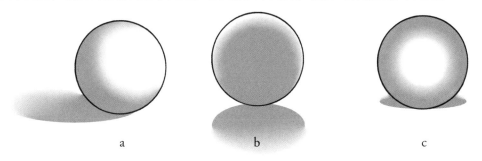

图2-8 光影关系
a.侧面光源; b.正面光源; c.后面光源

生物科学绘画中一般不考虑"影"的问题,即不考虑生物自身落在其他物体上的"影",所以比较复杂的"影"的问题就可以搁置不提了。而光的方向对"阴"的形状、浓淡有决定作用。如果光从前面或后面射来的话,物体的面会显得全明或全暗,科学绘图时就不利于表现生物体的质感和细节,一般也不采用。相反,当光从侧面射来时,更能充分反映生物体的质感和细节。一般而言,从左侧面射来的光相较于从右侧面射来的光，我们在习惯上会感到更自然而适应一些。所以，科学绘图工作者通常利用或假设由左偏前上方射来的光向来绘科学图。

以太阳光从左偏前上方照射在圆柱体上为例，说明光的角度与阴的变化关系（图2-9）。S 表示光线与水平面所成的角度（45°），S' 表示偏向后面与垂直面所成的角度（45°）。在柱子左面45°法线方向为受光最多的地方，图中：1 为光线直射的对光面，称为"对光"；2 是光线斜射的部分，称为"斜光"；3 是另一面45°法线方向，就是暗图的界限，可称为"影界"，过此界限是光线不能照到的部分，称为"背光"；4 虽是"背光"部，但光线另由桌面或其他物体反射而来，称为"反射光"。在以上所说的对光、斜光、背光、反射光各部分中，每一部分还可以细分出几个层次，这就是普通绘画上所谓明暗的调子。用技术来表现明暗的调子，使画面呈立体的感觉，就是衬阴的方法。

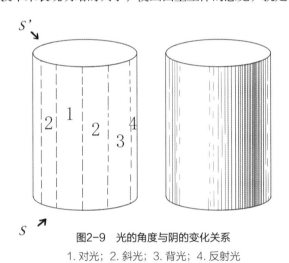

图2-9 光的角度与阴的变化关系
1. 对光；2. 斜光；3. 背光；4. 反射光

2.4.3.2 衬阴

（1）点线衬阴法

积点而成线，积线而成面，为黑白线条图表现方法唯一的原则，所以又分为"线条衬阴"与"点点衬影"两个方法。

（2）水墨渲染法

水墨渲染就是利用墨的黑，用水渲染分出浓淡的许多层次，来表现物体光线的明暗，使画面呈现立体感觉的画法。

2.4.3.3 线条衬阴法

衬阴时应注意以下几点。

（1）衬阴线条的组织与物体形状的关系

在平面上的衬阴线条以用直线为宜；在圆球体上的衬阴则以顺着物面的圆穹形态

作衬阴为宜。最浓最密的地方，用锐角的交叉线比十字的交叉为调和。线条的粗细随着明暗而不同，明部要细，阴部要粗；一条衬阴线也可由细而粗，或由粗而细。线条一定要距离均匀，也要保持整齐。在明暗交界处，更要表现出黑白分明（图2-10）。

图2-10　线条的表现

（2）衬阴线条的组织与物体表面质地的关系

物体表面的质地可分为粗糙、光滑两大类型。光滑的面，反光极强，可见到强烈的对光点；甚至周围物体的形色都反映在物体之上，历历可辨；此种现象在瓷面、漆面、金属面，以及植物中光滑的果皮，与革质叶，昆虫中如蝉的身体等，都是如此，其阴的浓淡变化万端。粗糙的物面，如昆虫蜻象的体躯，木本植物的表皮，例如树干，常有皮孔和裂纹；一般干果的表面，亦常呈皱纹或裂纹。衬阴的方法，即可利用它的皱纹或纹痕作衬阴。物体上本来没有衬阴的线条，加上衬阴原为帮助轮廓来表现物体的立体感觉而已。生物绘画最主要的目的在表现形体，衬阴仅属于帮助作用，能借物体本身质地的纹痕，组织成疏密粗细的线条来做衬阴，似最为相宜。娇薄的东西，如花瓣等，其衬阴以能表现娇薄为贵，可利用花瓣脉纹来做衬阴，线条应纤细似在若有若无之境，使看图的人产生轻松的感觉。

（3）衬阴线条的组织与物体远近的关系

生物画中要分出远近的层次，当然也必须利用近深远淡的法则，在近的物体上的线条要粗要密，较远的物体则较细较疏，以至于更细更疏。

（4）衬阴线条与物体表面斑纹脉纹的关系

衬阴的线条不可与斑纹、脉纹等相混淆，或笔触与脉纹、斑纹有不调和的现象。虽在阴面，衬阴线条必须力求减少或疏淡，以便把斑纹、脉纹显示清晰。这样的表现方法亦为生物科学绘画的特点。

（5）物体表面有毛或刺的衬阴表现手法

如植物果子表面的毛、叶子表面的毛、动物兽类身上的毛等，就应当利用它着生的情况，配合光线的阴暗来做衬阴，使看图的人既有毛的感觉，也有明暗的感觉；倘使毛中再夹入衬阴线条就会发生繁乱的现象，务须注意。又如昆虫幼虫身上的毛，往往着生在一定的部位，更有一定的根数，在这种情况下，最好以轮廓线条的粗细表示出物体的明暗，切不要衬阴，以免混淆。有刺之物，刺的形状各有不同，也以少衬阴为是。

2.4.3.4 点点衬阴法

用点点衬阴更可随机应变，组织为许多浓淡层次，以表现物体的明暗。点的排列要保持整齐、均匀，又需要在整齐、均匀中求变化，在变化中间求统一。所以必须有计划地从明部点起，小心而慢慢地点；一行一行交互着点，点得圆、点得匀，不要等画好后看得太疏有些不顺眼而再加点；再加的点就反而会变得不均匀。暗部的点当然要大些、密些。在明暗相交之处，点子更要点得齐，显得界限更加分明。物体上面倘有斑纹，一定要先把斑纹描出，然后在空白处加上较细较疏的衬阴点，这是最习用的法则（图2-11）。

图2-11　点的表现

点点衬阴表现物质、远近，亦与线条衬阴大略相同。在点点衬阴中切勿无目的地夹入特大的点子、小的圆圈、短的线条等，以致引起看图者的误会。

点点衬阴与线条衬阴相比较各有其用，各有其长。而点点衬阴似对于动物体躯上的纹痕与脉纹、斑纹、体毛等更容易分清，所以，一般动物图都喜采用点点衬阴法。又如在显微镜下描绘组织切片图与细胞图等，亦常用点点的描法表示颜色的深浅。

点点衬阴最要注意的是点的大小，疏密与制版时版面缩放倍数的关系。点太小而密，原图虽觉得很有层次，若再加缩制，结果会合并变黑，务须注意。

2.4.4 线的运用
2.4.4.1 线的运用
生物科学绘画中线条的应用与传统中国画中的线描略相似，讲究以线造型，用线描绘物体的光暗和形体。同时，生物科学画在用线上则是根据自身的要求，取线描的形式，融合钢笔画的某些长处，使之具有自己的特点（图2-12）。线条的要求：①墨度必须饱和，不可有浓淡、深浅之分；②线迹精细均匀，一般不宜时粗时细；③线条圆润光滑，线条边缘不能毛糙不整；④行笔力求流畅，不能中间停顿、凝滞。

图2-12 线条的连接示范
a. 线条间看不出接缝；b. 线头外形不一致；c. 方向不对；d. 位置不准；e. 粗细不一

2.4.4.2 绘图小钢笔的选择
绘图钢笔的选择其实是对笔尖的选择。笔尖的选择有两个标准。

第一，硬。笔尖硬则画出来的线条均匀，不会因受到手的稍微抖动而粗细不匀。

第二，富有弹性。笔尖施了压力裂缝会自然分开，分开的大小与压力轻重成正比。因此，利用它能绘出任意粗细的线条，以表现各种不同的形态和物质。笔尖的弹性关系到其恢复原状的性能。

2.4.4.3 描绘线条的练习方法
（1）执笔方法

执钢笔的执笔方法与铅笔的执笔方法稍有不同，就是执笔处要低一些，以便所用的力量较大而平稳、均匀。运笔时也可用大拇指微转笔杆，使笔尖变换一些方向，描出粗细不同的线条。笔尖侧着走，则线条细，用半侧面，则粗细适中。又如笔杆稍平，笔尖与画纸所成的角度小，线条粗；将笔尖竖起，与画纸几成直角，则线条细。

（2）运笔方法

运笔要适应手臂、手指肌肉的生理及杠杆作用。一般认为，自左下方斜向右上方描绘斜线，不论直线或向上或向下的弧线最为顺手。描绘一条均匀且长的直线或弧线，总要移转画板，随着顺手方向移动，分段描绘。对于熟练的绘图者来说，也有自右上方斜向左下方的运笔方式，特别是绘左旋弧线时更为方便和自如。这样运笔的另一特点就是不遮挡视野。

（3）描绘线条注意事项

第一，纸要坚紧平滑、洁白，并保持相当的厚度。描绘钢笔图所用的纸，首贵坚紧、平滑，而洁白与相当的厚度也为附带的条件。坚紧则钢笔尖不致带动起毛，平滑则笔尖畅行无阻，线条显得光滑；洁白则纸与线条相比较更显得黑白分明；保持相当厚度，则纸面自然平整而无凹凸现象。

第二，笔尖要光滑，笔头光滑则不易划伤纸面，线条自然就会均匀。钢笔尖在初次使用时，如有扎纸现象可轻轻地放在玻璃板上略磨一下，使它光滑好用。如嫌笔尖所划线条不够细，也可在细硬的油石上将笔尖两侧稍加磨削，直至所划线条细度适宜而又光洁圆滑为止。

第三，墨不要太浓而滞笔。科学绘画的墨色以适合于照相制版为标准，不必要浓到发光。

第四，画纸的下面要垫得平服，画纸下面如高低不平，线条就会受到它的影响而粗细不匀。所以绘钢笔图，最好于画纸下垫平滑的玻璃，确保纸面的平服。

2.4.5 点的描绘

2.4.5.1 点的作用

点主要用来衬阴，以表现细腻、光滑、柔软、肥厚、被粉、半透明等物质特性，有时也用来表现物体轮廓、色彩和斑纹。

2.4.5.2 点的要求

对点的要求基本包括四点（图2-13）。

第一，点形圆滑光洁，切忌钉头鼠尾；

第二，排列均匀协调；

第三，墨色黑度饱和；

第四，大小疏密适宜。

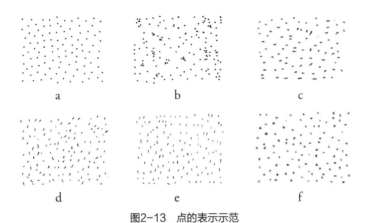

图2-13　点的表示示范
a. 圆点；b. 重叠点；c. 条形点；d. 蝌蚪点；e. 钉头点；f. 分叉点

2.5 生物显微绘图

如果是通过单筒显微镜观察样本，要逐步训练用左眼观察，右眼看图纸。将观察结果准确描绘出来（图2-14）。

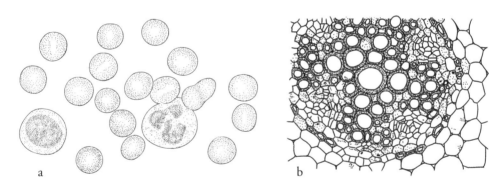

图2-14　细胞图

绘图前首先要对被画对象（细胞、组织、器官等）做细心观察，注意位置、比例、特征，将正常的结构与偶然的、人为的假象区分开，不要将这些现象绘在图上，而选择有代表性的、典型的部位起稿。

起稿是勾画轮廓的过程。要根据绘图纸的大小、被画对象数目确定图的位置、大小，注意预留引线和注字的位置。图一般画在靠近中央稍偏左侧，右侧预留作为引出注明各部名称的线条及名称。

起稿时将图纸放在显微镜的右方，左眼观察显微镜，右眼绘图。绘图起草时选用较软的铅笔（HB），将所观察对象的整体和主要部分轻轻描绘在绘图纸上，落笔要轻，尽量少改不擦。图的明暗及浓淡应用细点表示，不要采用涂抹方法。点细点时，要点成圆点，不要点成小撇。切忌采用艺术画的写生画法，不可用涂抹表示衬阴。整个图要美观、整洁，还要特别注意准确性。画图时选用轻淡小点或轻线条表现轮廓，再依照轮廓一笔画出与物像相符的线条。线条要清晰，比例要准确。较长的线条要向顺手的方向运笔，或将纸转动再画。同一线条粗细相同，中间不要有断线或开叉痕迹，线条也不要涂抹。

为了节省时间，有时绘图不需要将全部图像都给出，只需绘出全部图像的1/4或1/3即可。图画好后要对图的各个部分做简要图注。图注一般在图的右侧，注字应用楷书横写，所有引线右端要在同一垂直线上。

2.6 动物绘图示例

2.6.1 昆虫的画法

昆虫的形体比较小，除用显微描绘仪起稿外，在设备简陋的情况下，尚可用以下方法起稿。

2.6.1.1 规定倍数定点分区起稿法

这是利用比例规或两脚规测量昆虫的各部分比例，按需要放大的倍数，描绘轮廓的方法。如果是绘昆虫的背面图或腹面图，因它是对称的，一般先绘好左半，再利用镜像原理，勾绘出对称的另一半（图2-15）。

以描绘蜡象的背面轮廓为例。从蜡象的背面来看，如果由它头的中片起，通过前胸背片及中胸后小盾片的正中央，而达于尾部的尖端；则恰是平分背部左右的中分线，左右两面的形态斑纹等都对称、相等。所以起稿时必先定出一条假设的中分线。这条中分线的长度须为实物的体长乘以需要放大的倍数。然后在此线上按放大倍数定出1、2、3、4、5这5个点的地位（1.为头部中片的顶端；2.为头部与前胸背片的前缘相接之处；3.为前胸背片之后缘与中胸后小盾片相接之处；4.为中胸后小盾片的尖端；5.为翅之末端）。再在前胸背片之前角与头部侧边交接处，定一点为6，在前胸背片的侧角，或前胸背后侧缘与前翅前缘基部之交界处定一点为7，在中胸后小盾片之基角定一点为8，在前翅部之末端定一点为9。这9个点的地位如能够定的比例正确恰当，则对照蜡象便不难勾出正确的轮廓了。

在勾出了蜡象半面身体的外形后，下一步的工作是加上足肢及触角。足肢的着生部位，基节、转节的着生情况及腿节的长短，与腿节露出体外部分的长短有密切的关系，必须相互响应。胫节及跗节与画面成倾斜角度，按透视原理本当缩短，但是画得

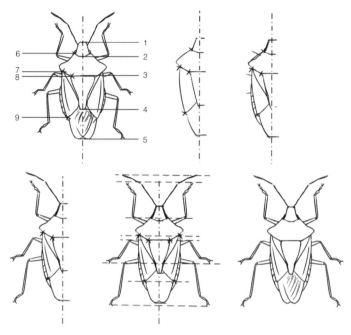

图2-15 规定倍数定点分区起稿法

缩短了会引起读者误会,故仍应绘成原长。跗节的爪垫为传神之处,倘绘成下垂的姿态,便不如绘得略做跷起的姿势较有生气。触角当然最好绘成它原来的形态,但有时因怕画面太长,而改为下垂的姿势,节数及其长短需注意,必须与原长相等。

绘好左半背面图像便可勾画出对称的另一半。把左右两个半图拼凑成全图时,需注意其背部的宽度,用比例规量出它的尺寸,再三审视正确后,方可拼凑拢来;否则背部变得太宽太窄都是不正确的。

2.6.1.2 灯光投影起稿法

较大的昆虫,即可用普通的灯光投影勾出轮廓。稍小的昆虫则须利用照相放大机的放大方法,投影勾出放大的轮廓。有了外框的轮廓,再在外框内按前面所讲的定点分区的方法添画框内的纹痕。这样可得到很多的方便,并能增加图面的正确性(图2-3)。

2.6.1.3 九宫格实物起稿法

把昆虫放入透明胶片九宫格描绘器内,利用坐标纸作为绘图纸,计算好放大倍数;看清头、胸、腹及足等在九宫格上的位置,一切照格描绘出它的外框轮廓,可有些帮助(图2-5)。

2.6.2 鱼类的画法

鱼的种类繁多,外部形态变化很大。现以最普通的鲫鱼为例,代表鱼类的画法。

2.6.2.1 定点分区起稿法

一般以尾鳍正中为一点,以鳃后缘,头与身分界处的正中间 m 点为另一点,以这两点构成鱼身上下平分的中线。然后定出各控制点的位置。1~12 各点的位置如下:1.上唇尖端;2.背部鳞片起点;3.背鳍起点;4.背鳍终点;5,9.尾部鳞片终点;6,8.尾鳍上下叶尖端;7.尾鳍正中;10.臀鳍终点;11.臀鳍起点;12.腹鳍起点;13.胸鳍起点(图2-16)。

连接①~⑫各点,即可勾出鱼的外框轮廓。再由②、③、④、⑤、⑪、⑫这6个点作与中线的垂直线,把鱼身自头至尾分为7格(未图示),作为侧线鳞顺序定位的参考点,也便于进一步描绘鱼身各部及鳞片。

描绘鱼鳞好像是比较麻烦的事,但是找到了它着生的规律,也就毫无困难了。鲫的侧线鳞为28个,近头部的较小。侧线上鳞为6行,靠近背鳍的一行较窄;侧线下鳞为5行,均作菱形整齐排列。

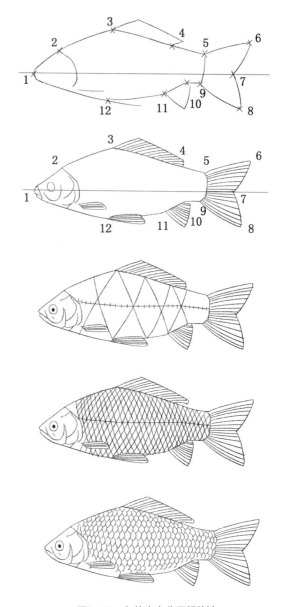

图2-16 鱼的定点分区起稿法

先把侧线照鳞片的大小分为28格。进行细致观察,可见鱼鳞自背鳍起点起,刚好通过侧线上第五个鳞片很整齐地排列着,斜向左前方至胸鳍的上部;又向右下方,通过第十二个侧线鳞,斜向腹部。再看背鳍终点的鳞片,同样通过第十八个侧线鳞,而斜向左前方腹部;又向右下方,通过第二十二个侧线鳞,而斜向尾部。如果从腹鳍数起,则由腹鳍第一不分枝鳍条起,斜向左上方,刚好通过第六个鳞片而达背部;又斜向右上方,则亦恰巧通过第十二个侧线鳞,而达背鳍的正中。再从臀鳍观察,则见斜向左上方通过第十七个侧线鳞，而达于背部；又斜向右后方也是通过第二十二个侧线鳞，而达于尾部。如此就把鱼身划出了几个大的菱形格子，凭此就可绘出鱼鳞整齐排列的菱形小格，以便勾出全身的鳞片。菱形的斜线角度正确了，侧线上下鱼鳞的行数也就不会错了。

背鳍、臀鳍、胸鳍、腹鳍和尾鳍都要将其展开，量出长短尺寸。背鳍和臀鳍最后一枚不分枝鳍条是硬刺，后缘有锯齿；数清分枝鳍条根数，看明特点，细致描绘。鳍条如有残损必须补好，不得绘出残破的现象。

头部要注意的是口、眼、鼻、鳃盖骨的若隐若现，都要交代清楚，眼为传神之处，要把对光点描出，使有圆润的感觉，口部上下唇的姿势也要绘出生动的姿态。

2.6.2.2 灯光投影起稿法

在鱼背鳍硬刺上结一根细绳，把鱼吊起，使鱼身保持平衡，并与照射灯光取得垂直的位置，要使鱼头与尾绝无前后倾斜，鱼身投影平稳正常时即可把鱼的黑影轮廓勾下。

2.6.2.3 起稿应注意的事项

第一，鱼身鳞片的排列与透视的关系。勾绘鱼鳞的菱形基本格线，一定要随着身体的穹窿度逐渐地圆过来，方能绘得正确。倘使绘成直线，鳞片就会出现平板的感觉。

第二，全身各部分比例的测量要规范和准确。

2.6.3 陆生脊椎动物的画法

可以根据具体情况灵活运用控制点和比例起稿法，或者简单直线造型起稿法等来绘制陆生脊椎动物。

以运用控制点和比例起稿法画一只站立的马为例：可先量一量马的躯干长（指除马的头与颈之外的躯体长）、体高、腿长、臀高、尾长、头长、耳长、颈长和颈宽等基本数据，从而了解各部分的具体尺寸；根据某些假设的水平线、垂直线及倾斜线，测一测眼与口之间的水平关系、颈背交界点、头与颈的交角、前肢与躯干的夹角、后肢的曲度等，以确定各条线的正确走向；还可以根据所知各部分的数据，比较体宽与体高、腿长与体高、颈长与躯体长、头长与颈长、前后肢各关节之间的长短比例等关系，从而控制整体与局部之间的准确比例关系，以便将马的大体轮廓辅助线定位，然后勾绘出全身轮廓（图 2-6）。

以运用简单直线造型起稿法画白鹡鸰（*Motacilla alba*）和虎（*Panthera tigris*）为例：首先，通过目测动物身体各部分的比例，将其各部分分解成近似的几何形体，估测各部分之间的比例；然后，将这些几何图形按照对应动物相应部位的空间位置勾绘轮廓和调整比例；最后，完善动物体各部分的细节（图 2-17，图 2-18）。

图2-17 鸟类的画法

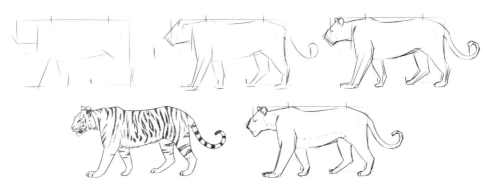

图2-18 兽类的画法

2.7 图稿放大方法

如果绘制的生物图稿幅面不够大，不能满足制版的需要，或不能满足作为教学挂图或宣传图的需要时，可对小幅图做放大处理，放大通常可以采用以下方法进行。

2.7.1 九宫格法

这是一种简便易行、大小不受限制的常规方法。操作过程是将刻画有正方形小方格的透明胶片或玻片覆盖并固定在待放大的小图上，然后根据所需放大的倍数用2H至4H铅笔在画纸上画出同等数量的正方形格，比照原图线迹在小方格中的坐标位置，逐一转画到画纸上来，对所描下的稿图稍加修整后，便可上墨或着色了（图2-19）。

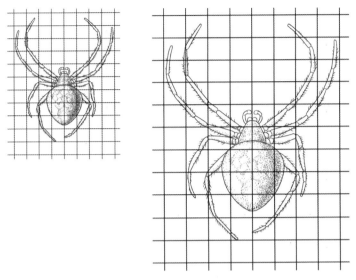

图2-19 九宫格法

2.7.2 放大尺法

将已按需要调校好的放大尺固定片用图钉固定在工作台的左上侧适当地方,再将待放大的原图及绘图纸分别用图钉(或胶带纸)固定在放大尺指示针尖和铅笔头下的适当位置,以能否将原图完全描绘到图纸上的适当位置为准。然后只需左手压纸,眼视指示针尖,使之在原稿图上准确滑动,右手执笔(套在放大尺笔孔中)在画纸上移动,直到全稿描完,稍加修饰后便可上墨或着色(图2-20)。

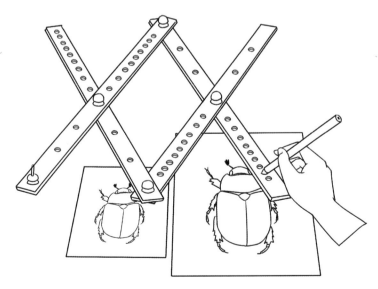

图2-20 放大尺法

2.7.3 映放扩大法

利用反射式幻灯机，直接将小幅图稿放大，扩映到固定有绘图纸的墙壁上，用1H至4H的铅笔，将映放在图纸上的图像准确描绘成稿，并按原图稍加修整，便可上墨或着色。在没有反射式幻灯机情况下，也可用投影幻灯机放大。即先将原图用透明胶片描下，再投影到固定在墙壁上的画纸上，然后将描稿稍加修整，即可上墨或着色（图2-21）。

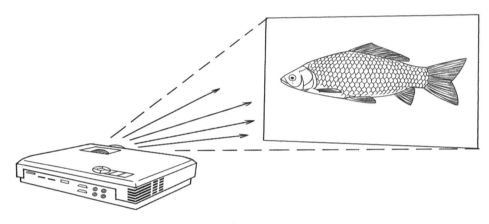

图2-21　映放扩大法

2.7.4 中轴分区定点放大法

此法适用于两侧对称型的生物体，如蛾、蝶、甲虫、蜘蛛、正视的植物蝶形花冠等。例如，画一只铜绿金龟子（Anomala corpulenta）背面正视图，可只在原图上由头的先端至腹部尾节的尖端用铅笔轻画一假设的中轴线（两边完全对称），然后在中轴上将：头的前端处；头与前胸背片前缘相接处；前胸背片之后缘；中胸小盾片的末端；前翅后缘的臀角处；腹部尾节末端，各处分别标上1、2、3、4、5、6等6个小点，再在前胸背片之前角与头相接处；前胸背片之后缘侧角与前翅前侧缘基部相接处；中胸小盾片之基角处；前翅缘外角处，分别定出7、8、9、10等4个小点（当然还可依此法定出触角、足肢等各点），共计定出10个关键性控制点后，便可在画纸上根据拟放大的倍数画出一中轴线来。在中轴线上由上至下将各控制点按同一放大倍数的距离标在相应的位置上。最后只需比照原图形像，用线将各点连接，并按同法画出另一半来，稍加修整完善，一幅放大的铜绿金龟子背面正视图轮廓便告完成（图2-22）。

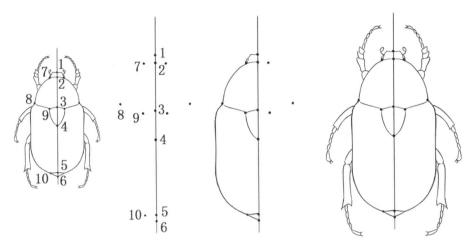

图2-22 中轴分区定点放大法

2.8 生物教学挂图

教学挂图的绘制，其线条与衬阴等与实验图、制版图的画法大同小异，所不同的是应强调教学性。即依据教学的需要，在一幅挂图中只出现与教学有关的内容，并要做到重点突出。为了增加教学性，通常把挂图绘制成彩色的。

2.8.1 绘制彩色挂图的注意事项

生物种类不同，色彩各异，因此彩色挂图要表达生物的固有色相。欲使色相表达准确，要做到：①必须在光度适当的、不是直射的阳光下审察生物的颜色，避免使生物体的固有色相发生变化。②要避免生物体与环境相互反射而引起的色相变化。解决的办法是把生物体放在白纸上来辨认它的真实色相。③准确记录活体颜色。生物活体与尸体的色彩变化很大，如果标本得到后不能立即绘制，应用色彩笔进行详尽的记录以备用，也可拍照记录。

2.8.2 着色方法

2.8.2.1 平涂法

生物教学彩色挂图中多用"单线平涂"，即用墨线或色线勾描形态、结构的轮廓线。深浅不同的结构，颜色不同的结构，均采用相应的颜色在该处不分明暗、浓淡进行均匀地平涂。

2.8.2.2 叠色法

叠色法是由浅而深把色彩逐渐重叠上去的着色方法。叠色时,明部次数应少,暗部次数应多,以增加真实感。叠色可以干底叠,即等第一层颜色干透后,再加第二层颜色。干底叠时,笔不要含水过多,以防纸面上的颜色相混。也可以湿底叠,即在第一层颜色半湿半干时加第二层颜色。湿底叠要求运笔敏捷、准确,叠后色彩柔和、色调有变化,效果好(图2-23)。

图2-23 生物教学彩色挂图灰喜鹊(*Cyanopica cyana*)

2.8.2.3 渗化法

同一标本上有几种颜色，同时又需要它们自然衔接时，往往用渗化法。例如，画苹果上的红与绿时，先用水把画稿上的苹果湿润，趁湿用一支蘸绿色的笔，一支蘸红色的笔分别画上去，两色的交界处会自然结合。然后再用叠色法画暗部。

2.8.2.4 洗染法

如画苹果的高光，可以用干净毛笔趁苹果色彩半湿半干时，用笔尖在高光部位涂抹，清洗毛笔，再涂抹，反复多次，"洗"出高光位置，再淡淡加上高光颜色。物体暗部的反光位置就不要洗得太干净。

2.9 渲染绘画

"渲染"原是中国传统彩墨画的一种绘画形式。它采用单一的黑墨，或者水彩、水粉，利用水分的媒介作用，通过掌握不同的含水量，使墨色或颜料分出不同的浓淡、深浅。用渲染画法表现的物体层次比较丰富，具有较强的生活气息，故常用渲染法绘制动植物外形、生态环境、生物科学家画像等内容。

水墨渲染画的主要技法：①掌握由浅到深、由淡到浓的基本原则；②恰当利用水分的浸润作用；③运用不同的笔触，表现不同的质感；④侧笔涂染，中锋勾勒。

《中国鲤科鱼类志》的插图即用此法绘制（图2-24）。

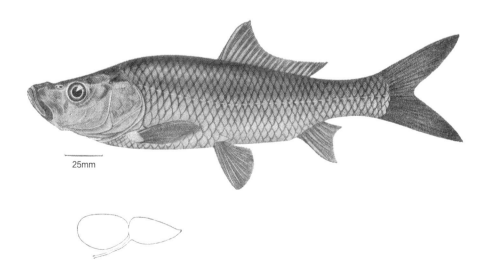

图2-24 水墨渲染绘画示例——翘嘴鲤（*Cyprinus ilishaestomus*）（引自《中国鲤科鱼类志（下）》）

此外，在野生动物研究中还会用到速写，以记录动物的栖息地（图2-25），甚至是用速写描记动物。因为在野外调查、巡护时，我们并不一定带着相机，或者虽然携带着相机及智能手机，但没有准备，还不等取出相机或手机，这种鸟（兽）在你的眼

狐狸　　浣熊　　虎　　鸭　　鸡　　丹顶鹤

图2-25　动物栖息地速写

前就一闪而过,根本来不及拍照。如果你观察敏锐,很快地捕捉到了它的某些显著特征,如它的体形大小、颜色、斑纹,总体形态与你熟知的某种鸟(兽)相似,又有哪些特征不同,而你又会速写的话,可以采用速写的方式记录下观察到的这种鸟(兽)。如果不会速写,可以及时将你观察到的动物的主要特征描述给擅长速写/素描的专业人士,请他们用图还原你观察到的动物(图2-26),或者先用文字记录,再请相关人士帮忙绘制。请记住,一定要及时绘制或者记录,时间长了,你的记忆会模糊和淡忘。这种方法对一些珍稀、罕见的动物不失为一种好的记录方法。它可能成为一个保护区或者一个地区发现珍稀、罕见动物的线索。

由于速写/素描的训练更为专业,需要更长的时间,本章就不专门作介绍了,喜欢野生动物的读者可以找相关书籍学习和训练。

图2-26 动物速写

参考文献

方楚雄,2002.动物画技法.济南:山东美术出版社.

冯澄如,1959.生物绘图法.北京:科学出版社.

庚·赫尔脱格伦,1985.动物画技法.王颖,刘坤,译.北京:人民美术出版社.

刘林翰,1988.生物科学绘画.长沙:湖南大学出版社.

张耘生,陈铭德,杨克合,1994.生物学技术.北京:高等教育出版社.

3 野生动物摄影

提要 本章介绍野生动物摄影必须遵从的伦理道德;阐述了野生动物摄影前期准备工作的重要性,以及八点拍摄技巧;专门介绍近距摄影、长焦摄影和显微摄影的摄影装备、主要配件,并以野生动物不同类群为例讲解拍摄的经验感受和需要注意的细节;简要陈述后期制作的主要技术。

3.1 概述

野生动物摄影就是以动物为题材的摄影,主要是指自然界野生动物及其栖息环境的摄影,但更为广义地讲,野生动物摄影也可以包括动物标本、动物组织显微切片、水生动物以及昆虫的拍摄,均属于野生动物摄影的范畴。野生动物摄影是利用摄影技术忠实地记录野生动物生命活动的形态、行为特征以及栖息环境,以服务于科研、教学和科普宣传为目的。

野生动物摄影难点在于好的野生动物摄影作品同时需要具备两大元素:一是作品本身就是一幅非常优秀的摄影作品,符合优秀摄影作品的特点,包括构图、光线处理、曝光等;二是因为被摄对象为野生动物,拍摄对象的特殊性要求摄影师具备关于野生动物的专业知识,以准确表达被摄对象的各项特征。

野生动物摄影是在被摄主体没有受到干扰情况下,或者人类的干扰可以忽略不计的情况下拍摄出来的照片。正是由于要求野生动物不受到人类的干扰这一特殊性,所以,野生动物摄影师首先必须掌握熟练的拍摄技巧,同时,也必须清楚拍摄对象的生活习性和行为特征。

本章作者:周伟、罗旭

3.1.1 伦理道德

野生动物摄影的初衷是保护，是通过镜头展示生命的魅力，如果违反了动物伦理和动物福利，那么即使拍出再好的照片也是本末倒置的。同时，一个非常现实的问题是这样的照片再好也不会被权威媒体接受，并且会遭到广泛的舆论谴责。

动物伦理学旨在定位人与动物的关系，使人和动物生存得更和谐，以显示人性尊严及生命意义。从动物福利角度应充分考虑动物的利益，善待动物，防止或减少动物的应激、痛苦和伤害，尊重动物生命，制止针对动物的野蛮行为。而动物福利通常被定义为一种康乐状态。在此状态下，动物基本需求得到满足，而痛苦被减至最小。在野生动物摄影活动中，尽量不干扰被摄主体是第一原则。虽然目前我们国家尚无专门的动物福利和动物伦理方面的法律，但随着时代的进步，相信相关法律不久之后将会出台。

国内有摄影师用无人机在一湖泊拍摄天鹅（Cygnus cygnus），导致天鹅惊飞，被岸边的其他拍摄者拍到发布到网络上，引起了多方的舆论谴责。国内某摄影师拍摄寿带鸟（Terpsiphone paradisi）育雏时，为了获得不杂乱的背景和前景，将鸟巢附近的枝条全部削剪，只留下一根树枝和突兀的巢，结果导致成鸟弃巢，雏鸟因为没有遮挡物而被天敌捕食。国外有摄影师拍摄的一组雨蛙照片发布在网络上，获得好评，之后被发现雨蛙形态不自然，关节肿胀，疑是摆拍。以上例子均违反了动物伦理和动物福利原则。

在拍摄的时候应当设身处地为动物考虑。在充分考量了各种因素之后，在不打扰动物的前提之下开展动物摄影，切不可为了摄影而摄影。在野外拍摄的时候注意：拍摄大型动物时使用伪装，不能开车追赶或者布置陷阱捕捉；拍摄小型动物不可以捕捉玩弄摆拍；拍摄鸟类时使用伪装，不能为了获得起飞的照片而惊吓鸟类；不拍摄正在育雏的鸟类，若为科研需要，应尽量降低拍摄干扰，获得记录照片后迅速离开，并且保密拍摄地点；野外行动尽量避免破坏植被。

总之，拍摄时需时刻注意自身行为对拍摄对象及其栖息环境的影响。野生动物摄影要将野生动物权益放在首要位置，这是野生动物摄影的第一原则。

3.1.2 基本要求

野生动物摄影的目的是既要服务于科研、教学和生物多样性保护的宣传教育，也要给人美的享受，努力将摄影作品的科学性与艺术性完美的统一，所以要求野生动物摄影得到的图像要达到以下几个基本要求。

第一，科学严谨。科研和教学是严肃和严谨的，野生动物摄影作品作为反映自然知识的载体，具有传承知识、宣传普及、爱护自然和保护自然的功用，所以一定要如实客观地拍摄，才成为有价值的照片。野生动物摄影作品要求准确地反映动物本来的面貌，才能提供野生动物自身真实的信息，或者其生存的栖息环境，所以通常不需要特效处理。

第二，主题鲜明。一幅好照片要有一个鲜明的主题（有时也称之为题材）或是表现一种动物，甚至可以表现该题材的一个故事情节。主题必须明确，毫不含糊，使观赏者一眼就能看得出来。

第三，主体突出。构图要简洁明了，尽可能突出重点，把视线引向被摄主体，直接聚焦于主体，而排除或虚化那些可能分散注意力的非重点的内容。

第四，构图精美。无论是用于科研和教学，还是用于科普宣传，图像要清晰美观、构图布局合理，才能给人留下深刻印象。

3.2 拍摄前的准备

3.2.1 熟悉摄影器材

野生动物摄影不同于静物、风景和人像摄影。野生动物摄影具有极大的偶然性，有一些野生动物即便是当地人也非常少见。而野生动物摄影师难就难在不仅要见到这些动物，同时还要将它们的影像以正确的方式记录下来，这就需要摄影师非常熟悉器材，必须知道相机、镜头上的每一个按钮和它的作用，做到即使不看相机也可以正确操作。同时，需要对当前环境的大体拍摄参数做到心中有数。此外，也同样要熟悉三脚架的构造，能快速精准调整云台，对准拍摄对象。这些都需要长期的实践和练习，可以平时在附近的公园或者绿地练习，熟悉各项摄影操作。

多数情况下，能拍摄到野生动物的环境条件是比较恶劣的，比如对野牦牛（*Bos mutus*）、黑颈鹤（*Grus nigricollis*）或者雪豹（*Panthera unica*）等高原动物的拍摄，环境温度一般很低；又或者对亚洲象（*Elephas maximus*）、绿孔雀（*Pavo muticus*）等热带动物的拍摄，环境湿度大、温度高。在这些情况下，对器材工作的极限环境、稳定性都需要做到心中有数，还应该清楚如何对器材进行防护。

3.2.2 了解拍摄对象

通常野生动物对人类多有畏惧，见到人或听到动静早早地就回避了，比如多数猫科动物。相反，有的野生动物则具有攻击性。总之，它们不会在镜头前摆姿势。除非是不期而遇，否则要想拍摄到目标野生动物，必须知道到什么地方才能够找到它们，它们有什么习性？了解得越多，就越有可能拍摄出精彩的照片。

森林、湿地、农田、村庄附近、鸟类的迁徙通道、自然保护区均是理想的野生动物拍摄地。如果你要拍摄自己珍爱的某种野生动物，那么你就要了解它的自然分布区。因为不同的野生动物分布在不同的地方，如亚洲象只分布在云南的西双版纳、普洱和临沧的亚热带森林地区；而藏羚羊（*Pantholops hodgsonii*）则仅分布于青海、新疆、西藏和四川等地，栖息地海拔3250~5500m，更适应海拔4000m左右的平坦地形。大多数犀鸟生活在热带的雨林地区，喜欢栖息在密林深处的参天大树上，啄食树上的果实，有时也捕食昆虫。在云南铜壁关自然保护区的密林中，身型庞大的犀鸟，飞行速度较慢，飞翔时翅膀发出极大的声响，就像天上过飞机一样，当停落在树顶时，不时地发出响亮而粗呖的鸣叫声，连续不断，能传出很远，如同马嘶一般。棕熊（*Ursus arctos*）是一种适应力比较强的动物，从荒漠边缘至高山森林，甚至冰原地带都能顽强生活。它们一般在晨昏时分外出活动，而大白天则躲在窝里休息。棕熊有冬眠的习性，从10月底或11月初开始，一直到翌年3~4月。棕熊是相当好斗的动物，特别是在保护领地和食物的时候，所以拍摄它们时，尤其要做好自身的防护。

野外鸟类按栖息地可大致分为森林鸟类、湿地鸟类、农田和城镇鸟类。即使是亲缘关系很近的鸟类，在栖息环境上也可能有很大的差异，比如黑卷尾（*Dicrurus macrocercus*）喜欢在农田，而灰卷尾（*Dicrurus leucophaeus*）则喜欢山林。喜鹊（*Pica pica*）属于农田、城镇鸟类，而灰喜鹊则更喜欢山林。白眉鹀（*Emberiza tristrami*）喜欢林缘地带，而其他的田鹀（*E. rustica*）、小鹀（*E. pusilla*）、黄喉鹀（*E. elegans*）等则喜欢农田、灌丛等。鸭类、䴙䴘在水域生活，金眶鸻（*Charadrius dubius*）喜欢浅浅的泥滩，而长嘴剑鸻（*C. placidus*）则喜欢石质河滩。即使同是森林鸟类，也有不同的习性，比如斑姬啄木鸟（*Picumnus inominatus*）喜欢低矮的灌木，而大斑啄木鸟（*Dendrocopos major*）等则在高大的树木上活动。而同是水鸟的小䴙䴘（*Podiceps ruficollis*）生活的水域要求不高，凤头䴙䴘（*P. cristatus*）则喜欢较深的水域。当了解了不同鸟类的生活习性，就会知道在什么地方大概能看到什么鸟儿。

以黑颈鹤为例，它是一种高原上的鹤类，如果要拍摄它就必须了解其分布情况，如果去平原上就不会见到这种鹤类。黑颈鹤是一种迁徙鸟类，越冬地在云南东北部和西北部以及贵州、西藏南部；繁殖季节则向北迁徙到若尔盖湿地、阿尔金山国家级自然保护区等地方。所以，在不同的季节拍摄黑颈鹤，需要到不同的地方去。黑颈鹤在高原上繁殖，在沼泽腹地筑巢，鸟巢类型有浮岛型、泥丘型和草堆型3种。如果要记录黑颈鹤的繁殖，这几种巢型是一定要拍摄记录的。黑颈鹤生活在高原上，所以，拍摄黑颈鹤的时候一定要准备好预防高原反应的药物和防寒保暖的衣物。黑颈鹤是国家一级重点保护野生动物，如果要进入保护区拍摄，需获得相关管理部门的许可，这些要提前准备好。

了解一个物种的途径有很多，比如在中国知网上下载相关的专业科研文献，国外的物种可以在 web of science 下载相关文献。在百度或者维基百科上面查找目标物种的相关资料。有目的、有针对性地做好摄影前的准备功课会使拍摄过程事半功倍。

3.2.3 拍摄环境和安全

到野外去拍摄野生动物的计划与所有的旅行计划一样，对于目的地的各种情况了解越多，越能减少意外情况的发生。应该对目的地的人文、地理、环境、气候有尽量多的知识，而这些知识可以来自资料、书籍、旅行杂志、互联网，也可以直接打电话或写信给当地林业或者保护区管理部门寻求帮助。摄影是光线的艺术，所以对于当地气候的了解有着特别的意义。起码应该知道什么时候光线最好，什么时候需要特殊的器材才能完成拍摄，什么时候根本不可能拍到满意的照片。

野生动物摄影不同于其他题材的摄影，野生动物摄影的对象和题材多藏匿于人迹罕至的地方，在这里交通以及医疗不便利。所以，一定要注意自身安全问题。

3.2.3.1 单人拍摄

单人拍摄时要注意拍摄当天的天气，不宜有过大的纵深行程，最好当日返回。提前规划好行程，带好当日的饮用水和食物，不同的拍摄环境要做好不同的防护措施。比如，在云南的雨林中拍摄，要注意防蚂蟥，穿长袖长裤并扎紧裤口、袖口、领口；在新疆湿地拍摄时要注意带防虫帽防蠓（当地称呼小咬）。总之，因地制宜地采取防护措施。个人防护装备可以参考户外运动装备。在野外作业最好不要穿短袖短裤，潮湿环境会滋生大量蚊虫。带上必备药品，如藿香正气水、碘酒、绷带、创可贴等。山中气候多变，带上雨衣防止被雨淋。同时携带好通信设备，遇到危险时可以实时的发出求助信号。建议单人去不太熟悉的地方或者难度系数较高的地方拍摄时，购买户外保险。单人多日拍摄不仅后勤保障成问题，自身安全也难以完全保证，所以不推荐。

3.2.3.2 团队拍摄

相较单人，团队拍摄的安全性有了较大提高，同时可以体现团队协作，拍摄时间可以加长。需要考虑到不同队员在年龄和性别之间的差异，统筹兼顾。选择一个有丰富野外经验的人担任领队是很不错的选择。在拍摄过程中，每一个人的兴趣点往往不同，切不可单独行事，领队需要时常清点人数，确保每一个人的安全。如果经济条件允许且队员对拍摄地点不熟悉时，则可以请一个当地人做向导。向导对当地的物种分布以及其出现的规律非常熟悉，雇一个得力的向导会使摄影工作轻松很多。

3.2.3.3 多日拍摄

多日拍摄行程执行时，需要一个详细的规划，很多时候规划的时间比拍摄的时间还要长。提前做好笔记。记录有关的目标物种，以及其习性、分布、出现时间等。记录拍摄目的地的地形、海拔、植被类型、人类活动痕迹、公路、当地的医院、购物点、加油站等，越详细越好。列出摄影设备的清单，易耗品准备两份或者多份，针对目标拍摄物种，准备不同的镜头和摄影附件。列出生活用品清单，日常生活用品带齐，不要迷信当地的补给，很多时候去的地方是没有人烟的。准备好食物和水源，如果当地可以提供充足的食物和水源，那么这些必须物品可以酌情缩减。列出药品清单，备好常用药品如治疗拉肚子、感冒、外部创伤的药物。如果上高原，则要准备减轻高原反应的药物。其他物件比如柴刀、修车工具等。请一个熟悉当地情况的人作为向导，第一可以避免不必要的误会；第二使摄影工作目的性更强，工作更加顺利；第三如果发生危险第一步救援会更加方便。

总之，在野外从事野生动物摄影是一个有一定危险的活动，每一步需要慎之又慎，这也是它具有迷人魅力的地方。牢记安全第一。

3.2.4 选择拍摄时间和季节

选择拍摄时间有两个意义：一是拍摄野生动物需要充分考虑到野生动物的习性，何时活跃、何时进食、何时休息；二是需要考虑到光线因素的影响，充足而有感染力的光线是好照片的重要因素。综合考虑这两方面因素，才能抓拍到情趣盎然的作品。

野生动物活动的季节性是一个很重要的考量因素，比如鸟类的迁徙。雁鸭类在我国南方大部分地区是冬候鸟，要等到冬天才能看到它们的身影；大多数鹭类在我国的南方地区繁殖，是夏候鸟，夏天才能看到；而鸻鹬类在南方基本上都是旅鸟，想看它们，就要选择3~5月或者10~11月它们迁徙过路的季节。弄清楚这些问题，才能明确在什么季节能拍摄到什么鸟。

野生动物在不同季节会处于不同的生活史阶段，这是要考量的另一个因素。比如鸟类在春季繁殖，但是中国南方的鸟类繁殖会普遍比北方早1~2个月。冬季低温时，许多动物会有冬眠习性，这个时候去拍摄的话，难度和危险程度都会增加。夏季时，藏羚羊会集群产仔，此时任何形式的拍摄都应该被禁止。

3.2.5 伪装

一般而言，拍摄野生动物都是远距离拍摄。为获得细节更为丰富的图片，就需要靠近动物，这时伪装是必需的。伪装不仅可以让你融入拍摄环境，不易被拍摄动物察觉，能拍到更精彩、自然的照片，更是为了尽量减少对野生动物的惊扰，确保被摄对象的行为活动不受到太大影响。

伪装有很多种，不仅摄影者本身可以身着迷彩服，相机、镜头都能进行迷彩涂装，也可以在灌木、草丛、树木的阴影中进行隐蔽。以拍摄者的经验来看，借助伪装网或者伪装帐篷是更好的选择。伪装网的可塑性非常强，多用于披覆在摄影师的身上或者是将伪装网覆盖在拍摄的机器上，以达到和环境融为一体的效果而不被拍摄对象发现。披覆上伪装网之后，可以向目标拍摄物缓缓移动，以达到理想的拍摄距离。也可以覆盖在器材上运用遥控拍摄，以防止被摄目标警觉。

伪装帐篷的作用和伪装网类似，但是伪装帐篷使用起来舒适性更好，拍摄者可以在帐篷内有少量活动空间。伪装帐篷可以作为一个小型的基地，将你的水和食物还有相机包等都放进去。记得带上一张防潮垫或者一个小板凳，长时间待在一个狭小的空间中，会使肢体酸胀，而带上一个防潮垫或者板凳之后，可以躺下拍摄或坐着进行长时间的拍摄。因此，如果拍摄对象是需要长时间等待的，比如森林中的雉类，那么使用伪装帐篷是必需的。

野生动物摄影伪装帐篷可以通过户外用品店购买或定做，也可以自己制作，重要的是它要与生境一致。也可以在野外利用当地的材料，搭建一个简易的棚子作为隐蔽棚，用以拍摄鸟类或其他动物。

野生动物摄影选择恰当的拍摄地点也是不可忽视的问题。如果野生动物不怕人的活动，你可以尽可能地靠近它们，直接手持照相机拍摄，但是建议身着迷彩服，这样能更接近动物一些。为了得到最真实、最贴近自然的照片，要尽可能地在不惊扰动物的前提下完成创作。因此，寻找一个合适的掩体是选择最佳拍摄地点的重要原则。在一些知名的动物栖息地和自然保护区中，往往划定了某些拍摄范围，在这些拍摄地点创作，很难拍摄出别出心裁的照片。如果想拍摄出真正令人心动的作品，还需深入自然，拍摄那些没有学会应对人类的原生态野生动物。对于这些易受干扰的动物来说，使用野生动物摄影的隐蔽棚，将获得更为理想的拍摄结果。

3.3 拍摄技巧

3.3.1 基本要领

野生动物摄影，根据被摄对象的不同，通常有一定的基本要领。

3.3.1.1 鸟类和哺乳类

通常使用焦距 300mm 或以上的长焦镜头，因为使用长焦镜头的好处显而易见，不需要过度靠近动物就能获得主体突出的照片；使用伪装，缓慢靠近；定点守候在鸟类或哺乳类饮水、觅食、栖息等活动场所附近，调好焦距和曝光参数，一旦有合适的目标即可拍摄，通常是精彩照片的获得方式（附图3-1）。

3.3.1.2 两栖爬行类和昆虫

使用近摄装置和微距镜头；夜间拍摄时需要人工光源；毒蛇或者有毒昆虫的拍摄需保持一定的安全距离；巢穴内的昆虫可用内检镜拍摄；拍摄昆虫的振翅（1/15000s）可用具有自动闪光功能的闪光灯（1/50000s）协助拍摄。

3.3.1.3 水生动物

拍摄水面生物注意角度，防止水面反光；拍摄水下生物时要用专用的防水照相机或将普通照相机安装在防水容器中；水中的光线比较弱，要用闪光灯进行补充照明。但是如果是在水族馆内摄影，虽然馆内光线较暗，但尽量不要使用闪光灯，可采用高速胶卷或调高数码相机的感光度进行拍摄（附图3-2）。

如果要问动物摄影中最关键的要领是什么，答案是"等待"。就像风光摄影需要等待完美的光线一样，野生动物摄影可能更需要毅力和耐心，因为动物摄影中的等待往往是徒劳的。如果你想拍摄一张食肉动物捕猎的照片，需要付出常人难以想象的毅力和时间。因为特定事件的发生不但概率很低，而且拍摄时机也转瞬即逝，很难把握。等待的过程将会十分漫长，而且拍摄者一刻都不能松懈，否则良好的拍摄时机或者可遇不可求的拍摄对象就会溜走。因此，在拍摄技法上，要先设定好机器的各项参数，在拍摄机会降临时使用跟踪对焦和连拍模式，同时还要为快门时滞预留一定的提前量。

3.3.2 拍摄位置

相机镜头相对于被摄体的方位称为拍摄点。拍摄点的选择直接关系着被摄体中景物在画面上所占的位置、大小、远近和高低等，它对照片的整体呈现起着重要的作用。选好拍摄点往往能成为一幅好作品的关键所在。拍摄点的变化包括距离、高度和方向的变化。

"距离"是指拍摄者和被摄动物之间的空间距离，不同的摄影距离将带来画面效果变化，也就是常说的远景、全景、中景、近景和特写。"方向"指拍摄点位于被摄体的正面、背面还是侧面。对拍摄方向的选择，可从正面、前侧面、侧面、背侧面和背面这样五方面予以考虑。"高度"指相机是高于、低于还是类同于主体的水平高度。前两个位置关系多数时候并不能受拍摄者的意愿，可以随时调整，因为距离很有可能是固定的（比如拍摄者在伪装掩体内），而动物是给正面还是背面完全是动物随机活动的结果。拍摄者能控制的是拍摄高度，高度的变化可归纳为平视、仰视和俯视3种。

3.3.2.1 平视

相机位置与被摄主体处于相似的高度，特征是镜头朝水平方向拍摄。平视比较合乎人们通常的视线，因而有助于观众对画面产生身临其境的视觉感受；平拍还有助于主体在画面上更多地挡去背景中的人物和景物，从而使主体更突出；平拍时对象还不易产生变形，画面会显得更为自然。平视角度的拍摄，是动物摄影最常采用的方式。因此，在拍摄两栖、爬行类等地面活动的动物时，拍摄者需尽量低下身子或者趴在地面拍摄（附图 3-3）。

3.3.2.2 仰视

相机位置低于被摄主体的水平高度，特征是镜头朝着向上的方向仰起拍摄。在拍摄树木和高大建筑物时，仰视有助于强调和夸张被摄对象的高度；在拍摄运动物体时，仰视有助于夸张向上腾跃；在拍摄人物时，有助于表现高昂向上的精神面貌，以及表现拍摄者对人物的仰慕之情。对于空中飞行的猛禽，通常只能以仰视的角度来拍摄，这个角度对于猛禽而言也是合适的，因为猛禽的鉴别特征通常在舒展开的翅膀下边。对于多数森林鸟类，仰视拍摄通常不能展示鸟类侧面和背面的形态特征，这时就需要抓住鸟类转头或者侧身的那一瞬间，以弥补仰视拍摄带来的不足。

3.3.2.3 俯视

相机位置高于主体的水平高度，特征是镜头朝下拍摄。俯拍的最大特点是能使前、后景物在画面上得到充分展现。俯视有助于强调被摄对象众多的数量和宏大的场景；有助于交代动物周边的环境；有助于画面产生丰富的景层和深远的空间感；也有助于展现大地千姿百态的线条美。但是，俯视是很难运用的角度，因为拍摄者往往高度不够。解决的办法：一是可以在拍摄前选择一处位置高的地点；二是使用直升机、无人机等工具。

尝试不同的角度来进行创作。虽然拍摄野生动物很难有很多的角度供选择，但有的时候还是可以发现很多有趣的角度。比如蛇类通常在地面爬行，常见的拍摄肯定是俯拍，但等它上树之后也能抓到平视或者仰视的机会（附图 3-4）。根据经验，多数情况下需要拍摄者蹲下或者趴下，才能获得比较理想的拍摄角度。

3.3.3 构图技巧

构图就是通过照相机的取景器确定拍摄画面的过程。从艺术的角度来看，构图是创作思想再现的过程，要求围绕着主题思想，通过艺术手段，将画面内容有机地组合在一起；是主从关系分明、前后照应、互相衬托，也就是调动一切造型手段来充分表达主题思想，使作品具有高度的感染力。构图的作用一是突出主体，揭示主题思想；二是正确处理好主体、陪体和环境的关系。除了通过相机取景器构图外，后期加工时也可以通过对照片的选择性拷贝或剪裁达到构图效果。从动物摄影的角度来看，构图的目的是想办法突出主体，只要画面简洁、均衡、特征明确即可。

3.3.3.1 构图注意事项

第一，构图要求主题鲜明。一张照片要有一个明确的中心内容。取景不能过于杂乱，画面要简洁，主次分明，而且对主题的位置、方向，在画面上的合理安排。一张照片的主题，一般不建议放在正中。

第二，注意画面的平衡性。照片画面不可一头重、一头轻；不要一边大、一边小；一边多、一边少。应该在视觉上相对平衡，如拍摄天上飞鸟、地面的羊群、海面的浪花等都需要有一定的回旋余地，使照片给人们有一种舒畅的感觉。

第三，注意画面的稳定性。必须给画面一个稳定的感觉。也就是说，在取景时必须将水平线、地平线等安排在水平位置；对于地面垂直的物体，如建筑物、电线杆等，应该使它们垂直于照片底边，否则照片就会不稳定。在注意表现各种物体稳定性的同时，也要避免给人以不活泼、沉闷、呆板的感觉。

第四，直拍还是横拍构图。如果你要反映画面的宽度和辽阔感，或拍摄对象的水平线多于垂直的线条，如水面、田野、街道等，那么最好横拍；如果要强调高度或拍摄对象的垂直线条多于水平线，如塔、高大建筑物、高山等，那么最好直拍。总之，表现高大，使用竖的取景，这样可以使景物向上引伸，有时我们把镜头仰起，更能表现高大物的高峻；表现宽广，取景时尽可能使用横拍，这样可使横线条的景物向两方延伸，更能表现它宽广的特点。

3.3.3.2 黄金分割法

一幅优秀的摄影作品，不仅要有深刻的主题思想和内容，同时还应具备与内容相一致的优美形式和协调的构图。初学摄影，在取景时了解和掌握黄金分割法。对于提高作品的美学价值很有帮助。

黄金分割法就是把一条直线段分成两部分，其中一部分对全部的比等于其余一部分对这一部分的比，常用2∶3、3∶5、5∶8等近似值的比例关系领引美术设计和摄影构图，这种比例也称黄金律。在摄影构图中，常使用的概略方法，就是在画面上横、竖各画两条与边平行、等分的直线，将画面分成9个相等的方块，称九宫图。直线和横线相交的4个点，称黄金分割点。

根据经验，将主体景物安排在黄金分割点附近，能更好地发挥主体景物在图面上的组织作用，有利于周围景物的协调和联系，容易引起美感，产生较好的视觉效果，使主体景物更加鲜明、突出。另外，人们看图片和书刊有个习惯，就是由左向右移动，视线经过运动，往往视点落于右侧，所以在构图时把主要景物、醒目的形象安置在右边,更能收到良好的效果(附图3-5)。

初学摄影取景,可选用黄金分割法练习构图,经过实践,有了自己的经验和体会以后,就可根据实际情况自己进行创作了。用黄金分割法确定主体的位置,并没有完成构图的整个过程,还应注意安排必要的空间,考虑主体与陪体之间的呼应,充分表达主题的思想内容。同时,还要考虑影调、光线处理、色彩的表现等。为了提高基本功,还有很重要的一点,就是要认真学习美学知识,加强美学修养,并通过拍摄实践,不断总结,积累经验,才能拍出有较高艺术水平的照片。

3.3.3.3 透视

透视分为线条透视、阶调透视(空气透视)。

(1)线条透视

线条透视的规律是近大远小,平行线条越远越集中,最后消失在一点上。线条可分为竖线、横线、斜线和曲线,其中,竖线能显示高大雄伟,展示森林、大树、建筑物均可;横线用于描绘广阔平静的景物,如草原、大海等;斜线和曲线可以表现运动感,可用于拍摄溪流、铁路、公路等。使用竖线时切忌将画面一分为二,要考虑均衡和协调。

(2)阶调透视

阶调透视又称为空气透视。基本规律是:距离近的景物轮廓清晰度高,距离远的景物轮廓清晰度低;距离近的景物反差强,距离远的景物反差弱;距离近的景物色彩饱和度高,距离远的景物色彩饱和度低。空气透视是摄影中表现空间深度的方法之一。当光线通过大气层时,由于空气介质对于光线的扩散作用,空间距离不同的景物在明暗反差、轮廓的清晰度及色彩的饱和度方面也都不同。这种现象在照片上就形成了影调透视效果,借以表现空间深度和物体所处的空间位置。摄影中常用逆光、侧逆光、烟雾及专用滤光器等,加强影调透视效果。自然界中,这样的空气透视效果通常出现在湿度较大的清晨和傍晚,而且时间较短。如果我们能够巧妙地运用光线,例如在光线的前面寻找遮挡物,也可以轻松得到与空气透视类似的画面效果。利用光线创造类似空气透视的效果,形成类似空气透视效果的画面,主要是通过逆光和侧逆光这两种光线来完成。另外,通过对光线的控制形成景物近暗远亮,也可以形成类似于空气透视的效果。

3.3.4 主体、前景和背景

3.3.4.1 主体

主体就是拍摄要突出的对象,它反映的是一幅照片的主题思想,是画面的灵魂所在。拿起相机准备拍摄时,一定要想好,准备拍一幅什么样的照片,然后安排好主体和陪衬的关系。

3.3.4.2 前景

主体之前的景物,由于离照相机最近,其成像大、色调深,在构图时通常把前景安排在画面的边缘,放在主体之前作为陪衬,如拍摄江水时,前景浮现几缕青青杨柳,能点画出春意盎然的氛围。拍摄野生动物时,使前景虚化或前景遮挡,可以展现动物活动隐秘的特点。

3.3.4.3 背景

主体之后的景物,它能烘托出主体的地位,背景能清晰表达事件发生的季节、地点、气氛、周围环境。背景对一张照片而言是极为重要的,干净的背景可以令观者的注意力很自然地落在主体上。背景的安排要求能够通过对比突出主体,尽可能简洁,以免喧宾夺主;加强纵深透视效果,使主体"脱离"背景,而不是"贴"在背景上。

3.3.4.4 景深控制

光圈越大,景深越浅,主体就越突出,前景和背景的虚化效果就越好。反之,光圈越小,景深越大,可以清晰地在空间纵深上呈现更多细节。景深的控制和需要展示什么有很大的关系,如果需要拍摄动物捕食的镜头,那么大光圈、小景深可以凸显主体、虚化背景,同时有利于获得更快的快门速度。但是,如果需要表现野生动物在自然环境中的状态,比如拍摄雪豹,远处的雪山、近处的流石滩等栖息地的细节都希望呈现,那么大一点的景深会有更好的效果。又或者,拍摄多个动物个体时,希望都能得到清晰的呈现,那么适当减少光圈是可行的做法(附图3-6)。

为了突出主体可以采取以下措施:①将主体置于前景;②将主体置于焦平面,通过加大光圈、减小景深的方法将前后景物虚化;③用较亮的光线(如聚光灯)投射到主体上;④将主体置于画面线条的汇聚点,诱导视觉转移;⑤利用明暗和色彩的强烈对比,所谓红花要靠绿叶扶;⑥利用画面空白衬托主体,画面空白指没有具体形象的部位,烟、云、雾、水、天因其浅淡近乎白色的影调,通常也被看作画面的空白部位。画面空白亦指无物阻挡之空间。在画面主体周围留有一定的空白,能使主体醒目、突出。画面空白还具有刻画意境、渲染气氛的功能,在动物摄影中,留白一般在动物视线或者运动方向的前方(附图3-7)。

3.3.5 利用光影

3.3.5.1 利用幽暗背景营造明暗对比

除了虚化背景的简单处理方式以外,利用幽暗背景与明亮的动物主体的明暗对比,也是动物摄影构图中的常见形式。自然中的阴影广泛存在,如果动物的毛发呈亮色调且在光线的照射下,则可以通过选择拍摄角度,将阴影中的景物作为画面背景。

同时，利用数码单反相机宽容度有限的特征，对动物进行点测光拍摄。此时，画面的背景就会呈现出近似全黑的效果。

3.3.5.2 利用光影效果表现生态场景

光影的魅力也可以用作表现动物种群和拍摄它们栖息环境的整体生态场景。在正午强烈的光照条件下，一群火烈鸟（*Phoenicopterus roseus*）蜷缩在池中休息。摄影师使用点测光的方式，使火烈鸟在画面中正确曝光，且色彩效果得到了光线的渲染，同时压暗了背景。此时，不同色彩的火烈鸟形成了色彩的反差。由于受光面不同，鸟身的不同部位也呈现出独特的质感和层次，并与水面中的倒影形成了呼应。从前景被照亮的水面到处于阴影中的背景，在精确的曝光控制下，画面呈现出自然的明暗过渡，利用光影效果将生态场景完美地表现出来。

3.3.6 动态和静态

动物摄影和体育摄影有类似的特点。在动物摄影中，静态的画面表现动物形态，而动态的画面则可以让照片充满生机。在拍摄静态动物画面时，动物的躯体、神态是捕捉的重点。如果拍摄对象是动物种群，那么它们之间的互动和相互关系是刻画的重点。拍摄静态动物画面时可用光圈优先模式。

捕捉动物动态画面时，为了达到最理想的动态效果，可以使用快门优先模式。在拍摄动态题材的照片时，要注意对焦的准确。对于动作缓慢的动物，对焦不成问题，而对那些动作迅速的动物而言，对焦就比较困难了。可采用跟踪对焦的方法来快速抓拍动物的动态形象。除了跟踪对焦、连拍模式这些需要注意的相机设定以外，高速同步闪光等技法也可以根据需要应用到动物摄影当中。对"动"的刻画还可以采用对比的手法，如果能在画面中找到衬托主体的陪体，利用动静对比的手法，无疑能够增强画面的表现力。此外，对"动"的刻画也可以通过一些细节来体现。如拍摄斑马群的奔跑，马蹄扬起的灰尘会使画面充满了动感；又比如拍摄鸟类水浴，四溅的水花配合鸟类舒展翅膀，很容易让人联想到当时的场景（附图3-8）。为拍摄到满意的动态画面，可以将相机设置为"连拍"功能，以保证不错过精彩的瞬间。

动态摄影中，鸟类飞行的拍摄难度较大，这里有几点建议。

第一，使用追随对焦的模式和连拍功能。

第二，使用快门线，减少机身抖动。

第三，选择好拍摄地点，尽量避免仰头对着天空拍摄或者逆光拍摄；如果不得不以天空为背景，那么需要增加曝光量。

第四，观察鸟类的活动规律，等待合适的时机。

第五，选择一只停歇的鸟，锁定焦平面，一旦鸟起飞，迅速向其欲飞过的空域移动镜头，同时按下快门。

第六，尽可能提高快门速度。

3.3.7 主次分明

当被摄对象是动物的群体时，要注意选择主要的被摄对象。虽然表现动物群体的手法有许多种，其中，最常用的技法仍是着力于对其中一只进行刻画，而以群体中其他的成员作为背景进而达到衬托主体"神采"的作用。在群体之中选择其中一只作为主体有时相当困难，常见方法有以下几点。

第一，在动物的群体活动中，找出其中最具特色的个体进行刻画，比如滇金丝猴（*Rhinopithecus bieti*）群中的"王"。

第二，选择最近的一只，利用广角镜头近大远小的特性将之放大，使它更为突出（附图3-9）。

第三，选择颜色、形态最具特点的一只，使用长焦段镜头捕捉它的神采，比如一群血雉中颜色最为鲜艳、个体最大的那个雄鸟。

3.3.8 对焦技巧

拍摄运动物体时，必须确保取景窗时刻锁定被摄物件，将其置于自动对焦区域内。尽量不要一直半按快门追焦，而是连续不断地、有节奏地半按快门触发对焦，使相机能将焦点锁定在被摄物体身上。在必须频繁移动镜头追拍的场合，还要记得将镜头的防震模式打开，以获得最佳追拍效果。

3.3.8.1 对焦模式

由于野生动物经常处于高速运动状态，须使用人工智慧伺服对焦才能正确锁定焦点，确保焦点清晰。在较空旷的场合追踪高速运动的物体时，最好使用对焦面积较大的单点扩展对焦模式，或对焦范围更大的区域对焦模式；而在障碍物较多的树丛中拍摄时，则要视情况选择单点对焦模式，或者对焦区域更小的定点对焦模式，才能有效绕开障碍物，对远处的动物准确对焦。

3.3.8.2 使用手动曝光模式

拍摄运动的野生动物必须维持较高速快门，尽量准确曝光，并使用低感光度获得更好画质。因此，野生动物摄影多使用 M 模式，需要拍摄者主动控制光圈、快门及感光度（ISO）等曝光参数，以精准控制曝光，如光圈优先模式或者快门优先模式。如果环境光线变化复杂，还可以结合自动 ISO 功能来拍摄，以确保在合适光圈快门下使用最低 ISO，使画质最优化。夜间拍摄时，可以视需求适当使用闪光灯。

3.3.8.3 选择动物的眼睛对焦

眼睛是动物的灵魂之窗，喜怒哀乐都会毫无保留地表现于眼神之中。动物的眼睛准确对焦了，整张照片就会显得清晰、有神，否则往往会被认为是一张失败的照片。以眼睛为对焦点，拍摄时须注意：尽量不要使用闪光灯，因为不仅产生"红眼"，更重要的原因是会惊吓动物；控制景深，尽量让动物更多的身体部位可以在焦平面上，在光线允许的情况下，一般不建议使用最大光圈；善于控制对焦点，避免先对焦后构图。

3.4 微距摄影

微距摄影涵盖的内容主要是昆虫类摄影、两栖类摄影、爬行类摄影和鱼类摄影。由于鱼类生活于水体中，故其摄影单独陈述。

3.4.1 摄影器材装备

3.4.1.1 摄影装备

网络上有许多有关微距摄影 DIY（do it yourself，自己动手做）的方案和方法，比如将 50mm 的标准镜头反接，加近摄接圈或者近摄镜等。但是这些方法都不是很实用，经不起野外的折腾。

如果喜好微距摄影，应该考虑一下有关器材的建议。微距摄影时，如果经济能力允许选择全幅机更好。全幅机拍摄的照片，在后期裁剪时有较大的空间，拍摄一些个体不大的昆虫时具有优势。

在拍摄昆虫标本（如蝴蝶、甲虫）等微小结构时，一般不希望画面上留下浓重的阴影。脱影的方法有很多种，但无非是通过不同的照明方式，达到消除影子的目的：①利用日光的散射光，在阴天或晴天高大建筑物的阴影处、室内无直射阳光的部位，利用柔和的散射光线能消除或减弱阴影；②透明玻璃板脱影法，将拍摄的标本放置于悬空的玻璃板上，玻璃板的下方放置一适当的衬底，利用自然散射光照明，此时拍摄物的影子会落到照相机的视野之外；③利用脱影箱，其原理就是利用脱影箱内置的光源将本该产生阴影的部位照明。此外，数码时代也可以将照片输入计算机后，用软件如 Photoshop 处理掉照片背景上的阴影。

三大主力微距镜头：尼康 60mm（佳能为 60mm）微距镜头、尼康 105mm（佳能为 100mm）微距镜头和尼康 200mm（佳能为 180mm）微距镜头。这 3 款镜头在其最小对焦距离时都可以获得 1∶1 的放大比率。

尼康60mm微距镜头在最近对焦距离0.185m时获得最大的放大倍率是1∶1。其最近对焦距离非常小，几乎要贴着被摄物才能获得最大的放大比例；其焦距短，具有相对而言较大的景深；因其最近对焦距离非常近，可以运用集成度高的双头闪光灯或者三头闪光灯。运用人造光源可以很容易获得曝光量充足的照片，克服了微距拍摄中因进光量不足导致的诸多问题。

尼康105mm微距镜头是使用率比较高的一款微距镜头，最小对焦距离0.31m，拍摄时景深居中，使用集成闪光灯系统较方便，画质极佳。

佳能180mm微距镜头的最近对焦距离为0.5m。对于景深的压缩大，使用多头闪光灯几乎不可能，因此多用于自然光线下拍摄和使用功率较大的单一闪光灯。180mm微距镜头的优点是可以在较远的距离实现1∶1的放大比例，这样可以在昆虫或者小动物的警戒距离之外完成对焦，并且获得良好的放大比例。这是一支较适合野外拍摄的镜头。

当然也有一些倍数更大的镜头，比如佳能MP-E 65mm f/2.8 1-5× 微距镜头获得了5倍的放大比例，它的缺点是极容易糊片，所以小小的镜头就自带脚架接环。

3.4.1.2 主要配件

除了镜头和相机以外，还有其他的周边配件，这些配件的运用可以使拍摄的照片变得更加出色，并且更具视觉震撼效果。

（1）近摄接圈

近摄接圈就是一个接圈，没有任何的光学元件。它相当于将微距镜头最后的腔体延长，将投影在感光元件上的影像扩大，可以获得超出1∶1放大比率的照片。但是同时也有一个问题，近摄接圈的长度越大，得到的照片景深就越浅。如果进行静物摄影，可以拍摄多张照片进行堆叠，最后得到具有较大景深的照片。但是在实际野外微距拍摄过程中使用不多。

（2）防风夹

拍摄的过程中经常会出现目标物所在的枝条或者树叶随风摆动，这时的自动对焦系统已经失去作用，手动对焦系统的合焦指示时有时无，无法正常的合焦。这时候就需要一个防风夹，将目标物所在的枝条或者叶片用防风夹夹住，另一端固定好，这样枝条或者树叶就静止下来了，就可以正常对焦。

（3）大号塑料袋

大号塑料袋方便携带，并且有很多的用途。在遇到突发降雨时塑料袋可以避免器材被雨水淋湿。很多时候拍摄对象停留的位置并不适合站着或者蹲着拍摄，而需要趴在地上拍摄。这时在地上铺一层塑料袋既可以隔潮气，也可以免于弄脏衣服。

（4）护具

野外拍摄时通常也是蚊虫活跃的时候。如果没有保护好自己，大块皮肤裸露在外很容易遭到蚊虫叮咬。昆虫活跃的季节也是蛇类活跃的季节，在拍摄时千万不要马虎大意，仔细观察周围环境是否有潜在危险。一些简单的护具在关键的时候可以起到重要的保护作用。

（5）手电筒和头灯

微距拍摄昆虫时会发现，晚上昆虫变得比较迟钝，而如果想拍摄它们，只要带好光源找到它们即可。这时候的昆虫不容易惊飞，可以好好用人造光源拍摄。很多微距摄影师喜欢拍摄蛙类，夜间顺着蛙鸣易找到它们。夏天的清晨会发现很多昆虫的头上、身上沾满了露珠儿，这时的昆虫身体上有了很多闪光点，晶莹剔透，非常好看（附图3-10）。当太阳升起，昆虫的身体受热之后就会开始一天的活动。所以，必须起得比太阳早，这时带上手电筒和头灯是非常必要的。

（6）三脚架

在使用集成闪光灯时，三脚架作用并不大，闪光灯的补光能力强，可以在一个比较理想的ISO条件下以1/250s（有部分相机在使用闪光灯的时候最大快门值为1/200s）的快门速度拍摄。100mm微距和60mm微距是可以手持拍摄出理想曝光的照片。在使用自然光线拍摄时，自然光线进光量是有限的，用三脚架可以适当地降低快门速度以换取较理想的ISO值和光圈值。但有一点值得考虑的是微距摄影的放大比例和对焦距离是一个反J型曲线，对焦距离稍微远离拍摄物就会出现放大比例直线下降的情况。这时如果试图调整三脚架位置靠近拍摄目标，成功概率不大。移动三脚架是非常艰难的，每次移动都会对周围环境造成不小的扰动，拍摄对象很快就会因为惊扰而逃走。如果是拍摄静止物体，例如蝴蝶的卵，可以调整脚架达到靠近拍摄目标。在尼康200mm微距上因为最近对焦距离较大，并且焦距较大（安全快门值高），所以镜头自带脚架接环。而佳能MP-E 65mm f/2.8 1-5× 微距镜头因为放大比例大，多适合拍摄静止物体，所以也自带脚架环。使用佳能60mm和尼康105mm的镜头时候，如果要使用脚架最好使用独脚架，如果使用闪光灯则不需要使用脚架；使用200mm微距镜头和佳能MP-E 65mm f/2.8 1-5× 微距镜头时候最好配合三脚架使用。

（7）闪光灯

好的微距摄影师在出门的时候肯定不会忘记带上闪光灯。因为微距摄影受限于需要大的景深，所以拍照的时候需要将光圈缩小以获取较大的景深。因此，ISO和快门速度势必要做出牺牲。这是微距摄影固有的特点。解决这个问题最好的办法就是增加人造光源。多头闪光灯解决了拍摄时只有两只手的问题。用一个光源补光时，会发现光线不够柔和,拍摄的照片过渡不自然。使用两头灯或三头灯时,可以营造出立体光线,使照片更具有艺术气息,同时满足了曝光量的需求。配合闪光灯使用的还有柔光罩,可以使光线变得更加柔和、自然。

3.4.2 拍摄技巧

3.4.2.1 相机设定

将光圈、快门和 ISO 这 3 个条件放在立体空间来看,光圈保证了照片纵深的清晰度,快门保证了平行于照片平面横向的清晰度,而 ISO 相当于保证了每一个成像单位面积里成像元素的质量。微距摄影非常重视拍摄的清晰度,相较人像摄影和风景摄影而言,不是特别重视照片的细腻程度。因此,ISO 的设定不是很严格,在强光下可以将 ISO 设定到 200~400;在比较弱的光线下可以将 ISO 设定到 800~3200,高感比较好的相机可以将 ISO 值再放松两档。当获得了最大的放大比例时,照片的景深非常浅,因此,不得不增加光圈档数以期获得景深较大的摄影作品。为了保证横向的清晰度,要将快门速度提高到安全快门的标准以上,即镜头的焦距的倒数。比如 60mm 微距的安全快门是 1/60s,但是因为保证照片清晰度一般要在此基础上在增加一到两档快门,并且打开防抖。使用三脚架时可以适当放松快门速度,并且关闭防抖。在拍照时要根据不同的场景权衡这几个参数。在日常的拍摄中需要多加练习,当真正遇到珍稀罕见的镜头时候就不会错失良机。

3.4.2.2 对焦技巧

以尼康 105mm 镜头为例。在光线充足并且对焦距离比较长的情况下,如果目标物和环境的对比度比较强,那么相机的对焦系统还是非常好用的,但是在拍摄细微的物体时,即使相机已经合焦,轻微的抖动和目标物的运动都会导致失焦,相机会重新对焦,并且反复地重复这个过程。如果拍摄的目标排列整齐,非常有规律,相机也不容易对焦。在光线充足,对焦距离长,并且拍摄的焦点对比反差大的情况下,相机对焦系统是非常安全可靠的。其余情况下,可以运用自动和手动切换模式。注意,虽然镜头的实时手动功能很强大,但是在微距拍摄中并不好用,经常出现拉风箱的状况。所以,在发现自动对焦不好用时,应马上切换到手动对焦。切换镜头上的手动对焦开关比较好,因为你的手在调整对焦环时可以兼顾到这个按钮,可以随时切换回来。如果运用相机机身的切换按钮时,并不能实时切换回来,这样很容易错过最佳拍摄机会。在手动对焦的时候,最好在一口气内完成,呼吸会影响到对焦结果。同样也可以增加一个对焦灯,这样提高目标物的亮度使对焦成功率提高。

3.4.3 拍摄注意事项

调焦必须精确，因像距加长，景深很短，调焦不实会使影像模糊。

采用小光圈、长时间曝光的方法提高景深，描写细部结构和质感，如蝴蝶翅面的鳞粉。由于曝光时间较长，拍摄物和照相机都要固定起来，照相机用快门线或遥控器控制（附图 3-11）。

色彩单一的标本，经拍摄后，在冲印时，由于使用的是自动装置，容易发生色彩偏差，拍摄时可以在画面的周围放置不同颜色的彩色纸条，洗出照片后将周围空白部位剪掉或涂抹掉就可以用于制版了。

3.4.4 昆虫拍摄技巧

3.4.4.1 发现昆虫了解习性

如果你是一个非常关心自然的人，你就会知道哪儿有拍摄目标。在居住地周围就会有这些小生物，如花园、菜地、城市中心的公园、郊区的绿地都会发现它们的身影。在观察的过程中也在积累相关的经验和知识，你会知道哪儿出现的虫儿多，哪儿出现的虫儿少。在有水的地方往往会有惊喜。刚开始时要有耐心，慢慢地总会发现惊喜。总体讲，南方的虫儿种类和数量比较多，北方的虫儿种类比较少；夏季的虫儿多，冬季基本见不到虫儿；在靠水的地方虫儿多，没水的地方虫儿少。同样需要做一些生物学的基本功课。了解清楚你生活的环境周围存在虫子的种类，有多少、怎么样、哪些是比较常见容易拍到的、哪些是比较罕见难以拍摄的。

微距摄影中一定要了解动物的习性，知己知彼，百战不殆。因为白天温度升高昆虫运动迅速，变得非常的活跃和机警，通常没有达到适合拍摄的距离，昆虫就飞走了。白天拍摄时以下几点机会应当注意：当昆虫觅食的时候、当其交配的时候、当其筑巢的时候警惕性均会降低。通常这些镜头也是非常难得并且有生物学意义。昆虫忙起来了，警惕性就降低了，你就可以靠得比较近。从傍晚至第二天黎明的这一段时间中，气温较低，昆虫变得不活跃，这时的昆虫容易找到。合理使用闪光灯很容易拍摄出非常好的肖像照。

3.4.4.2 优秀微距摄影照片

第一，微距摄影照片具有纪实的功能，如果你拍摄到的主体是罕见的昆虫或者动物，那么这张清晰的照片注定会成为经典。第二，被摄主体不常见的行为或者非常难拍摄到的场景，比如蜻蜓点水的瞬间、瓢虫展翅飞翔和青蛙捕虫跳跃的一瞬间。第三，配合完美的光线和完美的构图加上清晰的主题，那么也能成就收藏夹中经典的照片。

拍摄主体为昆虫或者其他动物的时候，将焦点放在眼睛部位。眼睛是心灵的窗户，看照片的时候其他部位可以虚，但是眼睛必须清晰。保证画面干净整洁，过于繁杂的画面找不到主体，同时也凸显不出照片的思想（所以一定要保证画面干净）。照片直方图表明了照片曝光度，在拍摄完一张照片之后如果有时间，可以看一下照片的直方图。如果直方图的显示合格，那么照片的曝光没有大的问题。恰当的构图，构图方法多种，随场景而改变，不同的场景采用不同的构图，遵循黄金比例视觉焦点的构图原则。

单张照片的叙事能力有限，如果想要用单张照片来撼动观众，照片必须非常出色。经典的照片不是死板的，比如青蛙捕食昆虫的瞬间，观众可以想象到下一刻将会发生什么故事。虽然拍摄的瞬间凝固在这个画面，但是观众已经在脑海中将之前的和接下来的故事都已经补充出来了。这就是一张经典的照片。

用一系列的照片讲述一个故事，比如花园里的蝴蝶，从它产卵开始拍摄，虫卵、毛毛虫、毛毛虫变成蛹、破蛹化蝶，直至翩翩起舞的蝴蝶等各时期的状态。这样就完成了一个周期性故事的记叙，照片的可读性就大大地增强了，即便每一张照片都是一幅好作品，但是这样一系列的作品就是经典作品了。

动物微距摄影所包含的内容远远不止这些，比如两栖类摄影、爬行类摄影等，摄影的原理都是相通的。

3.4.5 手机近距拍摄

随着智能手机拍照功能越来越好，手机摄影也越来越普及。相较于单反相机，手机便携性好，十分适合近距离拍摄部分类群的野生动物。智能手机的镜头分辨率目前正飞速提升，Xperia Z1 的镜头达到了 2100 万像素，Lumia 1020 达到了 4100 万像素，而华为 P40 Pro 手机搭载了超感知徕卡四摄镜头，包括 5000 万像素超感知主摄，4000 万像素电影摄像头，1200 万像素超感光潜望式长焦镜头和一枚 3D 深感摄像头。无论手机镜头的像素如何提高，其镜头就是一个广角定焦镜头，适合拍摄大的生境场面，也适合近距离拍摄不具攻击性的野生动物，如小型兽类、蛙、昆虫等。

手机拍摄一般都是"傻瓜"模式，把所有参数都交给手机自动完成，目的是便捷且清晰。在使用手机拍摄时，应注意以下事项。

（1）拍摄模式的选择

目前智能手机一般都有多种拍摄场景的选择，比如微距、夜间模式等，选择不同的模式可以大大提高拍摄照片的质量。

（2）合焦

轻触对焦点来完成合焦，这样就能得到一张清晰的照片。

（3）避免使用数码变焦

许多智能手机的镜头都带有数码变焦功能，但使用数码变焦查看预览时，你会发现在变焦的一瞬间，照片的清晰度明显下降了。所以只要条件允许，只有向被拍摄的动物靠近，以获得大的图像。

（4）像素调整

一般智能手机的像素拥有1300万或者更高的像素，可以在"设置"中调整像素，以解决拍摄输出问题。低像素输出快，上传网络占用流量小，但是图片质量下降严重。所以要根据拍摄需要调整像素。

（5）白平衡

手机白平衡参数基本同相机一样，拥有自动、白炽灯、日光、荧光、阴天等不同的白平衡场景。在一般情况下，可以非常信任数码照相机的自动白平衡，但对于专业艺术摄影人员一般不用自动白平衡，而用手动白平衡。透过相机不同的白平衡模式，摄影师可将影像展现出不同色彩效果。如果在灯光下拍摄夜景，为使画面获得暖色调效果，可把白平衡设定为阳光模式，在这种光源条件下强调橙色的暖色调；当将白平衡设定为白炽灯模式时，白平衡会对灯光的红色调有所控制，画面成冷色调，能比较真实地再现夜景本来的色彩。

使用智能手机拍摄时，如果能充分地运用前述的拍摄技巧，也能获得十分出色的照片（附图3-12）。

3.5 长焦摄影

3.5.1 器材准备

3.5.1.1 相机

拍摄野生动物的环境条件一般比较恶劣，突然的降雨和泥土的沾染是难以避免的问题。因此，需要一台防水、防尘性能好的机器。准专业（大部分是全画幅）以上的机器，机身为镁铝合金，结构严密，密封性较好，耐严酷的环境条件。全画幅机和半画幅机普通相机的机身多为工程塑料，抗摔性和密封性都有所降低，面对严苛的环境很有可能停止工作。建议希望在这个领域长久发展者，选择全画幅镁铝全金属机身。

在这个基础上再选择不同性能的机器，如像素大小，太高的像素会使得机器的平衡性能降低；如连拍张数和相机最高连拍数，在拍摄运动速度快的鸟类和兽类时这个指数尤为重要，在捕捉某些镜头时，如果相机有较高的连拍速度，那么某些精彩的瞬间就会被记录下来；高感值，在昏暗的环境中，如果相机的高感好，那么也可以拍摄出清晰的照片。在选择相机的时候，权衡经济能力和摄影目标物，在能承受的经济压力下，尽量选择性能好的机器，这会在野外的拍摄过程中给予真实的回馈。

3.5.1.2 镜头

如果初涉这个方向，并且还在犹豫徘徊中，则建议可以到二手市场寻觅一只变焦的超长焦镜头，如适马150~500mm，腾龙150~600mm；尼康也有一款200~500mm的变焦镜头。这些镜头的最大焦距达到了500mm或者600mm，可以带来超长焦拍摄的体验，探索神秘的动物世界，带来不一样的摄影体验。

如果认为适合走野生动物摄影这一条路，而资金也不是很充裕，那么建议选择一些入门的镜头，并且在以后的摄影生涯中，还可以继续充当主力镜头。比如，佳能的EF 400mm f/5.6L USM 和尼康的AF-S尼克尔300mm f/4E PF ED VR镜头。这两款镜头有非常优良的光学效果，并且十分轻便，在野外拍摄中十分实用。

如果对动物摄影有一定的了解，并且决定要更新设备，那么大光圈的定焦镜头肯定是非常好的选择（比如，光圈2.8、焦距400mm，或者光圈4.0、焦距500mm）。但同样也要面对这些定焦镜头带来的问题，如过度沉重。如果打算添置这些定焦镜头，那么需要对这些镜头做深入了解，根据自身的需求去选择所需要的镜头。

3.5.1.3 脚架和云台

长焦拍摄野生动物时，三脚架成了标准配置。相机加上镜头通常都会超过2.5kg，长时间手持拍摄不太可能，并且稳定性也是一个大问题。选择三脚架时，尽量选择载重大的三脚架。碳纤维的三脚架质量较轻并且牢固可靠。合金脚架稍微重一些，如果脚管比较粗，也可以得到好的稳定性。碳纤维的脚架脚管越粗，稳定性越好，同时价格也会更加昂贵，而合金脚架则会便宜一些。综合自身的经费预算和实际的需求考虑购买何种脚架。

比较常见的云台有球形云台、悬臂云台和液压云台。球形云台体积有大有小，调整起来不是很灵活，但是稳固性比较高。总体而言，球形云台不适合野生动物摄影时使用。悬臂云台操作灵活便捷，使用时可以轻松地调动整台相机的取景平面，灵活度非常高，即便是在追拍飞行的鸟儿时也有很高的成功率。这是野生动物摄影师中使用率非常高的一款云台。液压云台的原理是在施加给云台一个力量的时候，云台自身有一个反作用力。当快速调整上下倾角时，云台自身反作用力非常大，而较小速度的调整倾角时，反作用力比较小，因此会传递给控制云台的手一个信号。因此，在调整的时候速度比较均匀，液压云台最初使用在摄像方面，但是近来制造工艺难度下降很多，其价格也并不算昂贵。相机摄像功能的增加，使很多野生动物摄影师在拍摄照片的同时也拍摄视频，液压云台调节流畅稳定是一种很好的选择。

在选择脚架时，根据经济情况选择碳纤维或者合金脚架，尽量选择腿管粗的三脚架。选择云台时，悬臂云台或液压云台都是不错的选择。选择三脚架系统时，注意云台和脚架的承重预算。

3.5.1.4 配件

（1）豆袋

顾名思义就是装着黄豆或者其他颗粒的布袋。这种袋子具有良好的吸震性，可以将任何地方变成临时脚架。在汽车中拍摄时，豆袋是一种必不可少的工具。豆袋可以在网上购买或者自己制作。制作方法简单，只需要将晒干的黄豆装进比较厚实的布袋中，然后缝合好就可以了。当然也可以用其他材料，比如泡沫颗粒或者其他，这种新型材料会使豆袋重量减轻不少。

（2）望远镜

一个简单的双筒望远镜就足够了，使用双筒望远镜可以快速地掌握周围的情况。虽然中长焦镜头和相机也具有这个功能，但是小巧的望远镜更加轻便、容易操作。

（3）野外鸟类或者兽类手册

很多时候野生动物摄影带来的惊喜除了目标物种之外，还有一些没有备案或者没有纳入拍摄对象的物种出现。这时候可以对照着野外鸟类或者兽类手册了解相关的物种。

（4）头灯和手电筒、大号塑料袋、各种护具等

功能与微距摄影中同。

3.5.2 相机使用

3.5.2.1 参数设定

在长焦野生动物摄影中，快门速度变成了一个非常关键的限制因素。长焦拍摄时，很多时候都是希望焦距越长越好。焦距越长需要的安全快门时间也就越短，例如，在手持拍摄时，400mm 焦距镜头的安全快门就是 1/400s。1/400s 的曝光时间带来的问题是镜头的进光量非常有限。最大光圈也是一个很重要的限制因素。非常遗憾的是，这些超远摄定焦镜头增大一档光圈的代价非常高。以佳能的 EF 400mm f/5.6L USM（1250g）、EF 400mm f/4 DO IS II USM（2100g）、EF 400mm f/2.8L IS II USM（3850g）这三只镜头为例，（除了光圈大小外，也有一些其他的先进技术体现在更大的大光圈镜头中）光圈大小依次提高了一档，但是重量却依次增加了大约 1 倍。和微距摄影一样，长焦摄影主要强调的是拍摄对象。一张高噪点、画质不好的野生的中小型猫科动物活动的照片，比一张画质极好的松鼠的照片要珍贵很多。所以，在

实际操作中，在条件允许的情况下尽可能提高 ISO 值，换取较高的快门值。光圈设定尽量从最大光圈降一档后使用，不过极端条件下使用最大光圈也没有什么问题。降低快门速度最常用的方法是寻找支持物。比如，将相机架设在三脚架上，使用豆袋找到可靠的支点架设相机拍摄。实在找不到好的支撑物时，将自己变成一个支撑物，注意两臂夹紧身体，降低身体重心，双手持相机依靠大地或者其他坚实物体为支撑。相机架设到三脚架上时记得关闭防抖功能，手持拍摄时打开防抖功能。所以，在拍摄的时候可以选择快门优先，将 ISO 调整成自动状态，这时光圈和 ISO 就属于联动的，可以根据场景变化自动的权衡调整 ISO 参数和光圈参数。

3.5.2.2 对焦选择

在拍摄断续运动的物体比如一只在吃东西并且走走停停的松鼠时，可以在 AF-A（自动伺服自动对焦）模式下对焦。这种对焦模式可以在单次自动对焦和连续自动对焦间切换。在跟拍一只飞鸟或者是高速奔跑的动物时，则应该选择 AF-C（连续自动对焦）模式，在半按快门期间，相机会连续对被摄体追焦。静止状态下拍摄可以选择 AF-S（单次自动对焦），半按快门后，相机会在指定的位置对焦（以尼康相机为例，在佳能相机中也可以找到类似的对应模式）。在尼康相机中具有十字对焦能力的焦点，对焦能力强，可以在对焦时使用这一类型的对焦点，其余的对焦点可以作为辅助对焦点对焦。在画面中心的对焦点对焦和测光是最快速、最准确的，如果实在拿不准可以使用中心对焦。

使用长焦镜头拍摄到的角度非常小，所以只需要稍稍移动镜头或者更换对焦点，就能获得完全不同的构图和场景。

3.5.3 拍摄技巧

3.5.3.1 发现目标

初学拍摄野生动物，可以到公园、住宅小区或者是学校等绿化较好的地方拍摄。这里的鸟儿和小型兽类不甚怕人，拍摄者可以离得很近拍摄。在昆明，红嘴鸥每年冬天都会飞到滇池越冬，甚至进入到市区的翠湖公园等湿地。来往的游客可以和这些鸥类进行非常亲密的互动，这是一个非常难得的学习和拍摄鸟类的机会，可以实践各种拍摄模式和训练自己对器材的熟悉。实践经历之后，对相机的参数和最佳的拍摄模式都有一定的体会，会使自己受益匪浅。

各种鸟兽都离不开水。在有水的地方往往会有惊喜。可以根据不同动物的食性来寻找动物，比如，在公园里一棵成熟的樱桃树肯定会引来不少贪吃的鸟儿和松鼠。野外一条狭窄的磨得光滑的兽道上，会见到很多野生动物的脚印等。

3.5.3.2 接近目标

很多动物并不怕汽车,但是非常怕人,或许是因为动物们也知道汽车不会伤害它们。发现目标之后缓缓地开着汽车靠近,轻轻地摇下车窗,垫上豆袋,然后就可以拍摄了。记住不要在离它们最近的时候熄火。有很多鸟类甚至会主动地靠上来,这时候机会就来了。

在野外看到野生动物时,记住不要与它们对视,保持自己的姿势缓慢移动,用余光看看动物们在哪儿,伺机拍摄。

接近动物的方法很多,但是最推荐的还是用伪装帐篷和伪装网进行伪装拍摄。

拍摄前需要一个详细的考察,包括书本知识和实地的考察。如在野外发现了一个野生动物经常光顾的水坑,每天都有大量的野生动物来此喝水、洗澡。它们非常机警,每次你还在很远的地方,它们就发现了你,并且在你往前靠近的时候它们就起飞逃走了,不论你在水坑旁边待多久,它们就是不飞下来喝水。现在你需要做的是:查阅相关的资料,了解这一带会出现什么动物,并且会有什么样的行为。做好这些准备工作之后,可以选择好的光线和角度,并将伪装帐篷搭建在水坑旁边。在较短的时间内,这些动物对于伪装帐篷还是会非常警惕。经历了一段时间的习惯化过程后,这些动物对帐篷的警惕性将大大降低。你就可以在天亮之前进入帐篷,然后开始你一天的拍摄活动。如果想要得到一个好的镜头,也可以在这些动物晚上离开水坑之后,在水坑周围搭建帐篷的地方向下挖掘。这样就相当于眼睛的水平线和镜头视角非常的低,可以平视野生动物,因此可以拍摄出不同寻常视角的照片。同时向下挖掘有一个好处是,可以靠在土坑边缘,舒适性加强。

前面提及的所谓的习惯化过程,通俗来讲习惯化就是无视化,拍摄者待在动物的警戒范围内,但是动物没有出现警戒行为,而是把拍摄者当空气看待。它们已经确定拍摄者对它们没有伤害,不构成威胁。但是这个过程是建立在长期的相互信任的基础上。比如,西南林业大学周伟教授团队自 2005 年开始在高黎贡山赧亢观察白眉长臂猿(*Hoolock hoolock*),到 2007 年底,通过长达 18 个月的不懈努力,在不投食的情况下,实现了长臂猿群体的习惯化,最近的安全距离缩短至 20~30m。随着野外调查时间的延续,最近的安全距离可至 5m。在此之后,拍摄过程就会变得相对容易,也可以拍摄到一些不常见的镜头,这样的作品就非常地生动并且具有震撼力(附图 3-13)。

3.5.3.3 成组作品

与微距摄影一样,虽然单张的摄影作品可以夺人眼球,但是成组的作品更加让人心动,留给观众的印象会更加深刻。而且,成组的照片可以展示更多信息,在科研上有更多的作用,比如在乡村拍摄喜鹊,如果 4 个季节都有照片,那就可能看到喜鹊哪个月份在繁殖、哪个月份有小鸟出巢。所以一定要仔细地做好功课，了解清楚拍摄目标的行为习性、生活史，如果有足够多的精力和时间，也可以尝试着去习惯化某一种动物。因为在身边就有这样的例子：在公园里经常可以看到松鼠和人精彩的互动。也可以从身边的物种开始，每天加强接触，也可以使用一些小手段，比如饲喂一些健康的食物给松鼠。时间一长，这些小动物就和拍摄者形成了非常密切的关系，那么再拍照片就容易得多。也可以拍下一系列的照片，从它的出生成长到嬉闹玩耍、一直到求偶交配直至死亡。系列的照片如同精彩的小说，观众的心情总会随着主人公而动。

很多野生动物摄影师在拍摄的过程中如同集邮票一样，拍完一个物种之后马上又去寻找下一个物种，似乎摄影的兴趣在于将这些物种收集起来成为一个收藏册。这当然也是成组摄影作用呈现的一种方式。但是，"集邮式"的拍摄到最后会变成追逐稀有、少见的物种，而身边的、常见的物种会变得没有任何吸引力。这不是我们推崇的摄影理念。为了使摄影工作更加有意义，有两种比较可取的方法。第一拍摄某一地域的"切面"，即做区域的调查，将这个地区的生物资源本底调查清楚。虽然拍摄到的物种可能只占到了这个地区物种非常微小的部分，但是这项工作是可以延续下去的，并且不断充实。一个时间段的工作完成之后，作品可能代表着这个地区的物种丰富度的影像资料，并且为后人奠定了一个重要的基础。后人可以在你的基础上继续研究，补充完善。这样的工作非常有意义，也非常必要。物种影像调查确实需要集中人力物力，但可以将庞大的任务细分。比如调查四川省的所有的蛙类，或者是成都市周围的小型兽类等。

第二种方式就是上文所讲的拍摄一个系列的照片，可以使拍摄工作更具有纵深性，比如拍摄某一个物种，记录其生活史的方方面面。可以参考英国广播公司（BBC）的纪录片。纪录片的剪裁总是遵循着两大主线，要么就是一个区域的物种影像记录，要么就是一个系列的故事。多看看这些经典的纪录片会对你的思考和摄影技术有很大的促进。

3.6 动物园拍摄

在动物园拍摄动物比在野外拍摄动物要容易得多，动物园拍摄的关键是如何构图，消除杂乱的背景。这可以利用前面已经讲过的方法实现。即使是在野生动物园里拍摄被关起来的动物，也会考验拍摄者的耐心。但是对于初学者练习摄影技术是很好的方式，因为至少动物都待在那儿，不需要花费时间去等待、寻找。

（1）把握焦点

选择正确的对焦模式以及控制焦点位置，是非常重要的技巧。索尼相机拥有15个自动对焦点，可以自由切换。选择单次自动对焦模式，并选中视野左侧的一个自动对焦点，然后在拍摄时，让动物的眼睛与这一对焦点相重合。

（2）控制曝光

如果太过依赖相机的自动模式，对于如何选择正确的光圈、快门和ISO值总是感到十分困难。依赖于相机的自动设置，虽然也可以拍出不错的照片，但难以万无一失，相机毕竟只是个机器，不具备人脑的灵活性，判断总有出错的时候，所以要想拍出更好的作品，就必须将相机的掌控权把握在自己手中。

（3）注意背景

掌握了关键的相机设置之后，现在需要更多地关注一下背景的选择，也就是整体性的把握。在动物园里，动物所处的环境也非常自然、优美，提供了足够多的背景素材，不过动物们可不像人类模特儿，它们并不会总是主动站在最佳拍摄位置上。你需要全时观察，转移拍摄位置，选择一个更干净的背景，使用长焦镜头也能让画面效果更好（附图3-14）。拍摄时，要求既要观察拍摄主体，也要留意拍摄背景。因此，需要多花一些时间调整拍摄位置，避免背景中出现明显的干扰物，比如栏杆以及其他人造物体。

3.7 水生动物摄影

3.7.1 水族箱摄影

对水族箱动物摄影的要领和技巧，以60cm的水族箱及一盏闪光灯为例做摄影介绍。

第一，暂时关闭水族箱里的过滤系统，并将水族箱内的器具统统移走，以免影响整体水族景观布局。如果水族箱没有使用背景图，在水族箱后方贴上黑色背景纸效果将会比较传神。

第二，使用ISO 400，光圈F4-F5.6，1/30s，活动的鱼也都拍得下来；如果用的是ISO 100，只要将光圈加大2格，也可以拍出相同曝光的照片。底片感光度为ISO 100，闪光灯的感光指数设为20（1盏灯完全发光），光圈则定在F11最为合适（手动模式）。

第三，将三脚架架在水族箱的正前方，相机的高度与水族箱的高度平行，将镜头设定在水族箱的正中央，便可拍出扭曲程度最小的照片。

第四，镜头为50mm时，水族箱前方到底片的距离约为1m，水族箱将刚好填满整个35mm的底片（镜头为28mm时，距离为60cm）。

第五，夜晚摄影时，必须先将房间里其他所有的灯光熄灭，只利用水族箱里的光线摄影，如此才不会有其他景物反射在水族箱的玻璃上。

第六，相机内藏的闪光灯会反射在玻璃上，所以不能使用，要另外准备闪光灯，透过TTL调光钮或快门，和闪光灯的联动钮连接在单反相机上。若利用快门和闪光的联动钮相接，必须采用手动模式。

第七，在水族箱上方准备一个箱子作为固定闪光灯用，箱子用发泡苯乙烯或瓦楞纸都可以，且闪光灯必须离水约30cm；如果是用木板或瓦楞纸做箱子，必须在内侧贴上铝箔纸，如此一来闪光灯的光线便会全部反射至造景缸内；如果背景是黑色，可在箱子内的后方贴上一张宽5cm的黑纸，将使造景跃然于纸上。如果使用带有变焦功能的闪光灯，要将照射的角度设定在最广角上（距水面30cm时水平90°以上）。

第八，最好使用快门线或自拍器来按快门，焦点不易模糊。

第九，如果利用TTL形式拍摄，一定要做曝光补正（调光补正），并且多拍摄几张；如果是用手动形式，也要变化速度、光圈，多拍几张，如此一来方能得到最佳曝光效果。曝光补偿的方法，请参照相机、闪光灯的使用说明书。

3.7.2 水族馆摄影

水族馆里拍摄面临的问题就是玻璃的阻隔导致光线不足、对焦困难和反光。

3.7.2.1 对焦与曝光量

在水族馆里碰到的一大难题就是水族馆里的光线比较暗，拍摄动态的鱼类不好对焦。具体的解决办法如下。

（1）大光圈快速镜头

馆内都是隔着玻璃近距离观看海洋生物，可以很容易拍到特写照片，由于馆内普遍光线昏暗，最好选择大光圈的镜头，50mm F1.4标准镜头非常适合，在保证快门速度在1/60s以上的前提下，光圈在F1.8至F2.8的范围内调节（这个光圈范围锐度好）。如果选择广角镜头，镜头的角度比较大，不可控制的因素比较多，没有标准镜头的可控性强。长焦镜头又会因为安全快门速度要求较快而增加拍摄难度。因此，大光圈的标准定焦镜头是给鱼群拍摄作品比较好的选择。使用大光圈镜头，景深比较浅，但是足以拍清鱼类。

（2）减少曝光补偿加快相机快门速度

在拍摄鱼类时，可以使用相机的"光圈优先模式"拍摄，选择点测光的模式测光，并将曝光补偿减1挡，这样拍摄出的水族馆会更加深邃，可以将很多水里的浮游生物过滤掉，也可以增快快门速度，让拍摄更加有把握，让作品成功率更高。但是在拍摄之后，要养成经常观看相机直方图的习惯，千万不要为了快门速度而让拍摄的作品欠曝光比较严重，否则拍摄出的作品也没有细节。

（3）点对焦全程拍摄

在水族馆内使用三脚架不太方便，一般还是采取手持拍摄，拍摄时身体尽量在水箱边找支撑点，水箱内有灯光照射。一般找到光线最亮的地方等待鱼游过来，选择相机点对焦模式对准最亮的部位聚焦，这样很容易拍出清晰悦目的照片（附图3-15）。还有，鱼类并不是不休止的游动，总有静止的时候，这是最佳拍摄瞬间，要耐心等待和抓拍。另外，一些静止的海葵、珊瑚要比不停游动的鱼类好拍得多。

（4）选择不同的方法和角度拍摄

有的时候，实在忍受不了手中相机高感光度时产生的噪点，而快门速度在不能满足我们想要固定住鱼类的要求时，不如尝试一下利用慢门来进行拍摄。可以让身体倚住墙壁，然后双肘紧贴前胸，以达到稳定的效果。当然如果有三脚架则无须这么麻烦。观察取景器，尽量让快门保持在1s之内，在此基础上，人手还有可能持机较稳。可以利用镜头的透视关系贴近水族箱的一角进行拍摄，让水族箱的曲线形成一种视觉的延伸。注意拍摄的时候使用全区域评价测光的模式即可。

3.7.2.2 反光与杂色处理

在水族馆中拍摄，另一个重要的问题就是玻璃的反光。水族馆里会有各种不同的灯光照明，也会让拍摄的现场显得杂色很多。

（1）镜头贴紧玻璃，并用衣服遮挡

在拍摄水族箱里的动物时，都会遇到反光的问题。可以将镜头直直地顶在水族箱上（还有稳定相机的作用），再用深色衣服将镜头裹住，防止边缘漏光，这样就能拍到通透、没有遮挡感觉的海洋生物。可以选择点对焦模式，慢慢地等待水母自己"游进"画面里，再拍摄。不要为了追拍一个水母而抬起镜头，导致外面的光线进入到镜头中。

通过后期制作，利用Photoshop的画笔工具修复画面中的杂乱元素。有可能前期拍摄出的作品没有办法避免玻璃的反光，那么可以通过后期"修复画笔"，去除光斑。但是，要尽量保证拍摄的主体上没有反光存在。水族馆的玻璃由于清洁不够或者游客的触摸，往往存在很多污迹，也可以通过后期解决。

（2）关闭对焦辅助灯和闪光灯

在弱光下拍摄水族箱总会发现镜头来回地"拉风箱"，总是对不上焦，这与弱光下相机难以对焦有关系，也可能因为你没有关闭相机的自动对焦辅助灯。有的单反相机在拍摄弱光的环境时，为了方便对焦会自动开启一个比较亮的对焦辅助灯。如果拍摄有玻璃的水族箱，这个灯光无疑会制造一个反光。因此，可以将自动对焦辅助灯关掉。另外，绝对不要了为拍摄清楚黑暗的物体而开启闪光灯，这样玻璃将闪光反射回来便什么都看不到了。

3.7.2.3 拍摄注意事项

拍摄静态的生物如珊瑚可以使用三脚架，用较低的快门速度获得清晰的效果。而拍摄动态的海洋生物，不宜用三脚架，因为即使相机没有震动，鱼类的游动也会导致画面模糊。

因为光线昏暗，为了凝固主体，要尽量使用大光圈。应该将镜头紧挨玻璃，在一定程度上固定镜头。

拍摄微光下的动态画面用数码相机，会使用高 ISO，使得拍摄效果能够满足需求。消费型数码相机（一体机，不能更换镜头，从 LCD 上看到的总是清晰的图像）若使用高 ISO 时，一定要按照最大分辨率进行设定，并储存成最高画质，在后期制作时通过软件减轻噪点。

为了防止玻璃反光，可以从不同角度尝试拍摄，不断寻找最佳效果。也可以在取景时多取一些，后期裁切去掉反光的部分，或可以使用偏光镜消除反光后再行拍摄。

3.8 显微摄影

显微摄影既可以让人看到裸眼不能看清的动物形态结构，又可以观察细胞学研究的染色体形态、组织切片的细胞组织结构等。

3.8.1 组织切片拍摄

在形态学研究中，最终取得的照片质量将是决定实验结果的最终依据。学术期刊编辑和审稿专家对论文的评价，也十分注重照片质量。获得一张好的照片，既取决于染色体制备技术和组织切片制备技术，也与显微摄影以及暗室技术有关。

3.8.1.1 准备工作

以 Nikon E200 为例，介绍组织切片拍摄步骤。

（1）确保照相光路系统清洁、无尘，光轴中心准确无误

光轴的调节采用如下步骤：①将视场光阑缩至最小，在显微镜中能看到其八角形影像；②两手分别调节载物台下的左右定心螺丝，使光阑影像与视场中心重合；③调节聚光器高度，使八角形光阑影像由模糊变清晰。每次更换物镜应重新调节。

（2）校正眼睛屈光度

由于每个人眼睛的屈光度不同，在观察显微镜内的图像时存在着一定差异，即某人能看清视野中的图像，但并不意味着别人能看清楚或照相机能够"看清楚"。高级摄影显微镜的取景目镜具有调节屈光度的功能，旋转取景目镜的调节环，直到可以看清双十字线时，表明屈光度已得到校正，此时取景目镜中能够看清楚的图像，在照相机的胶片上也是清晰的。

（3）调节视场亮度

亮度过高容易损失影像层次，有些细节会丢失，但是亮度过低则反差较弱，影像质量降低。

（4）选择组织切片

选择制作良好的玻片，并在需要拍摄的部位做好标记。

（5）选择胶卷

黑白摄影可采用普通的135全色胶卷，彩色摄影方面，由于目前显微镜的光源色温均近似日光，可采用普通日光型胶卷。还要正确设定胶卷的感光度参数，确保卷片正常，以免造成时间浪费。

3.8.1.2 孔径匹配

在显微观察时聚光镜的孔径一般略大于物镜孔径，这样看起来图像比较柔和。但是在显微摄影时，为了提高影像反差，聚光镜孔径一般小于物镜孔径，通常为物镜孔径的60%~80%，一般物镜镜头上，除标有放大倍率外，同时还标有NA值，如10×:0.25、20×:0.46、40×:0.70、100×:1.25等，这两组数字中，前一数值代表放大率，后一数值代表NA值，其中NA值越大者空间分辨率相对越高。如物镜孔径为0.25，乘以80%则为0.2，表明摄影时聚光镜光栏应调节至0.2处。

3.8.1.3 滤色片

合理地采用滤色片能增大图像反差，提高图像质量，在彩色摄影中还可以调节色温。在显微摄影中绿色、蓝色和黄绿色滤光片的使用比较广泛，而红色滤光片一般很少用，因为红光的波长较长，成像质量较差。补色的滤光片能增大图像的反差，而同色的滤光片会降低图像反差，例如用洋红、地衣红、碱性品红染色的染色体玻片，如果采用绿色或黄绿色滤光片则能明显增强反差。

3.8.1.4 注意事项

为了增大反差，往往采用较强的照明，拍摄完后应及时将照明强度减弱，以免烧坏灯泡，同时防止在照下一张照片时，强光刺伤眼睛。

仔细检查胶片是否挂好，以免浪费时间。

初学摄影者在使用手动相机拍摄时，一次可按不同的曝光度多拍摄几张，从中挑出有用的照片。

采用长时间曝光时要防止"滑轮现象"造成影像模糊。

随着科学技术的快速发展，以上介绍的光学组织切片拍摄技术已有了更新的发展，现在可以利用数字切片扫描分析系统对切片扫描成像，一张玻片可在 1~3min 内快速扫描成一张超高清晰度、全信息表达的数字化切片。例如滇蛙（*Rana pleuraden*）趾骨的切片就是利用匈牙利 3D HISTECH 公司的 Pannoramic 数字切片扫描后成像（附图 3-16）。读者可查阅相关文献，了解切片制作和数字切片扫描等方面的详细信息。

3.8.2 显微镜拍摄小型动物或细微结构

通常观察昆虫等小型动物的形态结构使用的是体视显微镜。体视显微镜又称实体显微镜或解剖镜，由于采用双通道光路，双目镜筒中的左右两光束具有一定的夹角，即体视角（一般为 12°~15°），因而能形成三维空间的立体图像，具有立体感强、成像清晰宽阔（景深大）、长工作距离（通常为 110mm，便于解剖操作）同时可连续放大观看样品。生物学上体视显微镜常用于解剖过程中的实时观察。在观察小型昆虫（3mm 以下，虫体不透明）时，由于解剖镜放大倍率一般在 8~100 倍，常常无法看清昆虫一些细微结构，而普通生物显微镜一般有多个镜头可更换，放大倍率为 50~1000 倍，大大提高了分辨率。

3.8.2.1 拍摄程序注意事项

实体显微镜或解剖镜，以 Nikon SMZ1500 为例，其光源一是设在载物台下方的底座上，为透射光路，光从下方透射穿过观察物进入物镜；二是配置了 2 只射灯，可以通过旋钮套扣在物镜上，能够围绕物镜作 360° 调整，此外，连接灯筒的伸缩柄也可调整射灯的高矮和角度。拍摄昆虫或动物的某些表面显微结构的程序和注意事项如下。

（1）标本固定与摆放

需要使用橡皮泥或者其他材料将待拍摄的昆虫或动物较稳定的摆放在观察平台上。无论采用哪种材料辅助固定标本，总的原则是不能破坏或损坏标本。整理待拍摄昆虫的姿态，使其身体主要部位基本在同一平面。如果是拍摄鱼类的口部结构，要用棉花或吸水纸将其表面的水吸干，避免反光。吸水操作要避免留下纤维。

（2）拍摄光源的布置

如果能够利用自然散射光可以获得比较理想的立体效果，则直接用自然光拍摄；当自然光不能满足拍摄要求时，可以通过调整 2 只射灯的高度、角度和强弱，通过目镜检查是否达到理想的立体效果。注意光源不能长期照射在标本上，一是怕高温导致标本损坏，二是怕灯泡烧坏。每次拍摄后就需要将光源调暗或关闭。

（3）焦距调整与拍照

通过调节目镜、变倍环（低倍至高倍）和调焦旋钮，直到目镜获得清晰的图像。昆虫是立体的，鱼类口部表面也凹凸不平，可以考虑以一个参照点作为调焦的重点，使得整体成像清晰。同时，可适当调节射灯的亮度、高度和角度，使图像达到最佳采光效果和立体效果。打开与Nikon SMZ1500联机的电脑软件，通过变倍调节环达到符合需要的放大倍数和需要拍照昆虫的整体或局部图像（构图），点击电脑图像保存提示，根据提示保存到相应的文件夹。注意同一取景可以尝试不同的曝光组合多拍摄几张（附图3-17）。

注意：拍摄完毕需先关闭电脑软件，将光源亮度调至最低，关闭电源，移走标本。

3.8.2.2 分层拍摄立体合成

使用光学显微镜观察昆虫标本时，因昆虫是立体的，往往都超出了显微镜的景深范围（1~100μm），这时获取到的昆虫图片就只能是局部清晰的，该如何去解决呢？首先通过调节显微镜达到样品的不同聚焦层面。这里注意调焦步距要小于景深，若大于景深就会有信息遗失。然后将所有这些层面的图像用数码成像设备拍摄并传输到计算机。这些层面图像中的每一幅都有不同于其他图像的清晰部位，它们分别记录了样品不同部位的形貌和颜色信息。最后经过专用图像处理软件（如Photoshop CS5）或景深扩展软件的分析、融合，最终得到一幅全清晰的高品质图片。

3.9 后期制作

3.9.1 照片裁剪

拍摄的照片由于拍摄时间、条件的限制或者考虑不成熟，画面构图往往不尽如人意，这时可以通过对照片的剪裁或选择性拷贝来达到作者的意图。在科研论文发表时，有时也有照片图版部分，这时合理的剪裁照片、突出特征、节约版面、使图版美观简洁也显得十分重要，将不同的照片组合在一个版面中时，可以采用紧贴（一张挨着一张）、留缝（照片之间保留等距离的缝隙）或照片间加线条框的方法。

3.9.2 修饰处理

数码照片修饰与处理是一门新兴的实用技术，由于顺应了时代发展的趋势与网络化的潮流，受到越来越多摄影爱好者及专业摄影师的关注，并成为他们让照片出彩甚至是挽救废片的关键技术。由于在修饰处理数码照片时，使用最多的软件就是Photoshop，因此数码照片修饰与处理技术又在网络中被称为"P图"。可进行裁剪照片、修复照片、润饰照片、对照片进行调色、改变照片曝光度、改变照片色彩饱和度、修改照片尺寸、从照片中抠图等多项数码照片修饰与处理技术。这方面有专门的著作介绍，此处不赘述。

参考文献

董河东,2014.野生动物摄影与赏析.北京：中国电力出版社.

弗里茨·波尔,2003.自然摄影：动物、植物和风景.徐云凯,译.沈阳：辽宁科学技术出版社.

雷波,2019.数码单反摄影从入门到精通.北京：化学工业出版社.

乔旭亮,2016.摄影入门.北京：化学工业出版社.

奚志农,王放,赵嘉,等,2014.万兽之灵：野生动物摄影书.北京：电子工业出版社.

张词祖,2000.动物摄影（摄影与观察系列）.杭州：浙江摄影艺术出版社.

4 野外痕迹识别与信息采集

提要 野生动物在野外活动时常常留下许多物理性或者生理性的痕迹,为对其进行生态研究提供了良好的数据来源。这些痕迹主要包括动物足迹、粪便、食团等。本章介绍了野生动物野外痕迹的类别、识别方法、采集方法,并介绍了较为典型的运用野生动物痕迹进行生态研究的案例。

在野生动物野外调查和研究中,常常见不到研究动物的个体,或者生态数据来源不是直接来自动物个体本身,而是来自野生动物活动后留下的各种各样的痕迹。这些痕迹或新鲜或陈旧;有些容易发现、有些则需要研究者具有敏锐的能力才可发现。这些痕迹有可能直接来自动物本身,也有些可能是动物活动后在地表、树干或石壁等处留下的一些特征性物理变化。它们或多或少地带有动物个体活动时的一些信息,比如时间信息、个体数量信息、行走方向信息等。如何正确地识别这些痕迹,从而获取野生动物携带的、不易察觉的生态信息,是野外动物生态研究中难度较大的内容。

4.1 野外痕迹的类别

4.1.1 足迹

足迹(foot track)是野生动物活动后留下的最为主要的物理性痕迹,通常是一组足印(footprint)的组合。本章中,将动物单足痕迹称为足印,而将该动物的一组足印称为足迹,如四足行走的哺乳类,一个足迹由 4 个足印组成。将同一个动物留下的一系列足迹称为足迹链(foot trail)(附图 4-1a)。

足迹的形态不仅和动物足、趾的形态相关,还和足迹形成时的地表湿润程度、坡度、前后足、动物运动状态等多种因素相关。哺乳动物的足印表现出极大的差异,有

本章作者:罗旭、袁智勇;绘图:张雪莲

时在一个特定的山区通过一组足印就可以判断是属于哪个物种。与哺乳动物相较，野外发现鸟类足迹的可能性要小得多，原因是鸟类具有相对较轻的体重以及大多数鸟类都不下到地面活动。另外，鸟类足印的差异性也比哺乳动物小得多，通常很难仅仅依据足印判断到物种。因此，在动物生态学研究中，哺乳类的足迹知识运用更加常见。

4.1.1.1 哺乳类

陆生哺乳动物的行走方式可归纳为3种主要模式：跖行性、趾行性和蹄行性。跖行性动物行走时，跗、跖、趾均着地，如熊类、灵长类。趾行性动物以全趾着地行走，如犬科和猫科动物。蹄行性特指有蹄类的行走方式，仅趾端着地行走，如马、羊。行走方式的不同，会在地表留下不同的足印，而属于同一行走方式的动物则会留下相似的足印（图4-1）。

一般跖行性动物运动稍显缓慢，趾行性和蹄行性动物常有小跑或者快速跑动，这种差别会体现在足迹链的形态上。根据动物行走速度的不同，一般可分为行走、小跑、奔跑、跳跃4种步态。

（1）行走

行走是大多数哺乳动物运动的基本形式。动物行走时，四足交替运动，留下的足迹链一般呈现前后间隔的两列平行足印，后足印可能压在前足印上（图4-2a），或者稍微超越前足印（图4-2b）。

（2）小跑

小跑是相对行走而言速度稍快的步态。动物小跑时，两个对角足（左前足和右后足、右前足和左后足）同时运动，存在一个短暂的四足离地的状态。小跑留下的足迹链同样呈现前后间隔的两行足印，但步距明显长于行走时的步距（图4-2c）。速度稍快的小跑，后足印会明显超越前足印（图4-2d）。

（3）奔跑

奔跑是一种快速运动步态，此时动物能量消耗高，一般持续时间短。随着奔跑速度加快，后足印超过前足印的距离增加，步距增加，跨距会显著缩小（图4-2e、f）。

（4）跳跃

跳跃是一种能量消耗高、费力的运动步态，常见于动物受到惊吓或者逃避天敌时。与奔跑足印相似，后足一般落在前足的前方。啮齿动物和兔形目动物跳跃时，后足印几乎垂直于行进线上，前足印则位于行进线内侧，领先的前足可变换，这种跳跃又称为弹跳（图4-2g）。猫科动物跳跃时，其中一个前足印通常被后足印覆盖，仅在地面留下3个足印（图4-2h）。

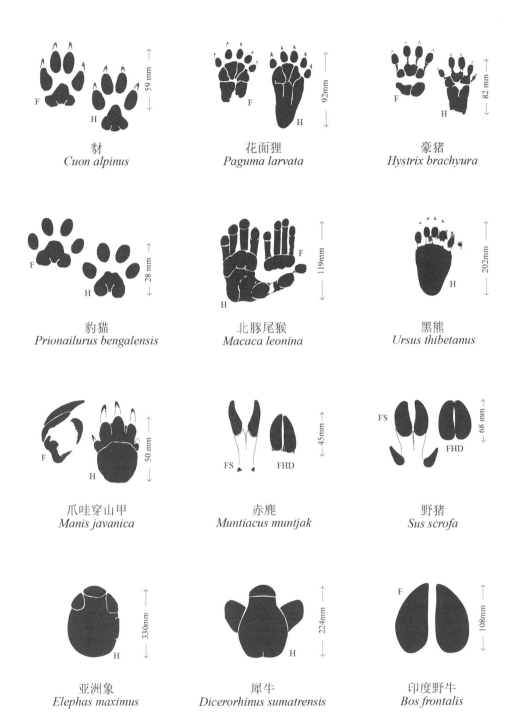

图4-1 常见哺乳动物足印示意图

F：前足印；H：后足印；FS：较软地面的前足印；SHD：较软地面的前足印（2009年中、老、泰三国联合野外实习的教学材料，由泰国农业大学林学院提供）

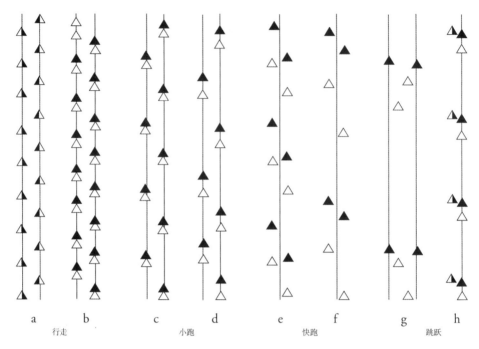

　　　　a　　　b　　　　c　　　d　　　　e　　　f　　　　g　　　h
　　　　　行走　　　　　　小跑　　　　　　快跑　　　　　　跳跃

图4-2　哺乳动物不同步态下的足迹链示意图
△前足印；▲后足印；⧗左前后足印重叠；⧨右前后足印重叠

　　哺乳类足印中的爪印通常较难发现，或者混淆不清。清晰的爪印仅在泥地、沙滩等少数情况下能看清，显示为指（趾）前不相连接的压印，或呈圆形或呈楔状凹陷。更多的情况下，爪印是和足印连接，给辨认带来困难（图4-3）。在该图中，第一趾爪印是清晰可辨认的，第二趾爪印则和趾垫印相连，第三、四趾爪印虽和趾垫印不相连，但却呈现尖形、圆形，第五趾爪印未显现。

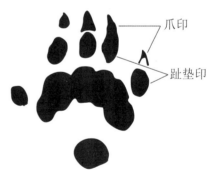

图4-3　爪印和趾垫印的识别

4.1.1.2　鸟类

　　常见的鸟类足印主要来自野生雉类和湿地鸟类，如雁鸭类、鹤类、鸥类和鹳形目鸟类（图4-4）。由于鸟类的足印形态和足型相关，在这些类群中，足型主要涉及常态足和具蹼足。常态足为3趾朝前、1趾朝后，是大多数鸟类具有的足型，如雉类（附图4-1b、c）。鹤类的后趾显著高于前趾，因此通常只见到前3趾的足印。雁鸭类和鸥类具有蹼足，即前3趾间有皮褶，或称蹼膜，但在不同类群中蹼膜发育程度不同。

鸬鹚（*Phalacrocorax* spp.）的 4 趾间均有蹼膜。䴙䴘（*Podiceps* spp.）和骨顶鸡（*Fulica* spp.）的各个趾头两侧均有莲花瓣状的皮褶，称为瓣蹼足。鹭类的第三和第四趾间基部有微蹼，足印呈不对称状。依据足印的形态，可以推断属于哪一个鸟类类群。

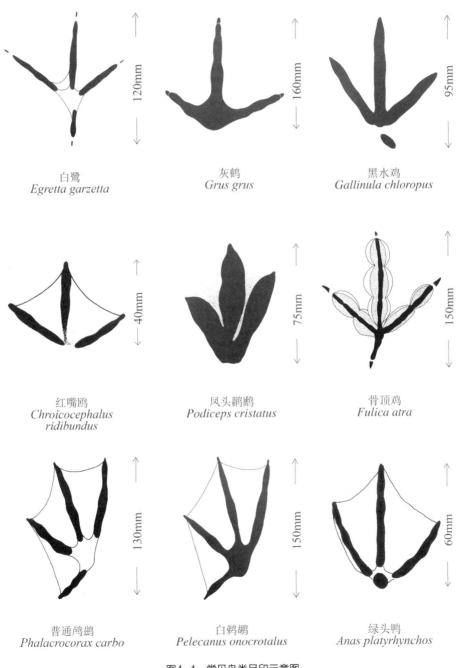

图4-4 常见鸟类足印示意图

然而，在同一个类群的鸟类中，因足印比较相似，就很难依据足印判断具体属于哪一个物种。比如雉类，它们均具有常态足，虽然可以通过足印的大小进行大致推断，但是在鸟类中广泛存在着个体差异、成幼差异，导致这一个标准很难被普遍运用，野外工作时应谨慎地依据足印大小来判断鸟类的种类，除非研究者对这个类群有相当的了解。

鸟类因体重较轻，足印细节通常随地表松软程度而呈现极大的不同，太软或者太硬的地面都会使得足印某些细节特征丧失。比如骨顶鸡，通常在湖泊、湿地周边活动，其瓣蹼足会留下一些清晰可辨的足印。图 4-4 中的骨顶鸡足印，保留了该物种的所有足印细节，趾、蹼、爪印都十分

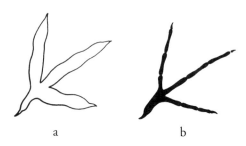

图4-5　地面状况影响鸟类足印示意图

清晰。如果地表过软，则仅会形成蹼足轮廓、而没有内部细节的足印（图 4-5a）。而地表过硬，则仅有脚趾能留下痕迹（图 4-5b）。

鸟类的行走方式主要分为行走（walking）和跳跃（hopping）。鸟类行走时，双足交替前行，足印几乎会处于一条线上，如雉类（图 4-6a）；或者左右足印分开、处于两条线上，如鸠鸽类（图 4-6b）。鸟类跳跃时是双足同时起跳、同时落地，因此足印左右对称、形成规则的足迹链，如鸦类（图 4-6c）。

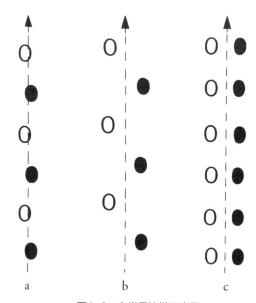

图4-6　鸟类足迹链示意图
a.雉类；b.鸠鸽类；c.鸦类

4.1.2 粪便

粪便是野生动物活动后留下的最为主要的生理性痕迹。关于粪便的科学研究，曾被称为粪学（Scatology）。

4.1.2.1 哺乳类

在野外，通常可依据粪便的形状、大小、内含物和颜色来判断排便动物所属的大致类群。

（1）粪便形状

粪便的整体形状为物种鉴别提供了很好的线索，尤其是在目级水平上。野生哺乳类的粪便大致可分为球状、椭球状、长条状、纺锤状和堆状。一般而言，食草动物的粪便通常较小而略成圆形，而食肉动物的粪便大多较长，呈长条状或发辫状，并带有逐渐变细的末端。球状是兔形目动物粪便的特征。椭球状主要见于偶蹄目动物所排的粪便，这种粪粒的长度为其宽度的2~4倍，前后两颗粪粒有"乳头—酒窝"状嵌套，即前一颗粪粒的"乳头"嵌入后一颗粪粒的"酒窝"中。长条状粪便是食肉动物特有的粪便形状，或连续或中断，长度数倍于其宽度。较粗壮的长条状是犬科、熊科等大中型哺乳类的鉴别特征（附图 4-2a）。猫科动物的粪便常呈间断的长条状，粪尾较尖（附图 4-2b）。鼬科动物的粪便两端都具有长尾。小熊猫（*Ailurus fulgens*）的粪便是典型的纺锤状，两端尖而中部粗圆（附图 4-2c）。豪猪（*Hystrix hodgsoni*）的粪便则显得纤细，中部不显得膨大（附图 4-2d、e）。堆状是大多数有蹄类粪便的特征，主要是因为食物潮湿导致粪便粘成一团或堆在一起难以分辨。

（2）粪便大小

由于粪粒的直径是由动物肠道粗细和肛门的最大扩张程度决定，所以粪粒的大小一般和动物个体大小相关。例如同属于兔形目的鼠兔和野兔，两者粪便的形态均为近球形，但鼠兔（*Ochotona alpina*）的粪粒如胡椒子，野兔（*Lepus sinensis*）的粪粒如豌豆。又如同属于鹿科的水鹿（*Cervus equinus*）和豚鹿（*Axis porcinus*），前者的体长约为后者的2倍，两者的粪便形态极为相似，但是大小却有比较明显的差异（附图 4-2f、g，注意将粪粒与镜头盖上的字母进行对比）。

（3）内含物和颜色

粪便中的某些内含物对鉴别粪便所属物种有指示作用，比如粪便中有鱼鳞指示的可能是貂或者水獭（*Lutra lutra*）；有浆果和坚果则指示为熊类。粪便的外表颜色通常能反应动物取食的食物特征（附图 4-2j），例如食肉动物的粪便新鲜时发绿，颜色偏黑色表明取食较多纯肉，偏灰色则表明食物中含有较多的羽或毛。食草动物的粪便大多呈褐色，但如果颜色偏暗色或者黑色则表明食物较潮湿，偏蓝色则表明食物中有较多的浆果。排放时间较长的粪便一般会变得灰白。

4.1.2.2 鸟类

与哺乳动物相较，鸟类的排泄有较大区别：首先，鸟类的新陈代谢快，粪便一旦形成则很快就排出体外，因此鸟粪通常量少，在野外不易发现；其次，鸟类的排泄系统和泌尿系统的末端均开口于泄殖腔，导致鸟类的粪便和尿酸通常一起排出体外，白色结晶的尿酸附着在粪粒的一端，这是区别鸟粪和哺乳类粪便的最好标志。

野外通常见到的鸟类粪便主要集中在雁形目、鹤形目、鸡形目等大中型鸟类，其他类群的鸟粪较难发现，如雀形目小鸟；或者粪便不成颗粒，如鹭类、鸥类。即使是在雁鸭类或者雉类中，鸟粪的形态变异也相当大，随着食物、季节会有变化，因此对鸟类粪便的鉴定需要极为谨慎。然而，鸟粪可以为研究者提供相当重要的信息，比如鸟类的栖息地点、巢址，因此我们建议在生态研究中，应尽量区分同域分布的相近类群的鸟类粪便，比如高黎贡山林线以上同域分布的雉类是白尾梢虹雉（*Lophophorus sclateri*）和血雉（*Ithaginis cruentus*），前者的粪便一般呈褐色、具有螺旋和较明显的尿酸结晶、较粗（附图4-2h），而血雉的粪便一般呈绿色、不具有螺旋、尿酸结晶也不明显、较细（附图4-2i）。又如在楚雄州南华大中山省级自然保护区研究雉类时，该区域同时分布着黑颈长尾雉（*Syrmaticus humiae*）、白鹇（*Lophura nycthemera*）和红喉山鹧鸪（*Arborophila rufogularis*）3种雉类，对比它们的取食痕迹和粪便较易于区分和识别。黑颈长尾雉的取食痕迹为狭长形坑，坑深4~6cm；粪便为黑色锥状螺旋体，粗大一端附有白色尿酸结晶物。白鹇的取食痕迹为锥形坑，坑深一般7cm以上；粪便多呈柱状体，不呈螺旋状，体积较黑颈长尾雉的大，白色尿酸结晶物较多，覆盖粪体的大部分表面，其余部分为黑色。红喉山鹧鸪无取食坑，仅拨开落叶层取食，为片状取食痕迹；粪便呈微螺旋状，体积相较最小，白色尿酸结晶物覆盖大部分粪体。准确的种类判断是进行雉类生态研究的前提。

4.1.3 食团

鸟类中有一些类群会将食进后不易消化的食物残留如骨骼、羽毛、毛发和几丁质等从胃内反吐出口，形成"食团"，比如鸮类、鹰类、鹭类、鸬鹚、夜鹰（*Caprimulgus* spp.）、海鸥（*Larus canus*）等食肉（食鱼）类群。食团不仅能提供这些鸟类的栖息地点信息，其内容物还能提供这些鸟类的食物信息。这些鸟类类群中，因为鸮类通常将猎物整个吞下，食团中通常留下大量未经消化的骨骼、羽毛、毛发等，这些残留物形态特征比较完整，容易进行种类鉴定。鹰类、鹭类等其他猛禽也都形成食团，但是食团中的残留物比较破碎导致不易鉴定。鹭类、伯劳（Laniidae）和翠鸟（*Alcedo* spp.）能形成可以辨认的食团，但是鸥类和鸦类的食团因食物不同而变化较大，有时难以形成可辨认的食团。

鸟类的食团中会有毛发、羽毛或者骨骼，有时和肉食性小型哺乳类如狐狸的粪便很难区分。有以下特征可将两者区别：一是食肉哺乳类的新鲜粪便通常有特殊气味，粪便呈螺旋状，至少有一端有细而尖的"尾"，鸟类的食团不具有这些特征；二是食肉哺乳类的粪便通常量不大，2~3段是常见的情况，而鸟类通常在较为固定的栖位进食和栖息，因此这些栖位下边的食团通常有较大的量，而且食团的新鲜程度也有差异。

昆虫的几丁质外骨骼有时会对野外鉴定工作造成困扰，比如燕隼（*Falco subbuteo*）的食团和食虫类哺乳动物（刺猬 *Erinaceus eiropaeus*）的粪便均可能含有几丁质残留物，两者的区别如下：燕隼的食团趋于球状，而刺猬的粪便趋于长条状，粪便有螺旋而食团无螺旋，粪便比食团在结构上显得更为紧实。

4.1.4 其他痕迹

4.1.4.1 取食痕迹

草食动物采食之后，在植物上会留下明显的采食痕迹，如鹿类（附图4-3a）。河狸、松鼠等啮齿类动物啃咬树皮会留下明显的啃咬痕迹（附图4-3g）。猛禽捕杀小型鸟类后，在地面也会留下被捕杀鸟类的羽毛和骨骼等残骸，羽毛一般较为分散，那是捕杀痕迹，骨骼一般较为集中，这是猎物死亡后被取食的地点。地面取食的雉类，如白尾梢虹雉，会在地面留下明显的啄食小坑洞（附图4-1d）。

4.1.4.2 栖卧痕迹

雉类常会选择较为固定的地点上树夜栖，这些夜栖点的树干经过一段时候后会变得光滑或者有泥痕覆盖。在高山箭竹林中活动的黑熊（*Ursus thibetanus*），夜栖时会将箭竹进行简单的处理，搭建一个简陋的窝。野猪（*Sus scrofa*）有时选择裸露的地面栖卧，地表会留有一个浅坑，或者在地表植物较多的地方栖卧后，留下明显的痕迹（附图4-3f）。

4.1.4.3 活动痕迹

动物活动时，除了在地面会留下足迹外，有时还会留下一些特殊的活动痕迹，如两栖类中有少数蚓螈类会在泥地上留下行走的凹槽或者洞口，响尾蛇（*Crotalus* spp.）在发起攻击前会用尾部击打沙地，留下圆盘状的痕迹。营地下生活的鼠类，如白尾鼹（*Parascaptor leucurus*）等常掘地打洞，挖掘的坑道常成为它们通行的"路"，由于这些坑道在挖掘时较浅，常在地表形成一条明显的土层松动的痕迹。地栖性的田鼠

（*Microtus fortis*）也会挖掘地下通道，在地表会有明显的洞口（附图4-3h）。穿山甲（*Manis pentadactyla*）也会掘洞，在地面留下明显的洞口（附图4-3i）。

4.1.4.4 体表脱落物

蛇和蜥蜴覆鳞的体表会定期脱落，称为蜕皮。鸟类每年固定季节换羽，野外常见脱落下来的羽毛，如雉类的尾羽、鹰的飞羽。鹿的角、豪猪的棘刺也会脱落。野猪、鹿类在树干上磨蹭后会留下毛发。

4.1.4.5 繁殖痕迹

两栖类繁殖会产生卵泡或卵囊，比如白颊费树蛙（附图4-3c），某些两栖类繁殖时会在泥坑、草垛、树洞、竹洞内留下明显的繁殖巢穴，例如仙琴蛙（*Rana daunchina*）、滇蛙、广西棱皮树蛙（*Theloderma kwangsiensis*）、马来棱皮树蛙（*T. albopunctatum*）等。绝大部分的爬行类具有筑巢的行为，但通常较为隐蔽，例如多数海龟类会将蛋埋于沙洞内，眼镜王蛇（*Ophiophagus hannah*）会将蛋产于落叶和树枝所搭建的巢穴内。洞穴鸟类繁殖季节会在树干、土坎啄洞，留下明显的洞穴痕迹，如翠鸟、啄木鸟（Picidae）、蜂虎（Meropidae）、鸭类（Sittidae）的巢（附图4-1e、f）。营编织巢的鸟类繁殖后，巢还能继续保留一段时间，如黄胸织布鸟（*Ploceus philippinus*）的巢（附图4-1g）。爬行类和鸟类幼体孵化完成后，有些种类会在巢内残留蛋壳碎片。

4.1.4.6 特殊行为痕迹

熊类抓树后留下的爪痕（附图4-3b），大象和鹿类在树干上的蹭痕，犬科、猫科和有蹄类动物的尿迹，这一类痕迹野外不太常见，属于较为特殊的一些动物行为痕迹。这些痕迹有时也能指示动物活动信息，比如蹭痕，高于地面2m的树干蹭痕应是亚洲象所留（附图4-3e），高度较矮的则有可能是鹿类（附图4-3d）或者野猪。又如尿迹，结合足印位置可大致判断排尿动物的性别，雄性动物尿迹点和后足印的距离稍远于雌性动物（图4-7）。另外，部分具有领域行为的爬行类物种也会将爪痕留于树干或石壁上，如科莫多巨蜥（*Varanus komodoensis*）。

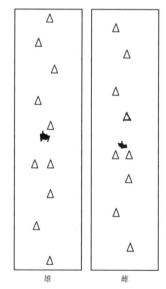

图4-7　雌雄动物尿点和足印的相对位置

野外进行野生动物痕迹搜寻和识别，需要长时间的训练和实践锻炼。一个野外工作经验丰富的研究者和一个野外工作的初学者，在野外能发现的动物痕迹数量大不一样，能获得的生态信息也大相径庭。要想成为出色的野外研究工作者，唯有到野外去观察、去发现。

4.2 野生动物痕迹信息采集

野生动物痕迹的发现通常不太容易，尤其是在人迹罕至的丛林、高山或者荒漠。如果有机会在野外遇到，最好采用较为规范、科学的记录方式，以保存来之不易的信息，便于日后的痕迹鉴定、分析和研究。根据痕迹类别的不同，一般有形态测量、影像采集、实物保存等方式来收集痕迹信息。野生动物的足迹，通常用形态测量或者拓模的方式记录。其他一些由于野生动物活动后，在地表留下的物理痕迹，如取食痕迹、栖卧痕迹、爪痕、刨痕等，通常采用拍照记录的方式。对于粪便和食团等生理性痕迹，这些痕迹材料中包含有大量生态信息，可能需要后期实验处理才能获得，因此通常采用实物保存的方式收集。

4.2.1 形态测量

4.2.1.1 哺乳类足迹测量

（1）单个足印的测量

足印长（print length）：足印全长，从足趾（指）的先端到足印的末端。此项测量不包括爪，因为动物爪的长度随使用强度会发生改变（图4-8）。

足印宽（print width）：单个足印的最大宽度。

图4-8　哺乳类单个足印测量示意图

（2）足迹或者足迹链的测量

①步距（stride）：同侧同足前后足印后缘之间的直线距离。哺乳类正常行走时，步距与动物臀部到肩部的长度相当，即步距可以反映动物个体的大小，这是个体鉴别的重要特征。当动物运动速度增加，步距也会随之增大。

②群距（group distance）：4足印迹单元前后缘之间的距离。

③群间距（intergroup distance）：前一个4足印迹单元后缘和下一个印迹单元前缘之间的距离（图4-9）。

④跨距（straddle）：行进足迹链或者一组足印横跨的最大宽度。当动物快速运动时，跨距会变窄（图4-10）。

以上6项是哺乳类足印中较为通用且重要的测量指标，但不限于这6项。比如犬科、猫科动物，还应测量间垫的长度和宽度；有蹄类动物还应测量蹄间距、偶蹄宽等参数。野外哺乳动物足印特征测量和信息记录表，可以参考表4-1，也可根据需要自行设计。但是记录表中必须包含以下关键信息：日期、地点、生境类型、地表状态。日期是第一个关键信息，涉及季节变化和哺乳动物的生活史阶段，比如夏季单独活动的动物，可能在冬季有集群现象，野外足印就会有足印数目的差异。第二个关键信息是地点，不仅应包含行政区划信息（县、乡或镇、行政村），还应具体到自然村寨、当地地名、山中某个位置等，这个信息对于判断当地可能存在哪些哺乳动物种类至关重要，为判断足印来自哪种动物提供了物种选择范围。第三个关键信息是生境类型，比如热带季雨林、常绿阔叶林、高山草甸、沼泽湿地、季节性溪流等，这个信息有助于判断足印具体来自哪个物种。另一个关键信息是地表状态，比如土壤湿润程度和松软程度、积雪厚度、积雪是否开始融化等信息，会直接影响足印的大小和足印边缘的清晰程度等，这个信息有助于日后解读足印测量数据，减少误判的可能。

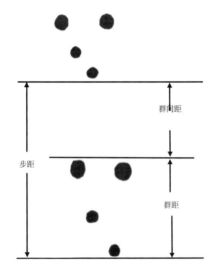

图4-9　哺乳类足迹链测量示意图

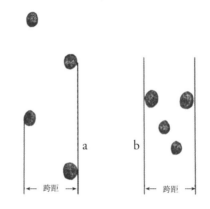

图4-10　两种足样的跨距测量法

a. 犬科的正常走步跨距；b. 兔科的4足群印跨距

表4-1　野外哺乳类足印特征记录表

记录人：	测量人：	日期：	天气：
地点：	经度：	纬度：	海拔：
生境类型：	地表状态：	足印数目：	爪印：有/无
草图：		文字描述： 可能物种：	
足印测量数据（单位：厘米）			

（续）

编号	左右	前足（长/宽）	后足（长/宽）	步距	跨距	群距	群间距
1							
2							
3							
4							
5							
…							
备注:							

4.2.1.2 鸟类足迹测量

由于鸟类是2足行走或者跳跃，因此足迹的测量比哺乳动物稍显简单。

（1）单个足印的测量

足印长（print length）：足印全长，从足印的先端到末端，测量不包括爪印，因为鸟爪的长度随使用强度会发生改变。

足印宽（print width）：单个足印的最大宽度，测量位置见图4-11。

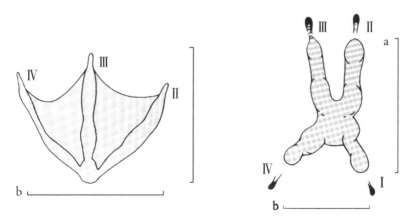

图4-11 鸟类足印测量示意图
a. 足印长；b. 足印宽

在鸟类中，常会出现足印宽大于足印长的情况，这在哺乳动物中是极为罕见的。在野外调查中，倘若不能精确地测量足印长（L）、宽（W）数据，也应在估测后记录"$L>W$、$L<W$、$L \cong W$"等信息。

对单个足印，若沿着第三趾印划一直线，有些鸟类的足印是左右对称的，即第二、第四趾的长度相当、且它们与第三趾间的角度也相当，比如火烈鸟的蹼足足印。

更为常见的情况是左右不对称，如白鹭（*Egretta garzetta*）、凤头䴉䴉、绿头鸭（*Anas platyrhynchos*）等（图4-4）。

（2）足迹或者足迹链的测量

步距（Stride）：同侧同足前后两个足印之间的直线距离（图4-12）为步距，同样可以反映鸟类个体的大小，这是个体鉴别的重要特征。当运动速度增加，步距也会随之增大。鸟类步距测量时，建议选择足印前缘或者足印中心作为起止点，原因是鸟类的第一趾印变化较大，常出现模糊不清的现象。

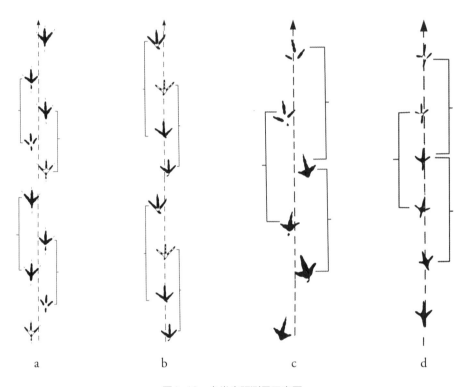

图4-12　鸟类步距测量示意图

a. 乌鸦足迹；b. 黑水鸡足迹；c. 鹤类足迹；d. 鹭类足迹

4.2.2 影像采集

4.2.2.1 拍照

这是最为直观、便捷的痕迹采集方式，尤其是目前数码成像技术普及之后带来的摄影成本降低、摄影工具多样化，使得拍照随时随地都能进行，且容易保存和查找（关于野生动物摄影的基本知识见第3章）。针对野外动物痕迹的拍照需要注意以下事项。

（1）准确曝光、准确对焦、加大景深

野生动物摄影通常需要研究者在极短的时间内做出反应按下快门，但是动物痕迹摄影却可以花上好几分钟，这使得研究者可以根据现场条件选择相机的最佳曝光组合。通常，除对痕迹拍照外，场景的记录很重要，也可通过拍摄做记录，比如足迹链经过的森林类型、栖窝点的地表特征等，缩小光圈以加大景深，可以保留更多的场景信息。

（2）合理利用高感光度、闪光灯以及三脚架

在南方森林中野外工作时，野外痕迹拍摄通常存在光线不足的情况，比如林下的粪便或足迹，为了获取清晰的图像，可以适当调高相机的感光度，或者使用闪光灯。使用相机自带闪光灯拍照，通常会使得拍摄对象留下阴影，这时可以在阴影面对拍摄主体进行人工补光，以消除闪光灯的影响。野外经验表明，利用强光电筒的余光可以达到不错的补光效果。野外调查或者研究，极少有人会携带三脚架，但是可以临时制作一些简易的相机支撑，比如沙袋、豆袋、竹棍、登山杖等，以提高相机的稳定性，在低速快门下获得清晰照片。

（3）选择合适的拍摄角度

多数情况下，在地面的痕迹采用垂直向下的角度拍摄，都能获得不错的照片。但野外自然条件复杂，有些痕迹需要研究者从多个角度进行观察后，选择一个最合适的角度，既能观察到整个痕迹，又能恰当地体现细节。比如林下的鹿类足印，通常需要从动物行进方向以一定的角度进行拍摄，才可能展现足印的深浅和大小。

（4）添加标度尺

在野外痕迹拍摄时，这一点非常重要。痕迹的大小往往携带着某些生态信息，比如动物的个体大小、性别、前后足等。没有标度尺的照片，往往很难判断痕迹的真实尺寸，即使是一张成像完美的照片，也有可能变得毫无科学价值。标度尺可以选择皮尺，钢卷尺、三角尺等带有单位刻度的工具，拍摄时将标度尺与被摄主体尽量靠近，并将刻度尽量保持在一个焦平面上。野外应急时，随身携带的镜头盖、笔、电池和硬币等都可以作为替代性的标度尺（附图4-2）。

4.2.2.2 拓模

对野生动物足印而言，在大多数情况下，拍照是行之有效的影像记录方式。但是，倘若需要得到一些细微的足印特征，比如趾关节长度等，就需要拓模。

拓模是利用石膏冷却后变硬的物理特性，在足印上制作一个动物足的石膏模型。首先，发现足印后，需要用一个环状的塑料圈罩住足印，用力将塑料圈按压进泥土，形成一个封闭的环形空间。塑料圈应稍大于足印，在足印周边需要至少留出1cm的空隙，塑料圈的高度为5~7cm。然后，用水调和熟石膏粉至奶油状，轻轻倒入这个塑

料圈中。轻敲塑料圈，让气泡浮出。此过程中温度会升高，需小心。另外，用水调和熟石膏粉时，一定要用清水，切不可用茶水，因为用茶水调和熟石膏粉，糊状石膏永远不会凝固。待石膏冷却后，将塑料圈连同石膏一起移开。冷却过程需要 15~30min 不等，因石膏厚度而变化。在野外用报纸包好，带回实验室后，待完全冷却变硬后，用毛刷清理石膏上的泥土和杂质，便得到足印的拓模。写上采集信息后可长期保存。

4.2.3 实物保存

野外调查或者巡护时，有时会碰上动物的残骸、骨骼或者尸体，如果腐烂可以就地土埋。如果尚有完好的组织或骨骼，最好能进行实物保存，毕竟野生动物的实物可遇不可求，是很好的教学或者研究材料，应认真对待。动物标本的清理、消毒、制作等内容，请参见本书第 1 章。

对于粪便，可以采取干燥保存的方法。在野外采集时，可以用纸质信封或者封口塑料袋对不同的粪粒分开快速封装。回到营地后，尽快地将粪粒取出进行干燥处理，否则潮湿的粪粒会发霉变质。每一包（袋）粪样需放入采集标签，注明采集时间、地点、采集人、生境信息等。干燥处理应避免阳光暴晒或者大火烘烤，因为容易导致粪粒开裂或者破碎，最好在阴凉处自然晾干或者小火烘干。干燥过的粪粒可保存数月至数年，视保存环境的空气湿度而有变化。湿度较大的地点，如山区或者多雨的南方城市，粪样的保存需要定期除湿或者密封保存。如需长期保存粪粒，防止外表部分脱落，可在其表面涂透明保护层，如清光漆或者喷塑。

食团的干燥保存可以参照粪便的处理方式。鸟类羽毛、鸟巢、蛇蜕等材料也可通过干燥的方式对实物进行长时间保存。

4.3 基于野生动物痕迹的生态研究案例

野生动物时刻都在进行新陈代谢，在粪便经过肠道时，会有一些肠道脱落细胞混在其中，随粪便排出体外，这意味着从粪便中可以分离出排粪者的 DNA，可用于分子遗传学分析。野生粪便的获取，不用干扰它们的正常活动，也比毛发等其他携带 DNA 痕迹的材料更容易寻找，因此在哺乳动物和鸟类的生态研究中运用较多。

4.3.1 种群数量估算

研究案例：四川王朗国家级自然保护区大熊猫（*Ailuropoda melanoleuca*）种群数量估算的研究（Zhan et al., 2006）。

种群数量统计是野生动物调查、研究中较难的内容，即使是对大熊猫这样的旗舰物种，它的种群数量也很难通过传统调查手段获得准确的数据。四川王朗国家级自然保护区（以下简称"王朗自然保护区"）是中国最早开展大熊猫调查的保护区，在1968年第一次全国野生动物普查时调查结果估计为196只，1985年第二次全国野生动物调查结果仅为19只，1998年第三次全国野生动物调查为27只。大熊猫的粪便在野外常见，较容易获取到足够的样本，可利用粪便中携带的DNA进行遗传分析和种群估算。

研究者在王朗自然保护区及周边地区采集了2003—2004年的大熊猫粪样，提取粪便中的DNA，筛选出9个微卫星分子标记位点，共确定了95个不同的基因型，其中，王朗自然保护区有66个，白马8个，黄龙10个，勿角6个，以及王朗和勿角共享的5个。在王朗（白马）的种群中，虽然3个基因位点偏离了哈代—温伯格定律（Hardy-Weinberg law，指在理想状态下，各等位基因的频率和等位基因的基因型频率在遗传中是稳定不变的，即保持着基因平衡）的期望值，但总体上种群处于平衡，观察到的杂合度为0.625。等位基因的平均值为5.4，平均平均近交系数（F_{IS}）为 –0.033。基于DNA标记重捕模型，使用CAPWIRE软件估计大熊猫种群大小在67（95%置信区间：66~68）和72（66~81）只个体之间。模型估计的最低值均为66只个体，因此，66应该作为王朗自然保护区大熊猫种群大小的保守估计。同时，分子检测还发现其中雄性35只，雌性31只。这个种群数量结果比1998年的调查结果增加了100%，表明传统调查方法在大熊猫数量估算中有一定的局限性。同时，研究者并未观察到遗传瓶颈和近亲繁殖现象，表明如果大熊猫的栖息地得到有效保护，王朗自然保护区的大熊猫种群有可能恢复到历史水平。

该研究表明传统的大熊猫种群数量调查结果和利用分子信息估算的结果存在较大差异，类推到其他保护区，那么全国的大熊猫种群数量应远高于第三次全国调查所估计的1596只，这对大熊猫的保护来说是一个利好消息。

4.3.2 食物组成分析

利用动物的粪便、食团，可通过显微分析、DNA鉴定等方法研究这些粪便或者食团中的组成成分来自哪些物种，从而获得关注对象所取食的食物组成信息。

4.3.2.1 植食性动物粪便的显微分析

研究案例：云南高黎贡山两种同域分布雉类冬季的食物分析及取食策略（罗旭等，2016）。

研究野生鸟类食谱的方法有直接观察法、胃（嗉囊）内容物分析法、取食痕迹观察法以及粪便显微分析法等。在濒危野生动物研究中，十分强调非损伤性取样，粪便显微分析法因其对动物无伤害，逐渐成为常用的食物组成分析方法。野生白尾梢虹雉和血雉在高黎贡山高海拔地带属同域分布，它们在冬季主要以植物性食物为主。该研究采用粪便显微分析法对高黎贡山同域分布的白尾梢虹雉与血雉进行食物组成研究，旨在弄清这两种濒危雉类越冬期间（12月至次年2月）的食谱以及它们对食物资源的竞争状况。两种雉类的活动痕迹及粪团特征区分明显，可保障研究材料来源的可靠性。研究者于12月及次年1月、2月分别采集两种雉类的粪样，采集时以新鲜、湿润的粪团为主，不采集已经干燥或呈灰白色的陈旧粪便，以确保采集的粪样为当月的排泄物。同时采集栖息地植物样品，制作对照植物表皮细胞制片，对典型细胞特征拍照，以做对照检验。

实验时，粪样用浓硝酸硝化，用树胶封装制片。在显微镜下，从粪样制片左上角开始判读，在每个有效视野中记录植物种类及所属部位及该视野内总的可辨认碎片数、每一种可辨认植物碎片及未知种碎片数。粪样碎片判别依据对照植物表皮细胞图。

结果表明：白尾梢虹雉取食48种植物，血雉取食43种植物，两种雉类的食物多样性指数分别为3.21和3.35，食物生态位重叠指数达0.598，有27种植物被两种雉类共同取食，且在各自食谱中所占比例甚高；较高的食物多样性和食物生态位重叠度表明两种雉类冬季食谱拓宽，指示这两种雉类在冬季可能存在食物竞争；食物种类和取食部位的分化是它们得以同域分布和长期共存的基础；结合这两种雉类的食谱特征和野外取食行为，提出它们冬季的取食策略假说：白尾梢虹雉采取以植物根为食和雪后向低海拔迁移寻求替代食物这两种策略来应对冬季食物不足，而血雉则采取集群游荡以扩大种群取食范围的策略。

该研究获得了这两种雉类在冬季的食物组成，获得了比以往研究更为量化的数据，表明粪样显微分析方法在植食性鸟类食性研究，特别是濒危雉类食性研究中具有可行性。

4.3.2.2 肉食性动物粪便的显微分析

研究案例：用分子手段对4种同域分布肉食动物的粪便研究（Farrell et al.，2000）。

美洲狮（*Puma concolor*）和美洲豹（*Panthera onca*）是南美洲同域分布的两种大型食肉动物，均为濒危物种，弄清这两种猫科动物的食物组成对其保护十分重要。然而，基于粪便样品研究食物组成的工作常受到同域分布的其他小型食肉动物粪便的干扰，因此，正确判别野外粪便是哪个物种排出的就显得十分重要。粪样判别的形态研究经验通常是依据粪便的直径，即直径大于25mm是美洲狮和美洲豹（文中定义为大型食肉动物），直径小于25mm是小型食肉动物（同域分布的食肉动物主要为虎猫 *Leopardus pardalus* 和食蟹狐 *Cerdocyon thous*），这种判别标准通常会因为粪样大小变异而发生误判。比如，就有研究发现美洲豹的粪便直径有短于20mm的情况，而虎猫的粪便直径也有27mm的记录，这为美洲狮和美洲豹的食物组成研究带来了较大的干扰。该研究期望利用粪便中的DNA信息来判定粪便是何种动物排出，并通过分析粪样来判断捕食者的猎物组成，结果不仅可验证粪样形态判定标准的可靠性，也能使得这4种同域分布的食肉动物食物组成研究结果更为可靠。这是运用分子生物学技术研究同域分布多种食肉动物食性的首次尝试。

野外研究在委内瑞拉西部的热带稀树草原上进行。研究者野外共收集到239号食肉动物的粪便样品，其中，70号粪样的直径较大，可能是来自美洲狮和美洲豹。挑选其中保存较为完好的34号粪样进行DNA扩增，以研究这些粪样是何种动物产生。实验时，首先使用Qiagen试剂盒提取粪样中的线粒体DNA，使用一对通用引物对细胞色素b基因上的一段长度为308bp片段进行PCR扩增。然后，为了提高序列比对时的准确度，研究者设计了第二对引物来扩增其中的146bp，这是小型食肉动物的特定片段，物种鉴定可基于该序列中的34个可变位点。最终，仅20号粪样的DNA被成功扩增并完成测序。另一方面，研究者利用这4种同域分布的食肉动物的血样，同样对细胞色素b上的146bp进行了扩增和测序，得到物种参考序列，作为粪样研究结果的参照。

研究结果显示，34号粪便样品中有20号被成功扩增和测序，其中，16号粪便样品的DNA序列与捕食者物种的参考序列完全匹配，另外4号样品与参考序列比较仅有1~4个碱基对的差异。这些成功匹配的粪便样品，保存时间最长达到3年。采集于旱季的样品，有66%能成功提取DNA并扩增。而采自雨季的样品实验效果差，7个样品中仅有2个成功扩增出序列用于鉴定。这表明了在利用粪便DNA作为食肉动物物种的分子鉴定技术中，在潮湿季节里有两点局限：一是野外难以获得完整的粪便样品；二是霉变导致这些样本难以获得DNA信息。

准确鉴定的这20号粪样，其中，3号来自美洲豹，5号来自美洲狮，10号来自虎猫，2号来自食蟹狐。以传统的直径25mm来区分这些粪样，10号小型食肉动物的粪样会被错误地归入大型食肉动物（83%），仅1号大型食肉动物的粪样被错误地归入小型食肉动物（12%），表明以25mm作为区分标准，小型捕食者更可能被错误定为大型捕食者，因此，形态区分标准应上调。若新定26.5mm作为区分标准，则被错判的概率会大大降低。这表明引入DNA鉴定技术后，可以大大提高依据粪便形态鉴定物种的准确性，这在生态研究和物种保护中有不言而喻的好处。

粪样中的食物组成分析表明，传统形态区分分组和DNA技术区分分组得到的食物组成结果差异显著，主要表现在大型肉食动物的食谱变化：小型哺乳类食物完全从美洲狮和美洲豹的食谱中消失，它们的食物完全是中小型哺乳类。虎猫和食蟹猴的食谱中，大型哺乳类消失，但新增了爬行类、鸟类、鱼类等传统研究中没能发现的种类。该结果显示出这4种同域分布的食肉动物的食谱分化：大型猫科动物主要取食大中型的猎物，而食蟹狐和虎猫则捕食除了大型哺乳动物之外的所有种类，它们的食物生态位宽度更宽。

4.3.3 活动模式—栖息地选择

通过对巢穴的数目、大小或位置的统计分析，可研究不同物种或种群对栖息环境的选择，群体内的年龄结构组成以及不同季节的活动模式。

研究案例：巴西亚马逊河巨龟（*Podocnemis expansa*）的巢穴布局研究（Junor，2009）。

研究表明，对大多数爬行动物来说，温度、湿度和气体交换是影响其孵化率和性别决定的最重要的物理变量，因此，这些外在的环境因素直接影响其对筑巢地点的选择。亚马逊河巨龟是南美最大的淡水龟，主要栖息于河槽附近，呈现出群居性的繁殖筑巢习性。筑巢地点的选择直接影响亚马逊河巨龟的胚胎形成、卵的成活率和性别比率。巢穴的湿热环境绝大部分取决于沙滩的地质特征，例如沙质、与河水水位相关的巢穴高度等。除此之外，通往沙滩通道的坡度也可能影响到巢穴的选择，坡度太大可能会阻碍进入沙滩。

基于以上背景，研究者在巴西中部的阿拉瓜亚（Araguaia）河地区，对分布在那里的亚马逊河巨龟筑巢地点的选择进行了详细研究。阿拉瓜亚河在4月达到最高水位，10月份达到最低水位。在5~10月的旱季，阿拉瓜亚河的水位急剧下降，暴露出大量的可供亚马逊河巨龟筑巢的沙洲。通过察看亚马逊河巨龟前一天晚上在沙滩上留下的爬行足迹可以找到它们的巢穴。同时，对这些巢穴用编号的木棍来识别，并按照标准的程序分类记录。

采用卷皮尺、罗盘、GPS和ArcGIS绘制沙滩的主要沉积特征和地貌特征；用folk/wentworth完成沙质粒度分级分析；采用Kem水准仪以5mm的精度测量巢穴的高度。巢穴的高度是指从河水水位到巢穴沙滩表面的垂直距离。筑巢区域大都是平坦的，很少有小的、分散的沙丘。大多数巢穴都出现在筑巢区域的中心部位，巢穴间的高度差异很小。因此，筑巢区域中心的高度被用来作为巢穴高度计算的参考。采用方差分析法（ANOVA）分析不同沙滩的产卵时期和巢穴高度的变化，统计差异是否显著。

研究结果显示，亚马逊河巨龟筑巢地点的选择与沙滩的沙质、沙滩通道的坡度以及筑巢高度显著相关。在同一年里（5~10月），对所有的22个沙洲进行了巢穴统计，结果显示，6个沙滩上没有巢穴，15个沙滩上仅有1个巢穴记录，只有2个沙滩（4号沙滩和6号沙滩）上呈现出了显著的筑巢现象。整个地区被确认的352个巢穴中有276个是在1个沙滩上，占了巢穴总数的78%。沙质分析结果显示，2号、4号、6号、7号、12号、17号、18号、20号、21号沙滩的砂质多为泥沙组成，易于筑巢；而其他沙滩以粉沙为主，其底质非常坚硬，很难被挖开。此外，有筑巢的沙滩边缘的坡度显著小于非筑巢的沙滩，揭示了沙滩通道较高的坡度很可能阻碍了亚马逊河巨龟进入沙滩筑巢。这也说明了2号沙滩尽管具有适宜的沙质，但由于坡度太大造成通往沙滩的通道受阻，无法进入筑巢。最后的统计结果显示，亚马逊河巨龟筑巢点的最小高度大于1.3m，平均为1.9m。在阿拉瓜亚河地区，沙滩的高度很少超过2m，因此，亚马逊河巨龟没有太多的筑巢地选择。在巢穴的聚集度较低或没有巢穴聚集的沙滩上的最高位点的高度基本上不会超过1.5m。巢穴密度较高的点通常位于河水水位之上平均2m的地方。孵化期位于沙滩低处的巢穴可能会由于河水水位上涨而被淹没，从而导致胚胎致死，影响孵化的成功率。因此，针对这一状况，在亚马逊河巨龟筑巢点较低的地点需要采取包括迁移巢穴在内的预防措施。

该研究表明，通过足迹可以监测到亚马逊河巨龟的巢穴，揭示影响该物种筑巢地点选择的外在环境因素，从而可以采取人为措施，有效地对该物种进行就地保护。

参考文献

胡锦矗, 吴攀文, 2006. 大中型兽类踪迹在野外考察及研究中的运用. 西华师范大学学报(自然科学版), 27(1): 14-19.

罗旭, 吴太平, 黄安琪, 2016. 云南高黎贡山两种同域分布雉类冬季的食物分析及取食策略. 生态学杂志, 35(4): 1003-1008.

马世来, 马晓峰, 石文英, 2001. 中国兽类踪迹指南. 北京: 中国林业出版社: 3-74.

王戎疆, 2001. 粪便DNA分析技术在动物生态学中的应用. 动物学报, 47(6): 699-703.

BROWN R, FEGUSON J, LAWRENCE M, et al., 2003. Tracks and signs of the birds of Britan and Europe (Second Edition). London: Christopher Helm.

FARRELL L E, ROMAN J, SUNQUIST M E, 2000. Dietary separation of sympatric carnivores identified by molecular analysis of scats. Molecular Ecology, 9: 1583-1590.

JUNIOR P D F, CASTRO D T A, 2009. Nest placement of the Giant Amazon River Turtle,

Podocnemis expansa, in the Araguaia river, Goiás State, Brazil. AMBIO: A Journal of the Human Environment, 3: 212-217.

KOHN M H, WAYNE R K, 1997. Facts from feces revisited. Trends in Ecology and Evolution, 12(6): 223-227.

ZHAN X J, LI M, ZHANG Z J, et al., 2006. Molecular censusing doubles giant panda population estimate in a key nature reserve. Current Biology, 16(12): 451-452.

5 野生动物疾病预防技术

提要 本章介绍救护、保育的野生动物传染病、寄生虫病、非传染性普通病的预防方法。野生动物传染病、寄生虫病主要从消除传染源、切断传播途径、保护易感动物方面预防;非传染性普通病主要是去除、远离致病因子或做好防护,让动物免受环境中的物理和化学性致病因子伤害,从而达到预防疾病目的。无论传染病、寄生虫病、非传染性普通病预防,均需要动物机体有良好防御能力,保持动物机体防御能力方法是维持动物防御系统健康完整、动物饲料营养全面、减少应激等。

动物疾病可分为传染病、寄生虫病和非传染性普通病三大类。在自然环境中,野生动物发生疾病情况较难发现。但是,救护野生动物时,从野外转入人工集中饲养与保育复壮过程中,由于动物难以适应新环境和养殖密度增加等原因,各种疾病时有发生。因此,在野生动物保育复壮与饲养利用过程中应重视疾病预防工作,贯彻"预防为主,防重于治"的方针,应该做到以下方面:首先,注意日常环境的消毒,去除(远离或防护)环境中各种致病因子,免疫及药物预防等,以减少野生动物疾病发生;其次,饲料应保持营养平衡,让动物能获得足够的氨基酸、维生素和矿物质,为机体健康提供物质基础;第三,加强饲养管理,注意将动物饲养于合适环境,适当运动,饲料营养全面,减少应激,增强动物机体本身抵抗力以抵抗疾病发生。

5.1 传染病预防

凡是由病原微生物引起,具有一定潜伏期和临床表现,并具有传染性的疾病称为传染病。传染病有如下特征。

本章作者:李明会、段玉宝

(1)由病原微生物引起

每一种传染病都具有特定致病性微生物存在，如猴结核病是由结核分枝杆菌引起。

(2)具有传染性和流行性

从患传染病动物体内排出的病原微生物，侵入另一易感性的健康动物体内，就能引起同样症状的疾病，并能在动物群中互相传染。当条件适宜时，在一定时间内、在某一地区易感动物群中可能有许多动物被感染，致使传染病蔓延并流行。

(3)发生特异性反应

在传染病发展过程中由于病原微生物的抗原作用，机体发生免疫生物学改变，产生特异性抗体和变态反应等。

(4)获得特异免疫

耐受过传染病的动物，在通常情况下均能产生特异性免疫，机体在一定时期内或终生不再感染该种传染病。因此，传染病可以通过免疫接种预防。

(5)具有大多数传染病的特征性临床表现

有一定的潜伏期；从发病到痊愈（或者死亡），有一定的病程和经过。

(6)具有明显流行规律

传染病流行时都有一定的时限，而且许多传染病都表现出明显的季节性和周期性。

传染病对动物健康危害严重，动物传染病中的人兽共患病能传染人，从而引发公共卫生问题，传染病给动物和人类带来极大威胁。因此，动物传染病预防非常重要。动物传染病防治措施可分为发病时扑灭措施和平时预防措施，前者是以扑灭已经发生的传染病为目的，后者是平时进行以预防传染病发生为目的，二者相互联系、互为补充。

5.1.1 传染病扑灭措施

对已经发生的传染病的防疫措施就是将其限制在局部范围内加以就地扑灭，以防止传染病在易感动物中蔓延。发现传染病时按《中华人民共和国动物防疫法》和《中华人民共和国进出境动植物检疫法》执行。

5.1.1.1 诊断和上报

当动物突然死亡或怀疑发生传染病时，应立即通知兽医。在兽医尚未到场或尚未作出诊断之前，应采取下列措施：将疑似传染病的有病动物隔离，派专人管理；对有病动物停留过的地方和污染的环境及用具消毒；完整保留有病动物尸体；严禁宰杀和食用。

根据《中华人民共和国动物防疫法》的规定，饲养、生产、经营、屠宰、加工、运输动物及其产品的单位和个人，发现动物传染病或疑似传染病时，必须立即报告当地动物防疫检疫机构。特别是可疑为口蹄疫、高致病性禽流感等重要法定传染病时，一定要迅速向上级有关部门报告，并通知邻近单位及有关部门注意预防工作。国务院兽医主管部门负责向社会及时公布全国动物疫情，也可以根据需要授权省（自治区、直辖市）人民政府兽医主管部门公布本行政区域内的动物疫情。其他单位和个人不得发布动物疫情。

5.1.1.2 紧急接种

紧急接种是指在发生传染病时，为了迅速控制和扑灭疫情而对疫区和受威胁区尚未发病的动物进行应急性计划外免疫接种。紧急接种以使用免疫血清较为安全有效，用免疫血清进行被动免疫，可立即产生保护力，但维持时间仅半个月左右，但因血清用量大、价格高、免疫期短，因此根据需要选择使用。

在疫区应用疫苗作紧急接种时，必须对所有受到传染威胁的动物详细观察和检查，仅能对正常无病的动物以疫苗紧急接种。对有病动物及可能已受感染而处于潜伏期的动物，必须在严格消毒的前提下立即隔离，不能再接种疫苗。紧急接种是在疫区及周围的受威胁区进行，受威胁区的大小视疫病的性质而定。某些流行性强大的传染病如禽流感和口蹄疫等，其受威胁区在疫区周围 5~10km 以上。这种紧急接种的目的是建立"免疫带"以包围疫区，就地扑灭疫情，防止扩散蔓延。

5.1.1.3 隔离与封锁

（1）隔离

在发生传染病时实施隔离，将有病动物、可疑感染动物和假定健康动物分类隔离开。将不同健康状态的动物严格分离、隔开，完全彻底切断相互往来接触，以防疫病的传播、蔓延，以便将疫情控制在最小范围内，加以就地扑灭。

（2）封锁

当确诊为小反刍兽疫、绵羊痘和山羊痘等一类传染病，或二三类传染病呈现爆发性流行时，县级以上地方人民政府兽医主管部门应当立即派人到现场，划定疫点、疫区、受威胁区，调查疫源，及时报请本级人民政府对疫区实行封锁。在封锁期间，禁止染疫、疑似染疫和易感染的动物、动物产品流出疫区，禁止非疫区的易感染动物进入疫区；对发病动物采取扑杀、销毁或无害化处理等措施；对出入疫区的人员、运输工具及有关物品采取消毒和其他限制性措施。

当疫区内最后一只发病动物扑杀或痊愈后，经过该病一个最长潜伏期以上的检测、观察，未再出现发病动物时，经彻底清扫和终末消毒，由县级以上农牧部门检查合格后，经原发布封锁令的政府部门发布解除封锁令，并通报毗邻地区和有关部门。

5.1.1.4 传染病治疗

对传染病患病动物治疗,一方面是为了挽救有病动物,减少损失;另一方面也是为了消灭传染源,是综合性防疫措施中的一个组成部分。对于流行性强、危害严重的传染病,必须在严密封锁或隔离的条件下进行。

(1)特异性疗法

应用针对某种传染病的高度免疫血清、痊愈血清(或全血)、卵黄抗体等特异性生物制品进行治疗,称为特异性疗法。抗生素为细菌性传染病的主要治疗药物。使用抗生素时应注意:掌握抗生素的适应症,最好以分离的病原菌进行药物敏感性试验;合理应用抗生素要考虑到用量、疗程、给药途径和不良反应;抗生素的联合应用,以通过协同作用增进疗效,如青霉素与链霉素的合用可表现协同作用。

(2)化学疗法

应用磺胺类药物、抗菌增效剂、硝基呋喃类、喹诺酮类、中药抗菌药(黄连素、大蒜素)等多用于动物肠道感染抗病毒药物;抗病毒感染的药物近年有所发展,但较少,毒性较大,例如吗啉双胍、三氮唑核苷(病毒唑)、干扰素等。

(3)对症疗法

使用退热、止痛、止血、镇静、解痉、兴奋、强心、利尿、轻泻、止泻、输氧等方法,对症疗法主要起缓解症状,挽救生命作用。

5.1.1.5 杀虫灭鼠与防鸟

(1)杀虫

蚊蝇等是动物疫病的重要传播媒介,杀灭媒介昆虫在预防和扑灭动物疫病方面有重要意义。常用的杀虫方法有:物理杀虫法,如某些专用灯具;化学杀虫法,如化学诱剂;生物杀虫法,如养柳条鱼或草鱼等灭蚊;药物杀虫法,如拟除虫菊酯类杀虫剂。

(2)灭鼠

鼠类是多种人兽共患传染病的主要传播媒介和传染源,经其传播的传染病有土拉杆菌病、钩端螺旋体病等。因此,灭鼠具有重要的意义。灭鼠工作应从两方面着手:一方面,经常保持圈舍及周围的整洁,及时清除饲料残渣,将饲料存贮在鼠类不能进入的房舍内,使鼠类不能得到食物,可以大大减少鼠类的数量。在墙基、地面、门窗等方面都应力求坚固,堵塞洞道。另一方面,直接杀灭鼠类,灭鼠的方法大体上可分两类,即器械灭鼠法和药物灭鼠法。器械灭鼠法即使用鼠笼、鼠夹之类工具捕鼠,应注意诱饵的选择、布放的方法和时间,诱饵以鼠类喜吃的为佳;药物灭鼠法即应用杀鼠灵、安妥和氟乙酸钠等药物诱食。

（3）防鸟

在传播疫病方面，鸟类比鼠类的传播范围广和传播速度快，在禽流感等疾病防控方面有重要现实意义。因此，养殖场应重视防鸟工作，尽量防止鸟类进入圈舍。

5.1.2 传染病预防措施

传染病平时预防有两层含义，一是通过隔离检疫措施，阻止某种传染病源进入一个尚无该传染病的养殖场、地区或者国家；二是通过消毒、免疫接种和药物预防等措施，保护动物免遭已存在该区域的疫病传染。

5.1.2.1 隔离检疫

隔离检疫就是严禁从疫区引进任何动物。野外捕捉和其他引进动物（含外出参展及交流回转）要隔离1~2月，目的是观察这些动物是否健康，以防把感染动物引入新的地区或动物群体，造成疫病传播和流行。资料显示，1989年，随着猕猴从菲律宾的引入，埃博拉病毒被传入美国，造成了猴群爆发灾难性埃博拉病。20世纪70年代，某动物园从上海动物园引进一批水鸟，没有检疫和隔离就混群饲养，不久该动物园原有的全部鸟类发生传染病，大批死亡。以上案例说明，引进动物隔离检疫是非常必要的，隔离检疫确认无任何传染病方可混群，以免出现毁灭性的传染病，造成不可挽回的损失。

5.1.2.2 消毒

消毒是利用物理、化学和生物学的方法清除并杀灭外界环境中所有病原体的技术措施。它可将养殖场、交通工具和各种被污染物体中病原微生物的数量减少到最低或无害的程度。及时正确的消毒能有效切断疫病传播途径，阻止疫病的蔓延与扩散，是重要的生物安全措施之一。消毒有物理消毒法、化学消毒法和生物消毒法。

物理消毒法是指通过机械清除、冲洗、通风换气、热力、光线等物理方法对环境和物品中病原体的清除或杀灭。化学消毒法是指用化学药物（或称消毒剂）杀灭病原体的方法。在疫病防治过程中，常常利用各种化学消毒剂对病原微生物污染的场所、物品等进行清洗、浸泡、喷洒、熏蒸，以达到杀灭病原体的目的。各种消毒剂对人和动物的组织细胞也有损伤作用，使用时应注意。生物消毒法是指通过堆积发酵、沉淀池发酵、沼气池发酵等产热或产酸，以杀灭粪便、污水、垃圾及垫草等内部病原体的方法。在发酵过程中，由于粪便、污物等内部微生物产生的热量可使温度升高达70℃以上。经过一段时间后便可杀死病毒、病原菌、寄生虫卵等病原体。

不同对象的消毒方法主要有以下几种。

（1）圈舍消毒

每天要清除动物舍内排泄物和其他污物，保持料槽、水槽和用具清洁卫生，做到勤洗、勤换、勤消毒。

①机械清除：对空舍顶棚、墙壁、地面彻底打扫，将垃圾、粪便、垫草和其他各种污物全部清除，定点堆放，生物热消毒处理。料槽、水槽、围栏、笼具、网床等设施用清水洗刷；最后用高压清洗机冲洗地面、走道、粪槽等。

②药物喷洒：常用20%石灰乳、5%~20%漂白粉、0.5%~1%菌毒敌（原名农乐，同类产品有农福、农富、菌毒灭等）等喷洒消毒。为了提高消毒效果，应使用2种或3种不同类型的消毒药进行2~3次消毒。必要时，对耐燃物品还可使用乙醇或煤油喷灯进行火焰消毒。有病动物停留过的圈舍、运动场地面等被一般病原体污染时，将表土铲除并按粪便消毒处理，地面用消毒液喷洒。若为含炭疽等芽孢杆菌污染时，铲除的表土与漂白粉按1∶1混合后深埋，地面以漂白粉撒布。若为芽孢菌污染时，则用10%氢氧化钠喷洒。

（2）动物体表消毒

正常动物体表可携带多种病原体，尤其动物在换羽、脱毛期间，羽毛可成为一些疫病的传播媒介。做好动物体表的消毒，对预防一般疫病的发生有一定作用，在疫病流行期间采取此项措施意义更大。对动物体表消毒，常选用对皮肤、黏膜无刺激性或刺激性较小的药品，用喷雾法消毒。主要药物有0.015%百毒杀、0.2%~0.3%次氯酸钠以及过氧乙酸等。

（3）粪便消毒

动物的粪便中有多种病原体，染疫动物的粪便中病原体的含量急剧增加，是土壤、水源、草料、居住环境的主要污染源。

①堆粪法：选择远离人、动物居住地并避开水源处，在地面挖一深20~25cm的长形沟或一浅圆形坑，坑的宽窄长短、坑的大小视粪便量的多少自行设定。当粪便过稀时，应混合一些其他干粪土，若过干时应泼洒适量的水。含水量应在50%~70%，最外层抹上10cm厚草泥涂封。冬季不短于3个月，夏季不短于3周，即可作肥料用。

②掩埋法：漂白粉或生石灰与粪便按1∶5混合，然后深埋地下2m左右。本法适合于烈性疫病病原体污染的少量粪便的处理。

③焚烧法：少量的带芽孢粪便可直接与垃圾、垫草和柴草混合焚烧。必要时地上挖一个坑，以粪便多少而定，一般宽75~100cm、深75cm，在距坑底40~50cm处加一层铁梁（不漏粪炉箅子），铁梁下放燃料，梁上放欲消毒的粪便。如粪便太湿，可混一些干草，以便烧毁。

（4）运载工具消毒

运载工具包括各种车、船、集装箱和飞机等，在装运动物及其产品之后，都要先将污物清除，洗刷干净。然后可用2%~5%的漂白粉澄清液、2%~4%氢氧化钠溶液等喷洒消毒。消毒后用清水洗刷一次，再用清洁的抹布擦干净。对染疫运载工具要进行2~3次反复消毒。

5.1.2.3 免疫接种

免疫接种指用人工方法将有效疫苗注入动物体内使其产生特异性免疫力，由易感变为不易感的一种疫病预防措施。有组织、有计划地免疫接种是预防和控制动物传染病的重要措施之一。接种后经一定时间（数天至3周），可获得数月至一年以上的免疫力。

预防接种应有周密的计划，应对饲养地传染病的发生和流行情况摸底调查，清楚存在哪些传染病，仅对该地区现有传染病进行预防。如果某地过去从未发生过某种传染病，也没有从外地传入的可能时，则不必进行该传染病的预防接种。预防接种前，应特别注意动物健康情况、年龄大小、是否正在怀孕或泌乳。还应注意预防接种的反应，注意观察动物接种疫苗后的反应，如有不良反应或发病等情况，应及时采取适当措施。

5.1.2.4 药物预防

驯养动物在正常的管理状态下，适当地使用抗生素、中药制剂等加入饲料或饮水中，以调节机体代谢、增强机体抵抗力，预防多种疾病的发生，称为药物预防。动物可能发生的传染性疾病种类很多，有些传染病尚无疫苗可用。因此，应用药物预防也是一项重要措施。

药物使用应根据疗效高、副作用小、安全、价廉等原则，具体使用时应符合2001年由中华人民共和国农业部公布的《饲料药物添加剂使用规范》要求，选择药物的具体原则如下。

①药物敏感性：使用前最好进行药物敏感性试验，选择高度敏感性的药物用于预防，以期达到良好的预防效果。要适时更换药物，以防止耐药性病原体的产生。

②动物敏感性：不同种属的动物对药物的敏感性不同，应区别对待。某些药物剂量过大或长期使用会引起动物中毒，注意合理使用期限。

③有效剂量：要按规定的剂量，均匀地拌入饲料或完全溶解于饮水中。有些药物的有效剂量与中毒剂量相近，使用时要加倍小心。

以口蹄疫（Foot-and-Mouth Disease，FMD）预防为例讲述。

（1）口蹄疫的特征

口蹄疫是由口蹄疫病毒引起偶蹄类动物的一种呈急性、热性、高度接触感染的传染病。患病动物的口、舌、唇、鼻、蹄、乳房等部位发生水泡，破溃形成烂斑。病原为口蹄疫病毒（FMD virus），属于微RNA病毒科（Picornaviridae）中的口蹄疫病毒属（*Aphthovirus*），是RNA病毒中最小的一个。

口蹄疫病毒具有多型性、易变异的特点。根据其血清学特性，目前可分为7个血清型，即A、O、C、SAT1、SAT2、SAT3（南非1、2、3型）及Asia I型（亚洲 I 型）。各血清型间无交叉免疫现象，但各型在发病临诊症状方面的表现却没有什么不同。每一个血清型又包含若干个亚型，同型各个亚型之间也仅有部分交叉免疫性。口蹄疫病毒在流行过程中及经过免疫的动物体均容易发生变异（即抗原漂移）故口蹄疫病毒常有新的亚型出现。根据世界口蹄疫中心公布，口蹄疫亚型已达到80多个，而且还会有新的亚型出现。病毒的这种特性给口蹄疫的防治带来了许多困难。我国主要是A、O和亚洲 I 型。

口蹄疫病毒对外界环境的抵抗力很强，耐干燥。在自然条件下，含毒组织及污染的饲料、饮水、饲草、皮毛及土壤等所含病毒在数日乃至数周内仍具有感染性。但高温和紫外线对病毒有杀灭作用。病毒对酸和碱都特别敏感，2%~4%氢氧化钠、3%~5%福尔马林溶液、5%氨水、5%次氯酸钠等均是口蹄疫病毒良好的消毒剂。

（2）口蹄疫的感染与传播

口蹄疫病毒可感染多种动物，偶蹄目动物最易感，易感性的高低顺序依次为黄牛、奶牛、牦牛、水牛、猪、羊、骆驼。在野生动物中均可感染。幼龄动物易感性大于老龄动物，人和非偶蹄动物也可感染此病，但症状较轻。

口蹄疫是一种传染性极强的传染病，一经发生往往呈流行性，可随牲畜的流动迅速蔓延。口蹄疫或从一个地区，一个国家传到另一个国家或地区。也可呈直线式流行。空气也是一种重要的传播媒介，病毒能随风远距离跳跃式传播，病毒常通过动物消化道、呼吸道和损伤的皮肤、黏膜而感染。

（3）口蹄疫的临床症状

口蹄疫临床症状以发热和口、蹄部位出现水泡为共同特征。表现程度与动物种类、品种、免疫状态和病毒毒力有关。但在某些情况下，病情可突然恶化，主要是病毒侵害心肌所致，尤以犊牛多见，而孕牛可发生流产。

牛的潜伏期为2~7d，少数达11d。体温升高达40~41℃，精神委顿，食欲减退、反刍停止，闭口流涎，舌面及齿龈、鼻孔、鼻镜出现水泡，大的有鸡蛋大小。1~3d水泡破裂，形成烂斑，而后被新鲜上皮覆盖，在一定时间内仍可看到微黄至棕色瘢痕。蹄部水泡与口部水泡同时发生，蹄冠、蹄底、蹄叉皮肤均可看到水泡。水泡破裂后，形成痂块，8~14d愈合。

骆驼以老、弱、幼驼发病较多。临床症状与牛相似，主要是在口腔内和蹄部发生水泡，水泡破裂后，有糜烂和溃疡，有的口腔流涎，挂满口角与下唇，拉成线状。病驼不吃，消瘦，随后沿蹄冠出现大小不一的水泡，大的如蚕豆，小的如樱桃，有时蔓延到蹄叉。水泡破裂后，由于污染而化脓，溃疡加深，致使蹄壳与肌肉脱离，仍与蹄的前部相连，似"穿拖鞋"状，有的蹄壳脱落，使病驼不能行走。

鹿与牛相同。在口腔内有散在的水泡，很快破裂形成糜烂，其上有凝乳样的被覆物。病鹿体温40~40.6℃，有时可持续6~8d。口腔有病理变化时，则大量流涎。四肢患病时，呈现跛行，严重者蹄壳脱落，经10d左右即可痊愈。

患病动物的口腔、蹄部、乳房、咽喉、气管、支气管和胃黏膜可见到水泡、烂斑和溃疡，上面覆盖有黑棕色的痂块。反刍动物真胃和大小肠黏膜可见出血性炎症。心包膜有弥漫性及点状出血，心肌有灰白色或淡黄色的斑点或条纹，称为"虎斑心"。

（4）口蹄疫的诊断

根据流行病学、临床症状和病理剖检特点可作出初步诊断，确诊需要进行实验室诊断。

病毒分离与鉴定一般采用组织培养、实验动物接种和鸡胚接种3种方法。取水泡皮或水泡液用PBS液制备混悬浸出液，或直接取水泡液接种BHK细胞、LBRS细胞或猪甲状腺细胞进行病毒分离培养。病程长者可取骨髓、淋巴液接种豚鼠肾传代细胞或经绒毛尿囊膜接种9~11日龄鸡胚或3~4日龄乳鼠。

血清学诊断目前已经使用间接夹心ELISA法逐步取代了CFT法，直接鉴定病毒的亚型。分子生物学技术主要有核酸杂交技术、聚合酶链式反应以及核酸序列分析。

未发生口蹄疫的国家一旦暴发该病应采取屠宰患病动物，消灭疫源；已消灭了该病的国家通常采取禁止从有病国家输入活畜或动物产品，杜绝疫源传入；有该病的国家或地区，多采取以检疫诊断为中心的综合防制措施，一旦发现疫情，应按"早、快、严、小"的原则（早是指发现疫情时报告和执行封锁要早；快是指行动要快；严是指措施执行要严；小是指范围要小），立即实现封锁、隔离、检疫、消毒等措施，迅速通报疫情，查源灭源，并对易感动物群进行预防接种，以及时消除疫点。在疫点内最后一头患病动物痊愈或屠宰后14d，未再出现新的病例，经全面消毒后方可解除封锁。

（5）口蹄疫的治疗

动物发生口蹄疫后，一般不允许治疗，而应采取扑杀措施。但在特殊情况下，如某些珍贵种用动物等，可在严格隔离的条件下予以治疗。为了促进有病动物早日痊愈，缩短病程，特别是为了防止继发感染的发生和死亡，应及时对有病动物进行治疗。对病牛要精心饲养，加强护理，给予柔软的饲草，对病状较重、几天不能吃的病牛，应喂以麸糠稀粥，米汤或其他稀粥状食物，防止因过度饥饿使病情恶化而引起死亡。动物舍应保持清洁、通风、干燥、暖和，多垫软草，多给饮水。

口腔可用清水、食醋或0.1%高锰酸钾冲洗，糜烂面上可涂以1%~2%明矾或碘酊甘油（碘7g、碘化钾5g、乙醇100mL，溶解后加入甘油10mL）或冰硼散（冰片15g、硼砂150g、芒硝18g，共为末）。蹄部可用3%臭药水或来苏尔（Lysol）洗涤，擦干后涂松节油或鱼石脂软膏等，再用绷带包扎。乳房可用肥皂水或2%~3%硼酸水洗涤，然后涂以青霉素软膏或其他防腐软膏。恶性口蹄疫病畜除局部治疗外，可注射强心剂，如安那加、葡萄糖盐水等。用结晶樟脑口服，每天2次，每次5~8g，可收良效。

（6）口蹄疫的平时预防

口蹄疫平时预防措施以加强饲养管理，保持畜舍卫生，经常进行消毒，对购进的动物及其产品、饲料、生物制品等进行严格检疫，平时减少机体的应激反应。

在疫区最好用与当地流行的相同血清型、亚型的减毒活苗或灭能苗进行免疫接种。许多国家采用牛、猪口蹄疫灭活苗来预防口蹄疫，免疫效果较好。对疫区和受威胁区内的动物进行免疫接种，在受威胁区周围建立免疫带以防疫情扩散。康复血清或高免血清用于疫区和受威胁区动物，可控制疫情和保护幼龄动物。弱毒疫苗、灭活疫苗、康复血清或高免血清、核酸疫苗等，每年免疫2~4次，免疫保护期一年。

5.2 寄生虫病预防

动物寄生虫病危害与传染病相似，但由于动物寄生虫病造成动物大批死亡的情况不多，所以容易被人们忽视。在寄生虫的流行区，有些寄生虫病也会引起急性发病，往往造成饲养动物大批死亡，如梨形虫病、泰勒焦虫病及螨病等造成巨大经济损失。据统计，全世界每年寄生虫造成约70亿美元的经济损失。而人兽共患寄生虫病还直接威胁人类健康。因此，在野生动物驯养和保育增殖过程中，对寄生虫病预防要引起足够重视，否则将可能出现严重后果和巨大经济损失。

动物寄生虫病的预防主要从流行病学环节上着手，保护动物不受或者少受寄生虫病的侵袭与危害，方法主要有以下几种。①控制或消灭传染源。驱虫不仅是治疗有病动物，也是积极的预防措施。驱虫应在专门的、有隔离条件的场所进行。驱虫后排出的粪便应集中，用生物热发酵法及其他无害化方法处理。并做好监测管理，适时监测发病情况及治疗效果。②切断传播途径，消灭中间宿主。还有外界环境杀虫，主要是杀死寄生虫的虫卵、幼虫或卵囊。③保护易感动物。注意动物饮水饲料卫生，提高动物抵抗力，成幼分开饲养，因为幼龄动物寄生虫危害通常较成年的更加严重，所以保护幼龄动物免受寄生虫感染相当重要。

由于寄生虫种类繁多，宿主的地区分布各不相同，寄生虫抗原复杂，且有高度多变性，目前仅有少数寄生虫疫苗使用较为成功，对寄生虫病主要为药物治疗和预防。本节根据不同寄生部位如血液寄生虫、消化道寄生虫和体外寄生虫讲述寄生虫预防。

5.2.1　血液寄生虫病预防

血液寄生虫主要有锥虫、焦虫病、弓形虫、疟原虫和丝虫等。血液寄生虫病主要症状为高热、消瘦、贫血等。血液寄生虫病的特征是传播快，发病急，容易造成大批死亡，诊断往往会误以为传染病而延误治疗，通常在昆虫活动季节发病。

下面以弓形虫病为例讲述。弓形虫病为人兽共患病，由刚地弓形虫（*Toxoplasma gondii*）引起，分布于世界各地，中国各地均有弓形虫病存在。弓形虫在生活史中出现5种不同形态，即滋养体、包囊、裂殖体、配子体和卵囊。其中，滋养体和包囊在中间宿主（人、鼠等哺乳动物和鸟类）体内形成；裂殖体、配子体和卵囊在终末宿主（猫及猫科动物）体内形成。其生活史各个阶段均有感染性。宿主种类十分广泛，包括人和45种哺乳动物、70种鸟类、5种变温动物和一些节肢动物。弓形虫病感染方式多样，经口和损伤皮肤、黏膜，孕妇和怀孕动物感染弓形虫后，可以通过胎盘传染胎儿。

预防方法是养殖场及周围禁止养猫，或者有隔离猫的措施，严防猫粪污染动物食物和饮水，圈舍要定期消毒。肉食动物的饲料要煮熟后饲喂，以杀死弓形虫。弓形虫病作为血液性原虫病，吸血的昆虫蚊、蝇、虻、蜱及虱等均能够传播，动物养殖场要注意杀灭以上各种动物，减少弓形虫病传播。家庭养猫要对弓形虫病定期检疫。发病动物治疗常用药物是磺胺类与抗菌增效剂搭配使用。有条件可选疫苗预防，目前比较好的有亚单位疫苗、复合苗及核酸苗。

5.2.2　消化道寄生虫病预防

消化道寄生虫病由消化道寄生虫引起，其种类有吸虫、绦虫和线虫等。各种动物感染消化道寄生虫病较为普遍，所有脊椎动物均有发病报道，如昆明圆通山动物园的鸽子就有蛔虫病造成死亡的情况，解剖发现死亡鸽子小肠内完全被蛔虫阻塞。消化道寄生虫病主要症状是消化不良、消瘦、贫血，死亡情况较少见，以动物生长缓慢或生长停滞为主要特征。

以血吸虫病为例。血吸虫病是由日本血吸虫，又名日本分体吸虫（*Schistosomiasis japonica*）引起，是寄生于人和动物门静脉或肠系膜静脉的一种危害严重的人兽共患寄生虫病。该病主要病理变化为肝脏肿大，表面粗糙、萎缩、硬化，腹水增多；肠壁增厚，表面粗糙不平，肠道各段均可找到虫卵结节，尤以大肠部分的病变最为严重；在肠系膜静脉和门静脉内可找到大量雌雄合抱的虫体。

血吸虫病在我国主要分布于长江流域及长江以南各省。随着我国血吸虫病防治进程不断推进，血吸虫病防治工作取得了显著成效。2018年中国血吸虫病发病数为144例，2019年1~7月仅为153例。血吸虫病寄生于人和牛、羊、猪、马、犬、猫、兔、啮齿类及多种野生哺乳动物，易感动物有41种之多。日本血吸虫的生活史经过虫卵、毛蚴、母胞蚴、子胞蚴、尾蚴、童虫至成虫7个发育阶段。发育过程需要有中间宿主——钉螺的参与，感染季节是夏秋季节，人和动物接触有血吸虫尾蚴的水感染。感染途径主要有经皮肤感染、经口吞食含尾蚴的水草和水感染，经胎盘由母体感染胎儿。

预防方法：①消灭感染源，对疫区患病动物（病人）定期驱虫，驱虫不仅是治疗有病动物，也是积极的预防措施。药物有吡喹酮、硝硫氰胺、硝硫氰醚等。②切断传播途径，消灭中间宿主。结合农业与农村现代化建设，抓好消灭钉螺、管好粪便、防止动物再感染各环节。灭螺，是预防中的重要环节，物理灭螺有填平低洼地、改水田为旱地、改变钉螺滋生环境的灭螺方法，如田间沟渠硬化、湖滩围垦及河岸植树；化学灭螺可用兼有杀成螺、幼螺及螺卵作用的五氯酚钠于江湖滩地灭螺；生物学灭螺是利用食钉螺的鸭子等动物来消灭部分钉螺，堵河汊养鱼等。疫区人、动物的粪便含有血吸虫卵，散布病原。应结合环境卫生和农业生产，做好粪便管理和应用工作。人应有厕所，动物圈养，粪便要进行堆积发酵或建沼气池制造沼气后再利用。③保护易感动物。饮用水要选择无钉螺水源，专塘用水或自来水。合理规划，建设草场，实行轮牧结合灭螺。特别是注意在流行季节（夏秋）防止动物涉水，避免感染尾蚴。在血吸虫严重流行地区，提倡机械代动物耕种，秸秆氨化或微贮喂动物，避免动物接触尾蚴。④加强宣传教育，增强农民和渔民血吸虫病常识和自我保护意识。疫区野外水中作业尽可能做好防护，不到有血吸虫的水中游泳和玩耍，生活使用自来水或者没有血吸虫的井水。无论水中作业、生活、游泳和玩耍应避免感染。

20世纪80年代，云南省农业厅扶贫项目在大理洱源县引进10多头奶牛，引入后奶牛最终全部死亡。1987年夏，受云南省农业厅委托，云南农业大学派调查小组到大理洱源县做病因调查，调查小组找到了含有血吸虫幼虫的螺，因为洱源县为血吸虫病流行区，推测引入奶牛可能为血吸虫病死亡。案例说明，新引进健康动物比当地动物对血吸虫病抵抗力低，患病时血吸虫病症状更加严重。因此，对新引进动物的血吸虫病预防需高度重视，并且注意一旦新引进动物有血吸虫病表现，应该及时治疗使其康复。

5.2.3 体表寄生虫病预防

体表寄生虫病主要有螨、蜱、虱子、跳蚤、蝇及蚊子等，它们有的引起皮肤粗糙和剧痒，有的吸血会使动物消瘦。

以螨病为例，螨病是由疥螨科和痒螨科的螨类寄生于动物的表皮内或体表所引起的慢性皮肤病。以接触感染，能引起患病动物发生剧烈的痒觉以及各种类型的皮肤炎为特征。本病世界性分布，我国各地均有发生，主要为接触感染，其次是通过被有病动物污染的栏舍、场地及用具等传播。流行季节为深秋冬季和春初，潮湿、阴暗、拥挤的养殖环境，饲养管理和卫生条件不良，是促使螨病蔓延的重要因素。感染动物较多，如大熊猫、小熊猫、梅花鹿（*Cervus nippon*）等。

（1）治疗

为防止病原扩散，治疗应在专门场所进行，对患病动物身上清除下来的污物，包括毛、痂皮等要集中销毁，药物治疗杀后间隔一周重复治疗，以杀死新孵出的幼虫。

①注射 0.1% 阿维菌素或者依维菌素按 0.2~0.3mg/kg 剂量皮下注射；20% 碘硝酚注射液按 10mg/kg 剂量皮下注射。

②涂擦（或者喷洒）一次涂擦面积不要超过体表的 1/3，分次进行以免中毒。常用的药物如：0.5%~1% 敌百虫，0.5% 螨净（二嗪农），贝特每升水 50mg 溶液，氰戊菊酯每升水 500mg 浓度。

③喷淋或药浴 0.005%~0.008% 溴氰菊酯 500mg/kg；0.02% 巴胺磷 200mg/kg；0.5%~1% 敌百虫溶液，药浴时间持续 1~2min，注意动物头部浸浴以免复发。夏季不利于螨的生长和繁殖，预防药浴常在夏季进行。大规模治疗时，注意应做小群安全实验，药浴前动物充分饮水，以免误饮药液中毒。

（2）预防

圈舍消毒可用 20% 生石灰水，1%~2% 来苏尔，1% 的敌百虫溶液喷洒和洗刷，对小的用具可煮沸消毒，工作人员衣物和治疗用具等都要彻底消毒。动物要定期检查，一旦发现有病动物应隔离治疗。在螨病动物群中未发病动物，也要进行药物处理。疫区的动物每年夏季进行 1~2 次药浴，对新引进动物要隔离观察 1~2 月，证明健康才能混群。

5.3 普通病预防

普通病（又称非传染性普通病），包括内科、外科、产科、中毒病及营养代谢病等。这类疾病由物理、化学和机械因素引起，预防主要关注环境、饲料、运输、密度、饮水等问题。

5.3.1 环境

5.3.1.1 场址选择

养殖场建在地势高燥处,在历史洪水线以上,且有一定坡度,地下水位在2m以下。土质最好为沙壤土,这样饲养场不易泥泞,减少蚊蝇滋生。养殖场应远离居民生活区、医院、学校,防止医院、学校和居民小区带来生物性病源。离公路主干道和生活饮用水源地0.5~1.5km,且交通便利的地方,以防公路汽车尾气与噪音对动物健康影响。

5.3.1.2 场区布局

在养殖场下风向建污水处理、兽医室、尸体无害化处理区域,设专门兽医卫生处理区。病死动物一律由兽医进行检验,肉尸进行无害化处理或者销毁,粪尿及污物及时清理并进行无害化处理。养殖场周围要有隔离沟,防止野犬、野猫及家养动物窜入养殖场。外来人员禁止进入饲养区,对来自疫病区人员车辆一律严禁进场。在饲养区门口要设车辆消毒池,消毒间供人员出入消毒。

5.3.1.3 圈舍卫生

圈舍及运动场周围的排水沟为上大下小浅沟,以防止动物崴伤四肢,场内要去除突出的硬物,防止动物外伤,地面用红砖铺设为好。动物适当运动可以提高动物免疫功能,降低感染疾病的风险,在养殖过程中要提供足够运动场。饲料槽和饮水器需要定期清洗、消毒,保持干净卫生。清洗笼舍、地面,并消毒(包括空气熏蒸或喷雾)。饲养管理人员进出场会应洗澡更衣,工作服、靴、帽等用后清洗,干燥后放入消毒室消毒后使用。

5.3.1.4 环境指标

动物舍内环境指标参照家养动物环境(表5-1),创造舒适环境使动物保持健康。冬防寒保暖,夏遮阴通风降温,饲养舍建造在向阳背风处,适量阳光照射,既有杀死动物体表病菌防传染病作用,同时可以通过阳光照射补充维生素D_3防止软骨病。绿化具有隔离、防尘和降低噪音的重要作用,注意建设场界绿化、场内绿化、运动场绿化和空地草坪等。

表5-1 动物舍内环境指标

序号	项目	单位	禽		猪		牛
			雏	成	仔	成	
1	温度	℃	21~27	10~24	27~32	11~17	10~15
2	相对湿度	%	75		80		80
3	风速	m/s	0.5	0.8	0.4	1.0	1.0
4	照度	Lx	50	30	50	30	50
5	细菌	m^3	25000		17000		20000

(续)

序号	项目	单位	禽		猪		牛
			雏	成	仔	成	
6	噪声	Db	60	80		80	75
7	粪便含水率	%	65~75		70~80		65~75
8	粪便清理	—	干法		日清粪		日清粪

参照《畜禽场环境质量标准》（NY/T 388-1999）。

5.3.2 饲料

做好饲料保管与调制，运输、储藏时防止污染和发生霉坏变质，或产生有毒物质。不明原因死亡动物肉类及其副产品不能饲喂动物，含动物三腺（甲状腺、肾上腺、病变淋巴结）也不能饲喂，会使动物中毒和染病。植物性饲料保证新鲜，清洗干净，去除有毒、发霉变质的部分。初次使用的放牧场，要去除有毒植物，不在刚洒农药的饲料地放牧与收割牧草。养殖过程中，要防止野生动物食入过量而撑死。有动物园因售卖食物，游客投喂过多撑死动物的报道；某动物园有4只小熊，一天早上饲养员上班时见其中一头死亡。解剖发现死亡小熊除胃部胀满外没有其他疾病，最后确诊为抢食而撑死。发生这种情况的原因是动物在野外食物不足，经常吃不饱，而在养殖时动物继续保持野外习惯会尽力吃，导致过饱生病，甚至死亡。因此，养殖时应按每头所需量，分开投喂饲料以防止发生撑死。

5.3.3 运输

动物需要转场时，需做好运输前的各项准备工作，安排好动物的途中食宿，做好途中饲养管理，严格遵守动物运输卫生要求。车厢必须清扫、消毒，检查合格后方可装载。注意动物拴系固定，防止运输过程中打斗，摔倒受伤与应激病发生。运输途中喂养应适时安排，每日不得少于两次，每次间隔8h，炎热的夏季要增加饮水一次，以免因缺水引起疾病。注意保持车内清洁卫生，废弃物不要随便丢弃，在确保安全卫生情况下集中处理。

5.3.4 密度

动物密集饲养，接触频繁，为某些传染病的爆发增加了危险性，所以合理密度对控制传染病发生也有一定作用。合理密度、注意不同性别搭配，以防动物争抢食物及抢夺配偶打斗引起外伤。野生动物尤其在繁殖季节容易为争配偶发生争斗，因此繁殖季节更要注意。

5.3.5 饮水

新建养殖场,需请环境保护部门对拟建场场地的水源、水体进行监测并作出卫生评价,应选择符合《生活饮用水卫生标准》(GB 5749—2006)要求水源,对不符合标准要求水源,进行净化消毒后使用,需要时动物饮用水应加温处理。

5.3.6 治疗

普通病以急性中毒较常见。普通病预防以急性中毒为例。中毒病特征为第一,吃(或接触)到毒物的动物个体一起发病(暴发性),动物个体没有吃到毒物则不发病(无传染性);第二,中毒病主要临床表现消化系统症状恶心、呕吐、腹痛、腹泻,严重时表现神经系统症状,头痛、发烧、惊厥昏迷,甚至死亡;第三,强壮而且吃得多的个体症状明显,老弱与幼体吃得少的症状轻微。解毒治疗有病因疗法、对症疗法和全身疗法。

(1)病因疗法

① 脱离毒源:为防止毒物继续进入、侵入机体,应立即停喂可疑有毒饲料、饲草,停止饮用可疑饮水,清除体表毒物,离开被毒物污染的环境。

② 排除毒物:可利用催吐(0.2%~0.5% 硫酸铜等);洗胃(0.01%~0.05% 高锰酸钾、0.03% 过氧化氢);轻泻(5%~10% 硫酸钠、蓖麻油);灌肠(肥皂水、1% 氯化钠水等);发汗(氨基比林等);利尿(高渗葡萄糖、速尿);放血、换血、透析等方法尽快排除进入体内的毒物。

③ 降低毒害作用:包埋剂(1%~10% 淀粉、牛奶等);沉淀剂(1%~4% 鞣酸、1% 葡萄糖酸钙);验方:绿豆汤、甘草水等使毒物变成无害的不结合物而排出体外。

④ 特效疗法:可用特效的解毒药迅速解毒,例如有机磷中毒用解磷定、硫酸阿托品等解毒;亚硝酸盐中毒用美蓝、甲苯胺蓝等解毒;汞中毒用二硫基丙醇、二硫基丙磺酸钠等解毒;氢氰酸及氰化物中毒用亚硝酸钠、亚硝酸异戊酯等解毒。

(2)对症疗法

对于中毒病因尚未查明,病情严重的病例,应针对中毒症状,首先抢救动物维持生命。有窒息危险可输氧或静脉注射 3% 双氧水;呼吸困难可注射尼可刹米等;心力衰竭用咖啡因、肾上腺素等;兴奋不安,用安定、水合氯醛;脑水肿,可选用 20% 甘露醇;昏迷可选用安维糖、樟脑油等;发生剧痛可注射吗啡等等。

(3)全身疗法

为稀释毒物,加速排泄并调整全身生理解毒机能,可采用大剂量葡萄糖溶液、能量合剂(三磷酸腺苷、细胞色素 C 和辅酶 A)进行皮下或者静脉注射,高渗葡萄糖+维生素 C 静脉注射。

（4）预防

去除饲料地中有毒植物，应给予动物新鲜安全的动植物性饲料，坚决不用变质腐败的饲料；切实保管好农药和灭鼠药等。

5.4 机体防御机能

机体防御机能（或免疫功能）指机体固有的抵抗内外致病因子侵害的功能。免疫功能是动物与病原斗争进化过程中逐渐产生的防御病原的能力，是动物机体预防疾病的防御长城，只有免疫功能健康，动物才能少生病或者不生病（本节仅提及生物性病原入侵动物时，如何提高动物免疫力）。

5.4.1 防御器官完整

动物体表皮肤、黏膜对生物病原有阻挡和消灭作用；动物体内淋巴系统和吞噬细胞有清除微生物与寄生虫的作用。因此，在野生动物管理中应保持防御器官完整，从而使微生物与寄生虫入侵动物机体时，被机体皮肤、黏膜、淋巴系统和吞噬细胞如铜墙铁壁一样，将病原阻挡在身体之外，以保证动物健康。

5.4.2 提高免疫的方法

5.4.2.1 全价饲料

某些营养素不仅提供动物的生长需求，还是动物免疫必要的物质基础，如脂肪酸是炎症反应及免疫力调控因子；氨基酸是构成机体免疫系统的基本物质；维生素和矿物质等参与免疫过程，从而增强动物机体防御机能。寡糖、多糖、益生菌和植物多酚等非营养性饲料添加剂具有提高免疫力和抗菌作用，能够提高动物抗病力。例如，补充蛋白质、维生素 C、维生素 B、维生素 E 可以使动物有足够合成抗体的物质，饲料中含有足量的维生素 A 和维生素 D 时可增加鸽子对蛔虫的抵抗力。

5.4.2.2 减少应激

应激为一般的适应综合征（General adaptation syndrome, GAS），这种综合征分为 3 个不同的阶段，即惊恐反应阶段、抵抗阶段和衰竭阶段。简而言之，应激反应是动物机体对扰乱机体内环境的任何不良刺激的生物学反应的总合。应激可引起动物病理性损害，例如长途运输、过度拥挤、气候突变、饲料更换、转群并群、意外惊吓、频繁注射等，都会导致动物机体抵抗力下降，增加动物恶性肿瘤和传染病的发生。因此，在养殖中尽量避免突然改变喂养习惯，改变环境，惊吓等；需要长途运输则要做好充分准备。

5.4.3 免疫功能的获得

脊椎动物除非特异性免疫外，还进化出了特异性免疫。非特异性免疫是动物生来就具有并通过遗传获得一种免疫功能，特点是针对所有病原体都有防御作用，是先天的、遗传性的（又称天然性免疫或者先天性免疫）；特异性免疫是动物机体免疫系统受到抗原刺激后，免疫细胞对抗原分子识别并产生一系列复杂的免疫连锁反应的生物效应过程，特点是只对特定的病原，有特异性、记忆性、后天获得性（又称适应性免疫或者后天性免疫）。特异性免疫是机体防御的重要途径，根据目前现有的疫苗，通过免疫接种可以有效预防大部分的传染病和少数寄生虫病；必要时也可以直接注射抗血清来预防动物疾病。

初乳是雌性哺乳动物产后 2~3d 内所分泌的乳汁的统称，初乳为淡黄色的液体。初乳的蛋白质大多数为免疫球蛋白，它能够形成抗体，与病原微生物及毒素等抗原结合，在哺乳动物新生幼仔自身免疫系统发育成熟、正常运作之前，可以保护其免受病原侵袭。所以，要让新生哺乳动物吃到初乳，以保证新生哺乳动物健康成长。

参考文献

陈溥言, 2006. 兽医传染病学（第 5 版）. 北京：中国农业出版社.

呙于明, 2011. 动物免疫营养. 北京：科学出版社.

廖党金, 李江凌, 2008. 寄生虫病对畜牧业的危害与对策. 中国兽医寄生虫病, 16(5): 59-61.

秦建华, 张龙现, 2013. 动物寄生虫病学. 北京：中国农业大学出版社.

史书军, 徐占云, 2008. 兽医外科与产科学. 北京：中国农业科学技术出版社.

杨光, 2009. 动物寄生虫病学. 成都：四川科学技术出版社.

鱼艳荣, 贾卓, 齐永芬, 2013. 食品中食源性寄生虫的流行及检疫现状. 中国病原生物学杂志, 11: 1042-1046.

中华人民共和国农业部, 2007. 中华人民共和国动物防疫法. 北京：法律出版社.

野生动物救护与放归

提要 本章介绍野生动物救护的概况、一般程序和基本流程,按照不同类群对常见野生动物的救护方法、专业技术、康复饲养等进行系统的总结和阐述;对野生动物放归的方法、流程、注意事项等做了详细介绍。

6.1 野生动物救护

野生动物救护是通过对脱离原有自然生存环境的野生动物个体实施收容、治疗、康复护理等措施,协助其脱离生存威胁和伤病困扰,以恢复其野外生存能力,并协助其回归自然为最终目的的一种法定行为。救护的目的旨在使被救护对象健康地回归其原有的自然生存环境。

野生动物救护是我国野生动物保护事业不可分割的一部分。我国在1988年颁布的《中华人民共和国野生动物保护法》和2018年的修订版中均明确规定:"国家或者地方重点保护野生动物受到自然灾害、重大环境污染事故等突发事件威胁时,当地人民政府应当及时采取应急救助措施。县级以上人民政府野生动物保护主管部门应当按照国家有关规定组织开展野生动物收容救护工作。"我国野生动物救护工作起步较晚,直到20世纪80年代才依托各省(自治区、直辖市)林业局的政策扶持陆续成立野生动物保护协会和野生动物救护机构,借助当地动物园、野生动物园等社会机构逐渐开展野生动物救护工作。近年来,我国野生动物救护事业也得到了迅猛发展,截至2017年,我国已有250家野生动物救护机构,先后开展了大熊猫、川金丝猴(*Rhinopithecus roxellanae*)、朱鹮(*Nipponia nippon*)、丹顶鹤(*Grus japonensis*)、圆鼻巨蜥(*Varanus salvator*)、缅甸蟒(*Python bivittatus*)等濒危野生动物的收容救护工作。

中国野生动物保护协会于2013年成立了野生动物救护专业委员会,为促进行业

本章作者:段玉宝;绘图:牛雅婷

交流、专业技术探讨、规范行业行为等提供了技术平台和科技支撑。随着我国野生动物保护及执法力度的不断加大和公众保护意识的逐步提高,近年来全国收容救护的野生动物种类和数量呈明显上升趋势,同时也暴露出一些不科学、不规范的问题。为进一步规范野生动物收容救护行为,根据《中华人民共和国野生动物保护法》和《中华人民共和国陆生野生动物保护实施条例》的有关规定,在总结经验、分析问题的基础上,2014年国家林业局制定了《陆生野生动物收容救护管理规定》(见本章附录),细化了我国野生动物救护程序及内容,提高了野生动物救护工作实践操作的技术性和科学性,对于野生动物救护工作具有重要的指导意义。

6.1.1 救护的一般程序

野生动物救护的一般流程见图6-1。

(1) 确认待救护物种

对于需要救护的物种,首先辨认该动物属于何种类,明确其分类学地位。若不能确定动物种类或者名称,可以对物种特征详尽描述、拍摄照片、录像等,通过专家咨

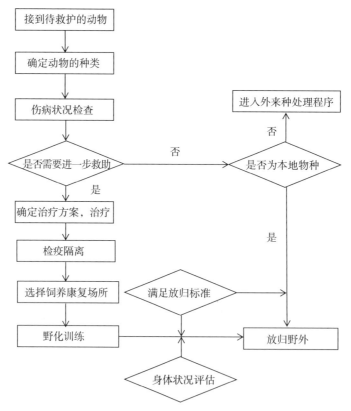

图6-1 野生动物救护的流程图(仿中国野生动物保护协会,2015)

询等方式，及时向动物分类学家、野生动物专家、野生动物爱好者求助。如果不知道动物的种类或名称，无法着手为动物评估状况，因为无法准确判断动物的正常状态，更难以为它制订治疗或护理方案。例如，蚁䴕（*Jynx torquilla*）的脖子会左右大范围转动，属于正常现象，并不是受到伤病的影响。因此，第一步要做的就是要确切知道待救治动物的物种名称和分类地位。

（2）伤病状况评估

待救护动物的种类一经确认，立即制定相应的救护措施。如果动物伤势轻微并符合放归野外的条件，最好的做法是立刻将其原地放归。如穿山甲特别难以接受人工护理，适宜立即放归。这种做法适合刚由野外救护来的动物。但不论动物身体状况如何，在放归野外前应对其先行检疫，因为经过市场的动物可能会感染一些野外没有的疾病。

如果需要进一步治疗，则要进行一较为详尽的检查。首先，应把动物的大小、重量、形态等基本情况记录下来，与野外同种动物的正常数据做比较。然后，检查救护动物的体温、呼吸、心跳以及对外界干扰的应激反应等。最后，通过X光、粪便检查、血常规、全血分析、血清学检查等来确定救护动物是否骨折（骨折的具体位置）、肠道寄生虫情况、血液指标、肝肾功能以及病毒抗体抗原等情况。

（3）确定治疗方案

依据不同的动物和疾病，采取科学治疗措施，一般分两种情形。一种是对症治疗或应急治疗，主要是用于救助动物已经处于比较危险的情况，比如严重外伤、严重失血、体温异常、呼吸异常等，如果不及时处理会导致生命危险，或者虽然不致命，但给动物带来极大痛苦；另一种是对因治疗或称疾病治疗，一般是在诊断结果出来后，针对疾病的发生原因而采取的治疗手段。

（4）隔离检疫

收容救护的动物应该与其他动物分开饲养，提供一个专用的设施。隔离的笼舍应建在通风向阳、排水良好的下风口处，与其他笼舍保持距离，特别是所有在检疫期的动物以及它们的粪便都与非检疫期的动物分开处理。隔离时间一般为40d左右，治疗工作一般在检疫区进行。

（5）康复饲养

①救护和康复的环境：针对动物的种类、习性、伤情等情况确定救护笼舍。救护笼舍也应有足够空间，让里面的动物自由站立、躺下、转身或站在栖木上休息，但却不能大得让动物在箱内快跑或高速飞行。这样才有利于受伤的动物保持固定，避免救护后伤口的扩大，同时让处理动物的人员能轻易触及动物。如果初步检查发现动物健康良好，可直接把动物迁往较宽敞的长期康复饲养笼舍。

救护的动物应该尽量把人为干扰减至最低。动物不应受强光照射，但也应避免完全漆黑的环境；噪音干扰和其他干扰也应减至最低；动物所在环境的温湿度也应根据动物的需求、身体状况而调节。

此外，要让动物康复，卫生极为重要。把野生动物困在人工环境里，会带给它们很大压力，并使其免疫力降低。相对于野生环境，它们更容易受到感染和患病。动物康复笼舍必须最少每日清洁和消毒一次。最常用的方法是以大量清水喷洗，并用稀释漂白水消毒。为方便清洁，笼舍的底板不但要防水防渗，也要有良好的排水系统。笼舍、盛水和食物的器皿应每天用稀释漂白水消毒，器皿都应在每次使用后消毒，不能单以清水冲洗，以防有害细菌积聚。盛水器皿的设计应让动物能轻易饮水，但同时要确保动物不能随意就把盛水器皿打翻。新到的动物放入笼舍前，应把笼舍彻底消毒，然后再把动物放进去。

②食物和水：突然进入人工饲养环境，野生动物一般不愿意进食，所以开口食物的选择十分重要。首先尽量选择与其自然采食的食物种类相同或接近的食物，这包括野生植物或果实，或是不同种类的昆虫。饲喂时应特别注意确保这些食物的来源清洁健康，因为植物和昆虫可能被杀虫药污染，甚或带有寄生虫或病菌。

对于肉食性动物，建议喂食冷藏的整头猎物，如小鼠、雏鸡、鹌鹑等。在喂食1~2h前应把这些冷藏猎物浸在室温清水中彻底解冻，这也会减低其中的维生素含量。因此，如动物长期人工喂养，建议额外补给维生素。

补给动物的水要经过消毒，不要直接给动物饮用自来水。对于某些动物来说，尤其是哺乳动物，可给予多于一个的水源。因为有些物种经常在水中排便，所以只供应一个水源会使这些动物缺乏清洁水源。

（6）放归自然

对于救护的本地物种，待康复后，经过身体测试评估该物种是否具备野外生存能力，然后选择放归地、放归时间等进行放归。

若救护的物种不是本地种，则绝对不允许放归到自然中。另外，对一些救治后不幸死亡的动物，必须对其尸体采取焚烧、深埋等无害化处理措施，防止环境污染和疾病传播，并做好登记工作。

（7）建立救护档案

在整个救护及复康过程，记录资料是十分重要的。从动物开始准备接受救护开始，一直到康复放归到野外，都应该有系统而详细的数据记录。这些记录应包括来源地点资料、医护问题、饲料、饲养环境、护理措施、救护成败、放归地评估以及放归后的跟踪监测等。

档案以纸质版和电子版的形式保存。纸质版按年度、种类分类保存；电子版录入专门的救护数据库，以后需要时可以随时查阅。

6.1.2 两栖动物救护

中国是世界上动植物种类最丰富的国家之一，物种数量占世界的10%左右。随着人类活动的不断增加，野生动物的生存正面临着空前的压力。这种现状已经引起了人们的广泛关注，但多年来国内对野生动物保护的关注往往集中在哺乳类和鸟类身上，而对于两栖动物和爬行动物却关注甚少。我国分布的两栖动物为410种，由于两栖类与水源关系密切，易受水污染影响和病菌感染，面临的威胁尤其严重。例如，在世界范围内，有93种两栖类的衰退与壶菌病有关；在澳大利亚昆士兰未受人类干扰的高海拔雨林区域，壶菌病至少已导致14种蛙类灭绝或严重衰退。两栖类除了外伤，还有红腿病、烂皮病、肠胃炎等常见疾病，了解防治和救护知识对两栖动物的保护十分必要。

6.1.2.1 救护方法

（1）蝌蚪的疾病及救护方法

①车轮虫病：症状是蝌蚪体表及鳃的表面呈现青灰色斑，或尾部发白，这是由患病蝌蚪分泌的黏液和坏死表皮形成的。此病多发生在密度大，蝌蚪发育缓慢的水池中。虫体寄生于蝌蚪的鳃上时，使呼吸困难，浮于水面，进而大批死亡。病因是蝌蚪寄生了原生动物车轮虫所致。

防治方法：首先保证被救护蝌蚪营养充足，增强抵抗和适应能力，控制救护池密度；蝌蚪放养前用生石灰彻底杀菌消毒，调理水体，其肥度适中可预防其他疾病发生。

治疗可用 0.5mg/L 硫酸铜和 0.2mg/L 硫酸亚铁合剂（总量浓度为 0.7mg/L）全池泼洒；可使用车轮净，全池泼洒，间隔 4~6h，再使用特效杀虫灵，全池泼洒，一天一次，若虫情较重，隔日再配合使用一次。

②气泡病：症状是蝌蚪腹部膨胀如球，失去平衡，浮于水面，若不及时抢救则造成死亡。气泡病多发生在水温高、水的氮素量高的水中，使蝌蚪气体交换失去平衡，肠内、鳃、皮肤的血管内含有过量气体。

防治方法：最有效的方法是首先将患病蝌蚪移入水质清新的救护水池中暂养 1~2d。高温期间每隔 2~3d 加注清水 1 次。用 1~1.5mg/L 盐水全池泼洒。

③水霉病：症状是患病蝌蚪体表水霉菌丝大量繁殖生长，呈旧的棉絮状的白毛，患病蝌蚪常在水塘边缓慢游动。当引起外伤后，伴随蝌蚪拥挤而传染开来。因为霉菌能分泌一种水解酶，使伤口难以愈合，使蝌蚪焦躁不安，食欲减退，衰竭死亡。此病以冬末和梅雨季节流行最盛。

防治方法：用生石灰彻底对救护水池消毒。操网、转运操作尽量仔细，以免使蝌蚪受伤。用红霉素 0.05~0.1mg/L，全池遍洒。用 1.4~3mg/L 五倍子全池泼洒。可将蝌蚪放入 5mg/L 的孔雀石绿溶液中浸洗 15~20min；或放在浓度不超过 0.001% 的高锰酸钾溶液中浸洗 30min。

④胃肠炎病：症状是患病蝌蚪肠胃发炎充血，肛门周围红肿。此病发生快、危害大，常发生在前肢长出，呼吸系统和消化系统发生变化时。

防治方法：放养蝌蚪前对救护水池用生石灰彻底消毒。饲养过程，定期（满 15~20d）对饵料台及周围用 8~10mg/L 漂白粉消毒。发病蝌蚪可用万分之四的食盐水浸洗 15~30min。黄连素、氟哌酸等抗菌药及专用蛙药拌料口服。

⑤出血病：症状是患病蝌蚪腹部、尾部有出血点或斑块、泄殖腔周围发红，在水面打圈，数分钟后下沉死亡。此病多发生在出后肢的蝌蚪。

防治方法：每 2 万只蝌蚪用 120 万单位青霉素和 100 万单位链霉素浸泡 0.5h，效果显著。0.1mg/L 红霉素全池泼洒。

⑥烂鳃病：症状是鳃丝腐烂发白，俗称烂鳃，呼吸困难，迟缓地游于水面。该病还因感染部位不同，出现不同症状和不同称呼的病名，如导致鳃腐烂发白称烂鳃病，导致体表皮肤有大小不一白斑的称白斑病。

防治方法：20mg/L 浓度的生石灰浆全池泼洒。0.07~0.1mg/L 畜禽用红霉素（每克含 100 万单位）化水全池泼洒。

（2）两栖类成体的救护方法

①红腿病：症状是患病蛙后肢无力，发抖，腹部和腿部皮肤发红，肌肉呈点状充血，头部伏地，不吃不动，3~5d 内死亡，病危害大，传染快，可造成大批死亡。常在养殖密度大，水质条件差的池中发生。

防治方法：定期进行池水消毒，改善水质条件，能有预防效果。病蛙用 10%~15% 的食盐水抹擦患部可治愈。硫酸铜和硫酸亚铁合剂（5∶2）全池遍洒，使池水浓度为 1.4mg/L。用 30mg/L 高锰酸钾溶液浸洗 5~10min，然后注射庆大霉素（4 万单位）2~4mL，次日再重复治疗一次。用 20mg/L 呋喃唑酮浸洗 20~30min，均有一定的疗效。可用氟哌酸拌料口服或浸泡。

②胃肠炎病：症状是胃肠鼓气，腹胀。病蛙身体瘫软，无力跳动，常发生在春夏和夏秋之交，容易传染，造成死亡。

防治方法：每日清除残渣，经常洗刷饵料台，勤换水，每星期全池遍洒漂白粉一次，使池水的浓度为 1mg/L。病蛙用万分之四的盐水浸泡 15~30min，有一定疗效。人工填喂胃散片，日喂 2 次，每次半片，3~4d 可治愈。可用 10~15mg/L 氯霉素药浴。

内服酵母片。在饲料中加 2% 的氯霉素或其他胃肠抗生素药物。

③烂皮病：症状是初期蛙头、背、四肢等处皮肤失去光泽，同时出现白斑，后表皮脱落、腐烂，3~4d 后出现白色内皮，7d 左右内皮脱落露出红色肌肉。此病蔓延甚快，10d 左右池中大部分蛙可同时发病，死亡率极高。该病是由于缺乏维生素 A 而引起，尤以 100g 以下的幼蛙发病率较高。

防治方法：饲料要多样化，加强营养。补充维生素 A，可投喂维生素 A 胶囊或鱼肝油，或水产用或禽用多种维生素。平时饲料中放入少许畜禽用 AD 粉，并加入一点抗菌药即可。

④壶菌病：两栖类种群全球性衰退是 21 世纪最紧迫的环境问题之一。越来越多的证据表明壶菌（*Batrachochytrium dendrobatidis*）与澳大利亚和美洲北部、中部、南部及欧洲的两栖类种群衰退有关。由壶菌引起的壶菌病是变态后的无尾类所患的一种显性传染病，其快速传播及广泛爆发对世界范围的两栖类种群构成重大威胁。

在感染的两栖类，致病壶菌分布在蝌蚪角质化的上下颌。当蝌蚪变态为成体蛙时，随着上下颌蜕皮，壶菌孢子迅速重新分布到蛙的角质化皮肤，利用角蛋白为营养，在皮肤表层细胞内生长。壶菌病主要通过水传播。患病蛙表皮层的壶菌游动孢子随表皮角质层脱落被释放到水中，健康蛙接触了含壶菌游动孢子的水而感染壶菌病。

化学消毒剂、紫外线、加热等对消灭壶菌均有显著效果。如化学消毒剂漂白粉、高锰酸钾、甲醛、农药（DDAC）等，在特定的浓度和时间能使体外培养的壶菌达到 100% 死亡。壶菌对热非常敏感，在 37℃加热 4h，47℃加热 30min，60℃加热 5min 致死率均为 100%。在实验中，将澳大利亚树蛙（*Litoria chloris*）放在 37℃条件下，在 16h 内就能清除身体上的壶菌。这表明在两栖类正常体温调节范围内，适当应用提高体温的处理手段，可根除两栖类身体上的壶菌，防止在运输和放归时壶菌的随机蔓延。

6.1.2.2 康复饲养

（1）基本要求

环境作为影响动物康复的一个重要因素，其多样性是促使动物能否恢复正常状态的条件之一。救护室的环境温度 22~25℃，湿度 36%~55%。救护室夏天保证空调通风，冬季保证暖气和空调保温，每日上下午记录 2 次温湿度，应该确保全年温湿度相差不多。饲养缸环境：在 50cm×50cm×50cm 的水缸加入除氯的自来水或者纯净水，其中 1/3 为陆地，2/3 为水面。在大环境温湿度的基础上，养殖缸温度 20~22℃，湿度 70%~80%，全年恒定。

（2）环境丰容

环境丰容即环境丰富度（environment enrichment），是指对圈养动物所处的物理环境进行修饰，改善环境质量，提高其生物学功能，如繁殖成功率和适应性等，从而提高其福利水平。环境丰容被认为是一种动态的工作程序，即通过构建和改变圈养动物的生活环境，使其尽量多地表现出正常的行为，为其提供更多的行为发育机会。动物环境丰容工作主要包括营造适宜的栖息地、供给多样的食物类型及供给方式、增加刺激物（气味）、玩具以及对动物日常训练等。环境丰容应根据动物的种类、习性、环境因素需求的不同进行合理的配置。随机地、有创造性地改变饲养环境内栖架的位置、栖架的形状、植物的种类、植物种植的位置、加热点的位置、光源的位置、水源的位置、笼箱铺垫物的组成等，都会令动物感到新奇，提高动物的活力。

给两栖动物创造必要的躲避空间很重要，用石头堆成有洞穴的小山，放入盆栽植物，确保植物耐阴、无毒兼具观赏效果。在发现蛙类有交配行为之后，就要为其提供产卵环境，产卵环境指开阔的水面空间和清洁的水质。若原产高纬度地区的蛙类，生长环境属于长日照地区，人工饲养下可采用白炽灯照明，每日照明保证在 8~14h。

6.1.3 爬行动物救护

爬行动物是动物在长期演化过程中形成的比较古老的一个类群。尽管爬行动物资源丰富，但保护现状却令人担忧，其中多数处于濒危状态。蛇类、龟类常常是非法贸易和猎捕的主要对象，也是野生动物救护的重点类群之一。目前，被救护的爬行动物，除了外伤外，常见的疾病有口腔炎、肺炎、肠炎，并伴有各种寄生虫等症状。

6.1.3.1 救护方法

（1）口腔炎

一般多发于蛇类。蛇类牙齿比较脆弱，在捕食猎物时常会受到损伤。同时，口腔黏膜也常会在吞咽食物时而受伤。这些伤口不易发现，易受到食物和环境中病原微生物的感染而引发口腔炎症，严重时可继发肺炎、肠炎、败血症等。常年可发病，在夏秋冬季节较为多发，具有高发病率和顽固性特点。表现为患病动物口腔肿胀、牙床组织腐烂、牙齿脱落、厌食、口微张不能闭合。严重时常继发感染眼结膜为结膜炎，使其失明、眼球化脓腐烂，或继发为肺炎导致死亡。多为革兰阴性菌感染：嗜水气单胞菌、铜绿假单胞菌、斯氏假单包菌、雷氏普罗登斯菌、嗜麦芽黄单胞菌。

治疗方法：使用生理盐水清洗口腔后，轻微患者，可使用 3% 双氧水清洗，每日 3 次，连续 5~7d 可痊愈；重症患者，需使用硫酸庆大霉素清创，并在溃疡面涂擦环丙沙星或丁胺卡那霉素每日 2 次，直至痊愈。

（2）肺炎

一年四季皆有发病，多在春冬季节，常为潜伏性发病，呈现高发病率和高死亡率的特点。前期病症表现为闭口分泌物呈蛋清色，少食或不食、呼吸困难，呼吸时伴有轻微水泡音；中后期病症表现为蜕皮困难或呈破碎不整，不食，反应迟钝，喉头肿大，口张大呼吸、呼吸极度困难，呼吸时伴有沉重痰音，分泌物变为淡黄色黏稠痰液，甚至阻塞气管和呼吸道。肺炎常由革兰氏阳性病原菌感染而引起，极具传染性和潜伏性，在空气浑浊或消毒不完全的情况下，较易引发肺炎感染。

治疗方法：肌肉注射硫酸庆大霉素＋青霉素（1∶1）0.4mg/kg，每日2次。个别严重患病者，采用喷雾制剂进行呼吸性药物治疗；或口服磺胺脒25~40mg/kg，每日1次；抑或头孢拉啶20mg/kg，肌肉注射。缅甸蟒在救护过程中，肺炎是常见的疾病，经过1~2个月治疗可以明显好转。

（3）肠炎

常呈突发性发病，具有难诊断、高发病率和高死亡率的特点。在初期表现为腹泻下痢，不食或少食，呕吐等症状。在后期表现疼痛难忍，翻滚乱咬，在高度兴奋敏感后呈现低迷，身体蜷缩，肌肉痉挛，抽搐，最后死亡。对外界刺激高度敏感，极具攻击性。

治疗方法：头孢他啶20mg/kg，肌肉注射，每日1次；或者灌喂左氧氟沙星（氟哌酸）10mg/kg，每日2次；抑或庆大霉素5mg/kg，肌肉注射，每日2次。

（4）蛔虫

发病时表现为：间歇性肌肉痉挛，厌食，呕吐，身体消瘦，精神不振，难以蜕皮或蜕皮碎裂。在粪便中可见排泄出来的细小线状蛔虫成体。爬行动物体内寄生虫多为食源性感染，加之饲养的温度也同样是蛔虫发育的适宜温度条件。免疫力较差的蛇类极易受到感染而发病。

治疗方法：盐酸左旋咪唑片按10mg/kg饲喂，连续给药3~5次。

（5）螨虫

螨虫是蛇类体表寄生虫的主要病原之一，且危害巨大，主要在夏、秋末、冬季较为盛行。螨虫主要寄生于蛇体表鳞片间，其繁殖迅速。受到感染的蛇，皮质变差，结痂，继而引发皮炎。

治疗方法：使用0.025%~0.05%双甲脒温水药浴，每日1次，连续3次。同时采用该溶液喷洒于救护环境中；或使用0.3%~0.5%敌百虫温水溶液药浴，每日1次，连续2~3次。

（6）蜱虫

蜱虫，在一年四季均有发现，但主要在夏季多发。蜱虫主要寄生于蛇体表鳞片间，通过吸取蛇血液而繁殖生长，个体较大。蛇皮被叮咬部位常易引发皮炎，导致皮穿孔，腐烂。蜱同时大量吸取蛇血液，导致缺血性贫血，严重影响蛇体质和生长发育，常表现为消瘦、皮质褶皱、无光泽。

治疗方法：使用0.025%~0.05%双甲脒温水药浴，每日1次，连续3~5次。同时采用3%~5%敌敌畏溶液喷洒于救护环境以及周围环境中，或采用2%~5%二嗪农温水溶液药浴，每日1次，连续3次。

6.1.3.2 康复饲养

（1）基本要求

救护的蛇类一般在笼舍或者透气性较好的整理箱里护理，龟类在玻璃房水泥地内进行救护，室内铺沙土（3∶1），厚2~3cm。房内有1~2个水盆，供爬行动物饮水或者蛇类浸泡，水盆位置尽量固定。新救护的爬行动物有拒食现象，有的多达数月，所以首先提供适宜的环境温度（23℃），坚持投喂食物，尽量投喂不同的食物。正常进食后，每周都要根据救护动物的身体大小投喂不同分量的食物。投喂时间因季节不同而有差异，冬天喂食频率适当减少。同时为了保证爬行动物体内营养物质达到平衡，每月投喂一定量的营养药物，如维生素E、维生素D、钙等。

每天定期做好检查，对排便做详细记录，根据粪便颜色、形状等及时判断爬行动物的康复情况。及时清理救护笼舍，定期换水换土等，每月用紫外线照射1~2h。待动物逐渐恢复后，可移植生态园中半野化恢复。

（2）环境丰容

在救护房或者救护笼内布置少量盆栽花草并堆砌1~3个小土堆，墙角设数个人造洞穴，保证爬行动物自由进出为宜，也可以用木架、石头等。救护笼舍用紫外线灯、植物灯、UVB灯，由于爬行动物对温湿度要求很高，也常常用电加热石、浴霸、加热灯，建立温度梯度，满足爬行动物的生理需求。

6.1.4 鸟类救护

6.1.4.1 猛禽救护

（1）保定和运输

猛禽是肉食性鸟类，具有向下弯曲的喙和锋利的爪。救护人员必须佩戴手套，时刻保持警惕。在猛禽伤病未明、虚弱、精神不振的情况下，救护人员一般应采取以下措施：将大拇指置于猛禽背部，手掌控制其翅膀，其他手指握于胸前。使用此方法时猛禽的双腿仍可自由活动，他人必须立刻协助把持者控制住其腿部。然后可用毛巾或网罩住猛禽后，保定人员用前臂控制猛禽翅膀的同时，双手分别控制其双脚（图6-2，图6-3）。

运输过程中将猛禽放入大小合适、材质安全可靠且通风良好的运输箱。运输箱可以是临时制作的纸箱，航空箱或者专门制作的塑料箱、木箱等。箱体上应有通风孔，不要放在笼子里。箱子的大小以猛禽在当中不能拍打翅膀,但能自然站立和转身且头部不触碰箱子顶部为宜。运输箱底部应放置防滑的材料,如毛巾、报纸等,避免使用稻草等容易滋生霉菌的材料。

运输时适宜的环境温度在20~27℃。运输车内应尽量保持空气清新,尽量少去打搅动物,不要随意喂食等。再次使用前,必须对运输箱消毒并用清水冲洗干净,晒干。确认消毒剂的气味已散尽后方能再次使用。

图6-2　大型猛禽的物理保定
（仿北京猛禽救助中心,2012）

图6-3　小型猛禽的物理保定
（仿北京猛禽救助中心,2012）

（2）救护方法

到达救护室或救护中心,先将猛禽安置在安静且光线较暗的房间让它平静,以获得更加准确的检查结果。之后工作人员再根据动物情况观察和体检。检查项目一般包括中毒、外伤（眼部、躯干、翅膀、下肢等）、骨折（X光）,必要时还需做血液、粪便检查等。

①补液:如果对患病或受伤的猛禽不能立即准确诊断,此时猛禽可能一段时间没进食,或者身体过于虚弱,补液是很有效的早期治疗措施。通常使用乳酸复方氯化钠液给猛禽补液,因为它与鸟类的血浆很相似,生理盐水也是很好的选择。对轻度虚弱的猛禽可消化道补液。另外,可皮下补液纠正脱水。补液量一般为体重的5%~10%,24h内补充细胞间质液缺失量和维持补液量,如果突然间流失大量体液,需要4~6h内补充流失量。

口服补液适用于轻度脱水、未开食等情况。首先触诊,当确认猛禽嗉囊空无食后,将补液橡皮导管中的气体排空,装满补充液体,轻轻伸到食道,切记不要插到气管里。取出导管时,捏住导管确保空气不被吸进鸟胃里或剩余的液体进入气管。如果猛禽胃肠道蠕动缓慢或静滞、无法正常抬头、癫痫或头部撞伤时,则不宜对其口服补液。

皮下补液适用于中度和重度脱水、长期未进食等情况。可将无菌生理盐水注射在猛禽的腹股沟内侧裸区皮下，注意小心避开气囊。

②中毒：猛禽吞食猎物或摄取污染的水均可能有中毒的危险。最常见的是有机磷农药、肉毒杆菌毒素、铅和抗凝血剂（鼠药）引起的中毒。

症状：有机磷（OP）中毒表现为几乎没有创伤迹象。瞳孔对光反射显著减弱或消失，瞳孔放大或缩小。唾液分泌过量，胃肠道功能停滞，如嗉囊不排空。爪部紧握、呼吸急促、肌肉震颤、呼吸衰竭进而导致死亡。抗凝血剂中毒表现为内出血、休克、黏膜苍白、低血压。

治疗：首先需稳定动物，如果嗉囊存在内容物，尽可能多地移除。用手指或海绵钳缓慢移除猛禽嗉囊中内容物，防止消化液误入呼吸道。如果进行洗胃（生理盐水清洗嗉囊），必须采用气管插管，以保护气道。洗胃后，灌服活性炭，吸收残留在消化道的毒素。如果是表面毒素并通过皮肤吸收，尽快用洗洁剂和温水清洗猛禽。洗涤灵可以很好地去除野生动物身体上的油污。

有机磷（OP）中毒需在24~36h内给药，先使用硫酸阿托品（0.2~0.5mg/kg 肌肉注射），3~4h 给药1次，直至临床症状消除。解磷定（2-PAM），10~100mg/kg，24~48h 给药1次，或6h 重复给药1次。癫痫时使用地西泮或咪达唑仑（0.5~1.0mg/kg，肌肉注射或静脉注射）。

抗凝血剂中毒使用维生素K（0.2~2.5mg/kg），4~8h 给药1次，口服直到稳定。然后24h 给药1次，口服连续14~28d。

③外伤：仅出现以下某一症状时，如眼部瞳孔不等、视网膜脱落、眼球震颤；眼睑、鼻孔和耳朵可见淤血；躯体或四肢外伤；肢体瘫痪、局部麻痹；呼吸窘迫等。

治疗：稳定初期，压迫伤口止血，用棉花或纱布包裹伤口，然后在局部麻醉或者呼吸麻醉的状态下处理伤口（图6-4）。治疗过程中和治疗后应适当为猛禽用药镇定。用生理盐水或0.05%的洗必泰清理伤口，不要用乙醇或过氧化氢清理伤口，以减少组织损害给猛禽带来的痛苦。用洗必泰清洗时，一定要在包扎前用生理盐水彻底冲洗干净，避免洗必泰在伤口处残留。北京市野生动物救护中心2019年救护一只患脚垫病的雕鸮，利用此方法进行治疗和包扎，已经明显好转。

消炎时切记不要使用类固醇类药物，可以使用抗生素消炎治疗或其他合理方法，如磺胺嘧啶银（SSD）或者水溶性抗生素软膏等。对于感染或者受污染超过8h的伤口或者面积较大时，应采取全身性抗生素治疗，用稀释的洗必泰（0.05%）或者生理盐水定期清洗，合理包扎此类伤口，直到长出新的皮肤层。伤口未严重污染或创伤在8h以内，可以不缝合，但需无菌操作，合理麻醉和镇痛。包扎完毕后将猛禽安置在昏暗、安静的环境。笼内四周及地面加垫，避免鸟再受伤。将毛巾折成环形，放在鸟的身下做支撑，不用栖架。

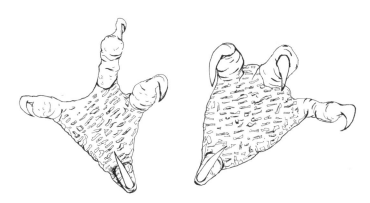

图6-4　猛禽趾间包扎（仿北京猛禽救助中心，2012）

④骨折：通过X光检查猛禽骨折的确切位置，X光检查时至少腹—背位和侧位两个角度拍摄。猛禽稳定以前，必须对骨折部位急救固定，大多数的骨折需要手术修复。需要手术的骨折部位一般有尺骨或者桡骨、乌喙骨、跗跖骨等。

尺骨或桡骨骨折，需要手术康复。对猛禽的翅膀"8"字包扎并固定于身体。必须隔天更换"8"字绷带并对肩、肘及腕关节物理康复治疗（图6-5）。如果不物理康复，不可以滞留"8"字绷带48 h以上。"8"字包扎的使用时间一定不可以超过1周。如果需要长时间接骨，务必使用骨针内固定。恢复阶段开始需要在呼吸麻醉状态下物理治疗，温和处理早期形成的骨痂。当骨痂牢固，拆下"8"字绷带。通常手术5d后结束"8"字包扎，需继续将患肢固定在躯干上直到骨折愈合，物理康复治疗2周。结束猛禽身体包扎，再安置在笼舍中1周，不做物理康复治疗。愈合期间每10d做一次X光检查，检测骨痂形成情况以及骨折碎片有无错位。如骨痂大而稳定，翅膀不再下垂，可将猛禽安置于飞行笼舍。

治疗猛禽的乌喙骨骨折，只要绷带包扎即可。如果手术修复效果不佳，将翅膀固定在躯干上2~3周（不是"8"字包扎），至少在第一周的第四天或第五天时，呼吸麻醉状态下开始物理康复治疗。之后2周或3周，在没有呼吸麻醉的状态下物理康复治疗。每10d做一次X光检查。如果骨痂稳固，解开身体包扎并观察翅膀的功能，通常3周后可以进行。

解开身体包扎后，至少在笼内安置1周。如果翅膀姿势正常，物理康复治疗时未表现疼痛，将猛禽安置于飞行笼舍。猛禽一旦安置在飞行笼舍，则不用人为物理康复治疗，鸟类将通过飞行自身物理康复治疗。如果猛禽的翅膀下垂或僵硬，再人为辅助物理康复治疗3次/周。如果翅膀严重下垂，可能神经系统出现问题，不仅仅是软组织无力或疼痛。

如果跗跖骨太小，无法内固定，可采取外固定。可以尝试罗伯特·琼斯绷带或热塑夹板。夹板务必固定趾骨和爪部以稳定骨折部位。每隔10d做一次X光检测，检查康复进程。由于血液供应不足，跗跖骨骨折愈合缓慢，即使一切顺利，康复也需要7~8周。

掌骨末端的闭合性骨折通常很容易对接。在骨折部位固定热塑性夹板，包扎翅膀并与身体固定。每隔一天物理康复治疗，确保猛禽的翼膜、肩关节、肘关节和腕关节灵活，功能正常。腕骨骨折愈合缓慢，如果进展顺利，通常需要5~6周愈合。

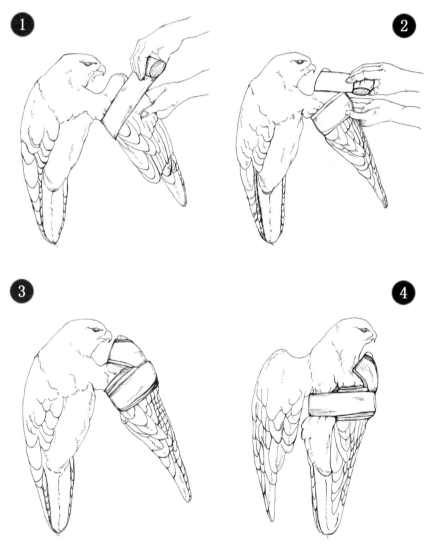

图6-5 "8"字包扎示意图（仿北京猛禽救助中心，2012）

（3）康复饲养

①基本要求：笼舍的用材必须便于清洁、消毒且耐用，要保证猛禽的安全和成本合理。应避免使用铁丝围栏、未经过处理的木材和网状材料，这些材料容易伤害猛禽的羽毛和肢体。在救治初期应将猛禽放置室内笼舍，每只独立一室，安装窗户，与户外的光线和空气相通，窗户开口方向应避开人类活动区。地板和墙壁可以铺瓷砖，便于洗刷和消毒。地砖须向地漏倾斜，确保地面干燥不积水。笼舍内都应放置供猛禽饮水和洗浴的浅水盆，随时供水且每天更换。

室外鸟舍适用于放飞前的康复饲养，不适用于需要每天接受治疗的猛禽。选址及周围植被必须考虑猛禽的安全感，采光及通风良好，温度适宜。理想的条件是四面都有遮蔽物，使用天然植物（落叶树）遮阳，以对抗夏季的高温。没有自然遮阴的笼舍必须有一个洒水系统和其他遮阳方式防止高温。门及窗都应覆盖深色的布或固定遮挡板，提供视觉屏障。保证笼内某个区域有遮挡（屋顶），猛禽可以自主选择飞至屋顶下，避雨、纳凉或远离洒水喷头等。多只猛禽合住的笼舍内，应设多个巢箱或其他遮蔽物，供同舍的猛禽自主选择，避开同类。地面要求排水系统良好，确保每日清洗时地表或地下不积水。为了避免磨损猛禽爪部，地面不能用混凝土或有尖锐石块。

猛禽维持营养的来源应尽可能接近在野外获得的食物。可选择雏鸡、鼠、鹌鹑和鱼。对于采食无脊椎动物的猛禽，可提供面包虫、大麦虫和蟋蟀等饲喂。食物应尽可能多样化，但尽量不要饲喂家鸽。如果用家鸽作猛禽食物，须去除家鸽的头部和嗉囊后冷冻（-20℃），解冻后再提供给猛禽，以减少猛禽患滴虫病的风险。

②环境丰容：室内和室外笼舍尽量设置多样化的栖架。考虑因素包括栖架粗细与猛禽爪大小匹配；栖架到地面、墙壁、顶棚的距离；猛禽的飞行能力与笼舍大小的比例；栖架的材料及覆盖物；某些动物种类的特殊需求，如隼配置隼台。

少数的栖架应该具有一定的活动性，这样可以模仿猛禽在野外降落到树上时的自然反应。可通过安放一根可摆动的栖木或一些树枝、管子，这些栖架会随着猛禽自身的重力，轻微晃动，达到模仿的效果。栖木的材料包括带着粗糙树皮的天然树枝、木制圆棒、PVC管、圆边的木料、原木或金属管等。其中，天然树枝在粗糙树皮脱落后必须更换，PVC管和金属材质的栖架上必须覆盖有合适的材料。栖架上的覆盖物，需要足够的垫层，表面要凹凸不平，以便每次猛禽停歇在栖架时，足底各个部位都能承重。

栖架后面安放一面坚实的屏障可增加安全感，注意屏障和栖架的定位，尽量减少羽毛损伤。栖架应距墙壁一定的距离，这样易于清理墙上的粪便。用墙上的托架撑住栖木或使用可自立的栖木，便于调整，以适合不同的猛禽种类。

6.1.4.2 其他鸟类的救护

（1）保定和运输

在救助鸟类过程中，合理的保定和运输可以将救护鸟类的再次伤害降到最低。例如，救护翅和腿肌肉受伤导致无法正常活动的水鸟时，可参考Rogers等（2004）的方法来保定受伤的水鸟，同时也方便水鸟自主取食（图6-6）。在不确定鸟类具体伤情的情况下，根据鸟类体形大小，选择救护容器的大小。容器的大小以鸟类在内部不发生互相踩踏为基本要求，高度可参照环志使用容器，也可根据救护鸟类的体长作相应调整。鹤类容器较大（90cm×40cm×95cm），鹀类容器较小（5cm×3cm×3cm），成年鸟的容器应比幼鸟的容器稍大。以保证鸟的颈部伸直，感觉舒适，以不能伸展翅膀或因跳动而再次受伤为准。容器材质可以因地制宜，选用纸质、塑料、布袋或铁笼，能有效避免鸟类受伤为宜。容器的两侧应有通风孔，箱子应结构坚固，不易变形。容器若可以重复利用，在每次使用前均应清洗和消毒。

运输过程中，根据救护鸟类生物学特性的差异，容器的材质和内部布置也应有所区别。鸟喙较长的种类，如鸻鹬类，应避免使用有网眼的铁制箱笼，可以选择内部有网眼足够小的尼龙网纱的笼箱，防止伤害鸟喙和飞羽（图6-7）。雨燕目鸟类腿短具爪，善于抓爬，箱内可以放置软毛巾或人工草坪，供其抓持，避免鸟类在运输途中产生应激反应。鹦形目鸟类的喙坚硬而有力，破坏力强，箱子应该坚固耐用、不易毁坏，宜用木质笼箱或运输犬猫的航空运输箱。

图6-6 受伤水鸟的保定
（引自Rogers等，2004）

图6-7 运输水鸟的容器
（引自中国野生动物保护协会等，2015）

运输过程中，容器应安全、黑暗及通风良好，运输时间要尽可能短，尽可能避免突然转弯、提速、刹车和颠簸等。运输过程中，要注意温度，如果天气很热，要做好通风和降温的措施，以避免热应激。如果没有合适的容器，最好给鸟戴上头套，可以减小应激。

（2）救护方法

①初步诊断：收容救护的动物应该置于温暖、安静的环境中检查，尽量减少环境压迫。新救护的动物一般会表现出体弱、脱水、应激，有些带有伤病，需要尽快体况检查，以便制定下一步的救护措施。检查内容一般包括体重、体温、呼吸、心跳、能否自主站立或站立行走、肢体有无骨折、对受到外界刺激时反应的敏捷程度等。根据检查情况，判断是中毒、感染疾病、机械损伤还是其他病因。

血液检查：采血部位腋下静脉，采血量不超过体重的1%。检查血常规，判断脱水情况及感染病菌情况。

X光检查：部位是胸背、侧面和首尾，用于检查骨折和是否吞服异物。

病毒性疾病筛选检测：主要对禽流感和鸡新城疫筛查，采集咽喉拭子、肛门拭子，用禽流感病毒抗原病毒快速诊断试剂条和鸡新城疫病毒抗原病毒快速诊断试剂条检测。

细菌性病检查：在无菌条件下，采集脓肿、分泌物以及气管冲洗物等分离培养，常见病菌有沙门氏菌、大肠杆菌、魏氏梭菌、巴氏杆菌、葡萄球菌和曲霉菌等。

中毒检查：中毒药物主要是氨基甲酸酯农药、有机磷农药，最多是呋喃丹。中毒的鸟类依中毒程度不同有不同的表现，较轻的中毒者表现为腿软弱无力、支撑不起身体、趴在地上或虽能站立但是站立不稳；有的则全身颤抖，似怕冷状，或两翅拍打无力，飞不起来。严重者变现为两翅不拢，无力垂下；嘴里流出很多黏液，拉长呈丝状；黏液可导致呼吸困难，气管发出"呼哧、呼哧"的声音；左右晃动头部以吐出黏液，严重的则抬不起头来，或头搭在地上，粪便呈稀状。

禽流感：通常表现为急性症状、严重虚弱，几天内死亡。症状包括精神沉郁、过度嗜睡、呼吸困难、眼内及鼻内有分泌物、乏力、食欲缺乏。每年10月至次年4月为禽流感高发期。

②治疗：针对呼吸微弱或过于急促、心跳无力或过快、体温下降或上升、不能站立行走、对外界刺激反应弱的动物个体，所采取的应急治疗方法为肌肉注射头孢拉啶0.5mL、地塞米松0.5mL、盐酸洛贝林0.5mL注射液，可以防止心衰和应激。并把鸟类放到温暖安静的环境中，情况特别紧急的可以放置到ICU动物护理病房中急救。

对救护的个体应适当补液。轻度脱水可口服，中度脱水可皮下注射，部位在腹股沟或背肩无毛区。一般补液3d，溶液为复合氯化钠注射液，补液前应将注射液升温至与鸟体温接近，第一天，按体重的5%皮下注射2次，第二至第三天，按体重的3.7%每天皮下注射2次。

a.外伤处理：有外伤的个体，应立即对伤口处理。一般用生理盐水冲洗伤口，用蘸有络合碘的纱布按压止血消炎；大的伤口，应适当缝合后消炎；旧伤且已化脓，用0.05%洗必泰冲洗创面，再用生理盐水冲洗干净后用络合碘消炎，应采取全身性抗生素治疗。

b. 骨折处理：分为简单、闭合性骨折，粉碎性骨折和开放性骨折。简单、闭合性骨折或粉碎性骨折可用X光检查骨折情况，用绷带稳定骨折部位。开放性骨折，应先清理异物，生理盐水冲洗，络合碘消毒，合理闭合并包扎伤口，镇痛消炎1周左右。

c. 中毒治疗：针对中毒所采取的治疗方法。最好根据动物呕吐物化验，确定致病毒物类型，然后注射相应的氯解磷定或碘解磷定。鸟类常见呋喃丹中毒，中毒鸟类注射硫酸阿托品解毒。通过观察鸟类能否站立、能否抬头等症状，判断其中毒严重程度，将硫酸阿托品注射或口服使用。用药量按说明书上禽用剂量标准依中毒程度酌情增减。一般肌肉注射用量0.02~0.04mg/kg，剂量每次不超过2mg。口服注射液用量0.01~0.02mg/kg，剂量每次不超过2mg。如果中毒非常严重，应注射1次后间隔30min，再注射1次。同时，采用肌肉注射与口服硫酸阿托品并行的方法。

d. 细菌性病治疗：主要有沙门氏菌、大肠杆菌、魏氏梭菌、巴氏杆菌、葡萄球菌和曲霉菌等，把分离培养的病原体药敏试验。革兰氏阳性球菌（魏氏梭菌、葡萄球菌等）感染者可选用青霉素、红霉素、头孢菌素等；革兰氏阴性杆菌（沙门氏菌、大肠杆菌、巴氏杆菌等）感染则选用庆大霉素、头孢菌素及半合成广谱青霉素；厌氧菌感染则首选甲硝唑，也可选用青霉素、氯霉素、氯洁霉素等。患病机体应注意早期使用足量的杀菌剂为主；一般两种抗菌药物联合应用，多自静脉给药；首次剂量宜偏大，注意药物的半衰期，分次给药。

e. 寄生虫病治疗：阿苯达唑对寄生蠕虫具有广谱、高效、低毒的作用。伊维菌素或阿维菌素、多拉菌素、敌百虫、敌敌畏对线虫有效。左旋咪唑对线虫、蛔虫、钩虫有效；吡喹酮对吸虫、绦虫和囊尾蚴病有效。氨丙啉、氯吡醇、地克珠利、莫能菌素等对球虫有效。三氮脒是广谱的抗血液原虫药，对锥虫、梨形虫和边虫均有作用，是治疗锥形虫病和梨形虫病的高效药，但预防作用差。咪唑苯脲对梨形虫有治疗和预防作用。甲硝唑对多数专性厌氧菌的原虫均有强效。敌百虫、敌敌畏、倍硫磷、环丙氨嗪、氯苯脒、升化硫等对体外寄生虫有效。使用时需注意浓度及使用时间，防止动物吸食抗寄生虫药物造成中毒。

（3）康复饲养

①基本条件：把鸟类放进笼子或鸟舍前，应快速评估以决定最适合鸟类的住所。翅膀受伤的鸟必须放在笼子里，应选择安静较为偏僻的笼舍，内放有掩体或简单的巢以作藏身之用，营造昏暗而有围网的空间较为可取。精神紧张的鸟需要放在完全遮蔽

的笼子，或在笼子内有遮蔽物。这样它们会比较安静，并尽量减小人为干扰，以降低动物承受的压力。对于体能较好或只受轻伤或康复较好的鸟，应有足够的空间，这样可容许并鼓励鸟儿自由活动，甚至可以在笼舍内短暂飞行，让鸟类在放归前锻炼飞行肌肉。

在鸟类适应小环境和饲料后应放入大型笼舍内饲养。如涉禽，笼舍应坐北朝南，为半室内形式，要求采光良好地势高燥。环境安静，面积约 $15m^2$，笼高 3m。地面泥土上铺粗沙，笼顶北面三分之一面积安装阳光板，起到遮挡部分阳光和雨水。笼舍网孔为 1.2cm 不锈钢软网，防止鸟类飞撞受伤。夏季应在笼顶覆盖遮阴网。笼内设施根据鸟类野外生活环境，可提供水池、沙地、蒿草等。

每天给予清洁的饮水和食物，根据鸟类不同种类给予合适的饲料。对以动物性食物为主的水鸟，食物应投放在装有水并且底部放置泥土或沙的器皿中。如，秦皇岛野生动物救护中心救护体况衰弱的黑尾鸥（*Larus crassirostris*），经过康复饲养，身体状况已经明显好转（图 6-8）。

图6-8　黑尾鸥救助后的康复饲养（张延君　摄）

以植物性食物为主的动物，食物均匀投放在食槽中即可。鸡形目鸟类食物主要为玉米、小麦、大豆、麦麸、鱼粉、绿叶蔬菜、胡萝卜、苹果、西红柿、黄粉虫等，也可购买鸡饲料，不同日期饲喂不同的饲料。雀形目鸟类食物主要为谷子、黍子、玉米、高粱、面包虫、大麦虫、叶菜、水果、商品饲料等。每天饲喂两次，饲料量以每次恰好食完为宜。

每天做好笼舍的清洁卫生工作，定期消毒，每周 1 次使用百毒杀等药物轮换喷洒消毒。笼内垫沙应每隔 1 周更换。

②环境丰容：饲养笼舍丰容的原则主要是尽量提供自然化的环境和设施，从而确保它们的生理及心理健康，提升生活福利水平。例如：水鸟在野外的生存环境主要为湿地，它们成群涉水在淤泥中寻找食物，主食蠕虫、蜗牛等软体动物和甲壳动物或草籽等。在饲养笼内应提供水池、沙地、篙草等，为它们创造舒适安静的环境。日常饲料包含小蟹虾、熟鱼肉末、熟牛肉末、面包虫、小鸡颗粒料和多种维生素及矿物质，其中，面包虫应投喂在沙地或水池中，让它们慢慢地去寻找取食。

对于生活在森林中的鸟类，天然的栖木较为合适，应设置供攀爬的耐用栖木。粗细则要视鸟类的体形大小而定。树枝的摆放方法，应考虑鸟类站在栖木时的身体位置。栖木不应碰到鸟儿的身体，以免损伤鸟儿羽毛，尤其是尾部和双翼的羽毛（图6-9）。鸡形目笼舍内设便于隐蔽的小障碍物。场地地面以天然地面或草坪较好，在地面铺垫沙子。注意垫料的清洁度和干燥度，沾染粪便的湿垫料是细菌、真菌的最佳繁殖场所，要及时更换。

图6-9 双角犀鸟（*Buceros bicornis*）的丰容场所（段玉宝 摄）

6.1.5 兽类的救护

6.1.5.1 保定和运输

对于成年大型哺乳动物救护时一般采用化学保定方法，保定工具为麻醉枪或吹管。麻醉枪须经公安部门批准才能购买，且遵循规定的使用和保管程序。麻醉药一般选用鹿眠宁（0.04mL/kg）肌肉注射；或氯胺酮（10mg/kg）+ 安静注射液（1mL）肌肉注射。对于幼仔或小型哺乳动物，可以用网捕的方法物理保定。

救护运输笼根据物种体形的差异而设计不同材质、尺寸的箱笼。通常接收灵长类动物时，若运输的距离较短，运输用的笼具通常有单笼的参考规格为 80cm×40cm×30cm、四方笼的参考规格为 50cm×50cm×60cm。单笼主要是用于体形较大（体重5~20kg）的灵长类，四方笼主要是用于体重5kg以下的。猪科动物的救护运输笼为50cm×50cm×100cm大小，直径为1.5cm，间隙为5~7cm的钢筋焊接运输笼子。同时还准备可以覆盖笼子的布，在装笼后立即遮光直至救护基地。遮光的目的在于使动物尽快安静下来。

大型鹿科动物运输的箱笼为木制，参考规格为50cm×150cm×200cm，底面和顶面用5cm×5cm的木柱，四周用1cm厚的硬质模板，前后做成上下提拉式门。小麂等小型鹿科动物的运输笼，大小为30cm×50cm×100cm。制作形状同大型鹿科动物运输笼，也可以用比较结实的编织袋保定运输小型鹿科动物，更为经济、实惠和安全。

牛科动物救护运输笼的大小为200cm×50cm×150cm，木制，底面用5cm×5cm的木柱，顶部用直径1cm的圆钢，四周用1cm厚的硬质模板，前后也用直径1cm的圆钢焊接成可上下提拉的门。

犬科动物救护运输笼为50cm×50cm×100cm大小，直径为1.5cm，间隙为5cm的钢筋焊接运输笼子。熊科救护运输笼为70cm×80cm×150cm大小，直径为1.5cm，间隙为5cm的钢筋焊接运输笼子。猫科救护运输笼为70cm×80cm×150cm大小，直径为1.5cm，间隙为5cm的钢筋焊接运输笼子，四周全部用2cm×2cm网孔的钢网全覆盖。小型兽类救护运输笼为40cm×40cm×70cm大小，直径为1.5cm，间隙为5cm的钢筋焊接成骨架，四周用2cm×2cm网孔的铁质网覆盖。

6.1.5.2 救护方法

（1）现场检查

诊断和检查必须在保证安全的情况下进行。现场检查主要包括体表特征、体温测量、脉搏、呼吸频率、营养状况等。

（2）初步诊断

①外伤：通过检查体表、口腔、鼻孔等，触摸皮肤、四肢等方法，诊断判定动物是否受到外伤、骨折、关节脱臼等。

②疾病：通过按压脏器部位、听诊、观看天然孔、检查大小便等方法，初步诊断动物是否患皮肤病、心肺疾病、消化道疾病、泌尿道疾病等。

③中毒：主要通过观察是否有神经症状、是否有大小便失禁、是否有嘴角或鼻孔等处流血，判定动物是否中毒。

（3）治疗

兽类救护常遇见咬伤、皮肤脓肿、骨折、传染病性疾病、中毒等伤病情况，根据不同伤病情采取不同的治疗措施。

①咬伤：轻微咬伤的伤口可直接涂擦碘酊，全身注射抗菌素即可；咬伤较深可用

双氧水、0.1%高锰酸钾、生理盐水等冲洗伤口，然后用炉甘石、磺胺粉等撒布伤口。太大的伤口需要缝合，同时应用抗生素肌肉注射治疗3~4d。

②皮肤脓肿：手术打开脓包放出脓汁，然后用双氧水、0.1%高锰酸钾、生理盐水等彻底冲洗脓包腔。随后在脓包腔中涂撒抗菌素干粉，同时全身肌肉注射抗生素。

③骨折：四肢非开放性骨折一般采用外固定方法治疗；颈椎、胸椎、腰椎、肋骨等非开放骨折，一般要运输到专业救护机构治疗。

出现四肢开放性骨折时，在现场首先止血，然后采用外固定的方法先固定，等送到专业的救护机构后再采用内或外固定的方法治疗。北京野生动物救护中心在救护右前肢开放性骨折并化脓腐烂、感染严重的果子狸时，经过2d的术前评估，决定进行截肢手术，术后一个半月伤口完全愈合，采食正常。

④内科疾病：现场主要应用一些抗感染、抗休克的药物。具体治疗最好转移到有条件的救护机构中进一步准确诊断和治疗。

⑤传染病性疾病：救护时如果发现动物疑似患烈性传染病，在现场兽医指导下，采取就地隔离治疗或猎杀的方法。尸体采用焚烧等无害化处理，防止疾病传播。如果是一般的传染病，在对救护地点严格的消毒和无害化处理后，迅速转移到专业的救护机构治疗。

⑥中毒：立即使用抗痉挛、抗休克的药物，然后尽量调查清楚毒源，再针对毒源解毒治疗。

⑦溺水：首先清理呼吸道，保证呼吸畅通，然后迅速实施心肺复苏治疗。

6.1.5.3 康复饲养

（1）康复笼舍及丰容

救护康复笼舍选在地势较高的地方，容易排水，便于采光和通风。草食动物的康复饲养圈舍可以建成统一模式，有1~2间即可。整个圈舍采用半开放内舍的设计，面积20m²左右，三合土硬化地面，有一定的坡度。围墙为24cm厚砖墙基座，上边采用网式结构，总体高度2.5m。半边顶上加棚，防雨、防晒，形成半开放式内舍。剩余半边作为运动场。在运动场方便操作的一侧用水泥修建50cm×60cm×20cm的饲槽及30cm×60cm×10cm的饮水池。

灵长类动物可以在3m×7m×（1.5~2.5）m的栏舍康复。每间栏舍可满足30只体重5kg以下的猴子有相对充足的活动空间。架设铁质底网，底网离地面高度在60~80cm，内设栖息架。栖息架长度至少在5m左右，保证室内温度在17℃以上，有足够可见光面积（图6-10）。栏舍的布局通常采用双排对开的布局，地面存在一定角度，便于冲洗，猴房外两侧做排污沟。

6 野生动物救护与放归

定期对圈舍及其周围环境严格消毒，以避免交叉感染及继发性感染，创造良好的康复环境。

（2）饲料

由于不同动物的食性差异较大，采食的种类千差万别，但可将食物大体分为几类，救护喂养时则根据物种不同的生物学特性来搭配饲料。

①动物性饲料：各种健康畜禽的肉及其加工副产品，如肝、肺、头、爪、翅、耳、脾、肠、骨架、血；干鱼、鱼粉、肉骨粉、羽毛粉、干粉、鱼粉、蚕蛹粉、蛋、奶品等。

②植物性饲料：包括玉米、小麦等谷物籽实及其加工副产品；大豆、花生等豆

图6-10 救护康复中的东白眉长臂猿
（胡桓嘉 摄）

科籽实及其加工副产品；苹果、萝卜、白菜、莴笋、苕藤等各种水果、蔬菜。

③添加剂饲料：包括赖氨酸、蛋氨酸等氨基酸；酵母、麦芽、维生素、鱼肝油等；食盐、骨粉、贝壳粉、多种微量元素等矿物质；土霉素、四环素、喹乙醇等抗菌素；丁基羟基茴香醚（BHA）、二丁基羟基甲苯（BHT）、二氢吡啶等抗氧化剂。

动物救护中投食需特别注意动物的食性。比如灵长类中的叶猴，它们的食性较独特，只食某些树叶，因此只能用植物的嫩枝叶来投食。对于不知食性的动物，可以分别用植物的嫩枝叶、水果（热带水果为宜）、蔬菜、玉米青秸秆、生玉米棒、生花生、甘蔗等青饲料（必须晾干水后）来分别作尝试性投食。杂食性动物可以用鸡蛋、鹌鹑蛋、苹果、香蕉来实验性投食，待明确食性后再正常投食。投食的量一般以本次刚好吃完为准。投食一般为每天3次，早晚各1次干料、中午投青饲料。夜行性的动物则在傍晚投食。饮用水的供应需符合动物饮用标准。

6.2 野生动物放归

随着世界各国物种重引入项目的日益增加，世界自然保护联盟物种保护委员会（IUCN/SSC）在1988年成立重引入专家组，先后在1998年和2013年发布了物种重引入指南，将迁地繁育的物种放归到历史分布地给予细致的区分和准确的定义。如果该物种在历史分布区域内已经灭绝或消失，重新建立该物种的种群，定义为"重引

入"（reintroduction）。目的都是为了在野生动物适宜生存区，恢复建立可自我维持的野外种群。

濒危物种的重引入是一项长期、极其复杂和艰苦工作，亦有各种意想不到的困难，因此在实施重引入前需要对放归地深入实地调查、详尽的可行性分析及相关技术准备（图6-11）。引入后要对放归个体进行长期的、持续不间断的野外监测，实时掌握其生存状态，以提高重引入濒危物种建立新种群的成功率，这个过程中涉及的一系列科学问题均十分关键且不可或缺。物种重引入要求一支多学科的、专业的人员队伍参与，包括政府成员、非政府组织、资助机构、野生动物专家、兽医、动物园或动物繁育机构、放归地管理机构以及媒体人员等。该队伍的领导者应该负责这些机构或人员之间的协调，并应当就该计划加强宣传和公众教育工作。

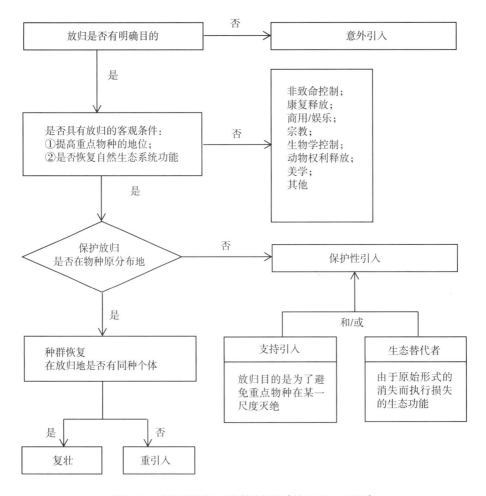

图6-11 动物异地引入可行性分析图（仿IUCN，2013）

而向现存的种群中添加同种个体,称为"再加强或补充",也有学者译为"复壮"(reinforcement)。实际上,由于物种分布区破碎化,如果不清楚该物种扩散能力的前提下,要精准的区分重引入和再加强这两种方式是比较困难的,这种情况下,较多学者用"放归"一词,包括了重引入和再加强。关于野生动物的放归,不管是原地救护的野生动物,还是外来物种或人工繁育个体,都需要一个科学的评估后才能执行(图6-12)。

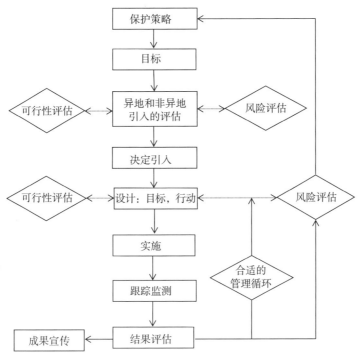

图6-12 动物放归流程图(仿IUCN,2013)

6.2.1 放归前准备

6.2.1.1 生物学方面

(1)可行性分析和背景研究

首先须确定放归个体的遗传学背景。开展分子遗传研究,掌握种群内和相关种群之间的遗传变异有助于物种放归计划的实施。若放归地该物种已经灭绝,那么放归个体应当与已灭绝物种的是同一种、亚种。应调查准备放归地区该物种的消失原因和收集相关资料。如果该种群消失的时间较长,具体操作应更为谨慎。

如果放归区域存在野生种群,应当对野生种群的现状和生物学开展细致的研究,以确定该物种生存需求的最主要条件。这些研究要包括放归种群与野生种群的遗传差异、生境选择、种内变异、对当地生态条件的适应性、社会行为、群体组成、家域/巢区大小、隐蔽场所、食物的需求和组成、取食行为、天敌和疾病等。对于迁徙性物种，还要研究潜在的迁徙地点。深入了解被引入物种的生活史对整个放归计划是至关重要的。

如果有物种填补灭绝物种丧失而留出的生态位，需要评估放归物种对生态系统产生的影响。应当模拟在各种条件下建立放归种群，以便确定每年的最佳放归数量和个体组成，以及建立可维持种群所需的年限。还应进行生境和种群生存力分析，确定重要的环境和种群变量，评估它们之间的相互作用，以便指导长期的种群管理。在执行和制定物种放归行动方案之前和过程中，需要对以前的相同或相似物种的放归计划深入研究，并要广泛地与具有相关专业知识的人员探讨。

（2）放归地点的选择和评估

放归地点应当选在该物种的历史分布区内。如果是种群复壮，则该地区还应残存少数野生个体。如果是物种重引入，则不应有残存个体存在，以防止疾病蔓延、社会结构被破坏。某些情况下，物种重引入或复壮可以只在围栏或其他方式围起来的区域内进行，但必须在该物种原来的自然生境内。应当确保物种放归地区长期受到保护。

保护性和良性的引入必须是在原产地或现存范围内无法进行物种重引入的情况下采取的最后行动，而且只能在对该物种的保护具有重要意义的情况下才能进行。

具有适宜的生境：物种放归只能在该物种的生境和景观条件得以满足，并在可预见的未来能够持续利用的区域内进行。必须考虑到该物种消失后自然生境已产生变化的可能性。同样，自该物种消失后法律、政治或文化环境的变化也是一种可能的制约因素，应当评估和确定。该地区应足以承载物种放归种群的持续增长，并能够长期供养一个可维持的种群。

找出以前导致种群衰退的原因，并消除这些因素，或使其影响降低到适当的水平。这些因素包括疾病、过度捕猎、过度采集、污染、毒害、与引入种的竞争或被引入种捕食、生境丧失、以前的研究或管理项目的副作用、与家畜的竞争等。如果放归地点由于人类活动产生明显退化，在实施物种放归计划之前应当进行生境的恢复和重建。

（3）具有适当的放归种群

放归的动物最好是来自野生种群。如果选择人工饲养的种源，最理想的应是在遗传上与当地原有物种亲缘关系最近的，与原有的种群具有相似的生态、形态、生理、行为、生境选择等特性的种群。朱鹮在中国曾经被认为是已经灭绝的物种，1981年在陕西洋县姚家沟被重新发现时仅有7只野生个体。1986年，我国在北京动物园建立了"朱鹮养殖中心"，将救护的朱鹮养殖在该中心后，北京种群以6只野生朱鹮为奠基个体，该中心进行了朱鹮人工饲养技术和繁殖生态的研究。1990年，陕西洋县以救助的野外朱鹮个体为基础，建立了人工繁育种群。随后在日本、陕西楼观台、河南董寨、浙江德清、韩国昌宁郡、四川乐山等地建立了人工繁育种群，中国政府和科研保护人员经过近40年的艰苦努力，在朱鹮就地保护、异地保护和野化放归、再引入等方面均取得了巨大的成功。截至2019年底，朱鹮种群数量已由当初7只的极小群体发展到了3000余只。朱鹮的保护管理工作所取得显著的成绩，已经成为国家和国际上拯救其他濒危物种的成功范例。只有在评估放归地对放归种群产生的影响后，确保这些影响对原有种群没有副作用的情况下，才能从该种群中释放个体。以物种放归为目的的个体转移不能威胁到圈养种群或原有种群。

如果利用圈养或人工繁殖的种源，则依照现代保护生物学原理的要求，提供这些种源的种群必须是从种群统计学和遗传学两个方面都已得到良好的管理。不能因为存在圈养的种源就开展物种放归计划，更不能把物种放归作为处理过剩种源的手段。

选择好了的放归种源，包括政府间作为礼物相赠的种源，在从原有种源运出以前必须严格的兽医检测。一旦发现某些个体感染或经测试为阳性的非本地特有的或接触感染的病原体，在种群水平上有潜在的威胁者，则一律不能运出。对于没有感染的和表现阴性的动物，在重新测试之前必须经过适当时间的严格检疫期。期满后通过重新测试合格后才能运输。

在运输过程中，特别是跨国或跨洲的运输过程中，可能会感染严重的疾病。因此必须特别小心，使这种危险降低到最低程度。种源必须要满足接收国的国家检疫机构的所有健康规定，如果需要的话，还应就检疫作出相应的规定。1986年，麋鹿（*Elaphurus davidianus*）从英国重引入中国，经过严格的疾病检查，放归至江苏的大丰，30余年来，麋鹿的种群数量已经由最初的39头繁衍至2019年的5000余头。

（4）圈养种源的放归

大多数哺乳类和鸟类的生存严重依赖于其积累的经验和幼年所学的知识。在圈养环境下，必须通过训练给它们机会获得野外生存所必需的知识。圈养繁殖个体的存活率应当接近其野生状况下的存活率。应注意那些存在潜在危险的圈养繁殖动物如大型食肉类或灵长类，在有人类存在的环境中可能会对当地居民或家畜带来危险。出生于2010年8月的大熊猫"淘淘"跟随母亲一起参与野化训练，在2012年10月放归至雅安石棉县栗子坪国家级自然保护区，是全球首只采用母兽带仔方式野化培训的大熊猫。"淘淘"在野外存活至今，验证了人工繁殖大熊猫经过母兽带仔野化培训方法放归自然的成功，同时创造了人工繁殖大熊猫放归野外存活时间的新纪录。

6.2.1.2 社会经济和法律保障

第一，物种放归通常是长期项目，要求长期的资金和政策的支持和保障。普氏野马（*Equus ferus*）重引入的项目，在1986年得到了林业部和新疆维吾尔自治区人民政府的大力支持，成立专门机构，负责"野马还乡"工作，随后18匹野马先后运抵新疆。截至2019年，新疆放归的普氏野马已经繁殖到了第六代，累计数量达703匹，在野外的种群数量达221匹。

第二，应开展社会经济研究，评估物种放归计划对当地居民带来的影响、代价和效益。

第三，应彻底调查当地人民对物种放归计划的态度，确保物种放归的种群能够得到长期的保护，特别是如果该地区原生种群衰退是由于人类的因素引起的，如过度捕猎、过度采集、生境的丧失或改变等。该计划必须得到当地民众的完全理解、接受和支持。

第四，对于人类活动威胁到物种放归种群安全的地区，必须采取措施最大限度地减少这些威胁。如果采取的措施不力，则应当放弃物种放归计划或寻找其他的放归地点。

第五，应调查有关物种放归和物种管理的省级、国家级和国际的法律、法规和放归工作中所需的许可程序。

第六，物种放归必须获得放归地政府管理机构的准许和参与才能实施。这一点对边境地区，或涉及多个省份或者物种放归的种群可能扩展到其他省份、或其他国家领土的物种，放归计划特别要慎重。

第七，如果该物种对生命或财产存在潜在的威胁，应将这些威胁降低到最低程度。必要时应提供足够的补偿；在所有的其他解决方法都失败的情况下，应考虑将放归的个体转移或消灭。对于迁徙和流动性的物种，还应采取措施利于它们跨越国界或省界。

6.2.2 计划、准备和放归

第一，在放归地应取得相关部门审批授权，并与国内和国际保护机构协调。

第二，建立多学科的专家队伍，针对放归的各个阶段提供专业技术方面的指导。

第三，根据既定的目的和目标，确定短期和长期的成功指标，并对项目的持续时间预判。

第四，保证放归的每一个阶段都有足够的资金。

第五，保证物种在放归前和放归后的监测方案合理缜密，科学地收集数据资料，能够科学地分析。必须有放归前个体的健康、生存状况和遗传监测；如果健康状况不容乐观，则有必要人为干预。还应对物种放归区域的近缘种健康监测。

第六，如果放归的种源为野外捕获，则应注意确保以下几点：①在运输之前必须确保该种源没有传染性或接触感染性的病原体和寄生虫；②确保该种源不会接触释放地点可能存在的而该种源可能没有获得性免疫力的病原。

第七，在放归之前应针对放归地特有的或流行性的野生种源或家畜疾病做免疫接种，使待放归的种源有足够的时间产生所需的免疫力。

第八，整个放归计划过程中需要有兽医来确保放归种群的健康，包括严格的检疫过程，特别对于那些经远程运输或跨国界运输到达放归地的种群。

第九，制定周密的放归物种运输计划，最大限度地降低运输对动物造成的心理伤害。

第十，确定放归策略，如使放归种群适应放归地点的水土；行为训练，包括捕猎和采食行为；群体结构、数量、放归方式和技术；放归时间安排等。

放归方式包括软放归和硬放归。软放归指在放归前，在放归地给予放归的个体各种准备性训练并在放归后给予一定的帮助，包括提供食物、产仔巢穴，提供各种可能的救护等；硬放归指直接将个体放归至放归地，在放归后不对放归动物提供帮助。通过对大熊猫软、硬放归的比较研究显示，硬放归失败个体的活动节律明显不同于野生大熊猫，建议大熊猫放归工作中尽量采用软放归的方式。

第十一，为获得长期支持，应开展自然保护的公众教育；对参与该长期项目的人员职业培训；通过大众媒介和在当地民众中开展公众宣传；在可能的情况下发动当地居民参与放归。

第十二，实施的整个过程中，始终满足放归动物的健康福利。

6.2.3 放归后的工作

应对所有个体采取放归后监测，根据实际情况选择直接（如标记、遥测技术）或间接（如足迹、其他信息）方法监测。

第一，必须对放归群体开展种群数量统计、生态学和行为学研究。

第二，个体和种群的长期适应进程的研究。

第三，收集死亡个体，调查死亡原因。2007年，卧龙实施的大熊猫首次放归失败后，收集了个体死亡原因，是由于放归个体和野生个体争夺食物致死，这为后续放归提供了经验参考。

第四，必要时人工干预，如补充喂养和兽医方面的协助等。2009年，大熊猫第二期放归计划时，采用软放归的方式。2010年母兽在野化培训圈内产仔，2011年逐渐对其断绝人工食物，2012年幼兽具有了强化的野外生存能力，其后将评估合格的大熊猫幼仔放归野外。

第五，必要时修订、重新安排或中止计划。

第六，必要时继续生境的保护或恢复。自1981年朱鹮被重新发现以来，随着朱鹮保护工作的逐渐增强和栖息地环境的日益改善，活动范围已从重新发现时不足 $5km^2$，扩展至陕西省 16 个县（区）1.5 万 km^2，并呈逐年扩散的态势。在国内，目前拥有朱鹮的地方包括河北、浙江在内已超过 7 个省份。

第七，持续开展公共关系活动，包括教育和大众媒介宣传。

第八，对物种放归技术的成效和成功性评估。

第九，定期出版科学著作，发表科研文章，开展科普宣传和教育。

参考文献

北京猛禽救助中心，2012. 猛禽救助中心操作指南. 北京：中国林业出版社.

洪美玲，付丽蓉，王锐萍，等，2003. 龟鳖动物疾病的研究进展. 动物学杂志，38(6): 115-118.

李德生，张和民，王承东，等，2017. 野外大熊猫救护及放归规范（LY/T 2767—2016）. 国家林业局.

梦梦，纪建伟，张志明，等，2016. 我国野生动物救护现状及发展分析. 林业资源管理(2): 19-24.

孙力，2018. 朱鹮配偶选择机制研究. 杭州：浙江大学.

田秀华，张丽烟，王晨，2007. 动物园环境丰容技术及其效果评估方法. 野生动物杂志，28(3): 64-68.

于业辉，张守纯，赵玉军，等，2006. 壶菌病与两栖动物的种群衰退. 动物学杂志，41(3): 118-122.

张恩权，2006. 两栖爬行动物的异地保护. 野生动物杂志，27(6): 41-43.

张泽钧，张陕宁，魏辅文，等，2006. 移地与圈养大熊猫野外放归的探讨. 兽类学报，26(3): 292-299.

中国野生动物保护协会，北京市野生动物救护中心，湖北野生动物救护研究开发中心，2015. 野生动物救护技术手册. 北京：中国农业出版社.

IUCN/SSC, 2013. Guidelines for Reintroductions and Other Conservation Translocations (Version 1.0). Gland, Switzerland: IUCN Species Survival Commission.

ROGERS D I, BATTLEY P F, SPARROW J, et al., 2004. Treatment of capture myopathy in shorebirds: a successful trial in northwestern Australia. Journal of Field Ornithology, 75(2): 157-164.

附录：

陆生野生动物收容救护管理规定

（2017年12月1日国家林业局第47号令）

第一条　为加强野生动物保护管理，规范野生动物收容救护行为，依据《中华人民共和国野生动物保护法》《中华人民共和国陆生野生动物保护实施条例》等有关法律法规，制定本规定。

第二条　本规定所称野生动物，包括列入《国家重点保护野生动物名录》《地方重点保护野生动物名录》《国家保护的有益的或者有重要经济、科学研究价值的陆生野生动物名录》以及非原产我国的陆生野生动物。

本规定所称收容救护，是指将公众送交或执法机关查没后移交的野生动物，以及野外发现的受伤、病弱、饥饿、受困、迷途的野生动物，接收到具备条件的场所，进行检查、检疫、治疗和合理安置等活动。

第三条　野生动物收容救护应遵循及时、就近、科学和统一协调的原则。

第四条　各级林业主管部门应按照本规定承担所辖区域内野生动物收容救护职责，完善基层收容救护体系，开展野生动物收容救护工作。

省级林业主管部门应当公布所辖区域内承担野生动物收容救护任务的机构、单位的名称、地址和电话。

野生动物驯养繁殖单位和相关机构，可以根据自身条件自愿作为临时收容救护点。临时收容救护点及其收容救护对象名单，由县级林业主管部门公布，并报省级林业主管部门。

自然保护区内野生动物的收容救护，由自然保护区管理机构承担。

第五条　各级林业主管部门或其公布的收容救护机构，接到单位或个人发现受伤、病弱、饥饿、受困、迷途野生动物的报告后，应当立即指派专业人员核实情况，并对确需采取收容救护措施的野生动物，实施收容救护。

第六条　野生动物收容救护机构对公众送交或执法机关查没后移交的野生动物，应予接收，并向送交者出具接收凭证。

临时收容救护点对公众送交的野生动物，应当先行接收，向送交者出具接收凭证，并及时移交至收容救护机构和办理交接手续。

野生动物接收凭证由国务院林业主管部门统一监制。

第七条　野生动物收容救护机构和临时收容救护点接收的公众送交或执法机关移交的野生动物，自送交者或移交者签收接收凭证之时起，其收容、救治、放归自然、调配等处置工作转由所在地林业主管部门负责。送交者或移交者对后续收容救护及处置方式有监督权和知情权。

野生动物收容救护机构和临时收容救护点接收野生动物后，应当及时向所在地林业主管部门报告，并按照林业主管部门的安排实施收容救护、转移或放归自然。

第八条 接收公众或执法机关移交的野生动物，应进行隔离检查、检疫，并根据隔离检查、检疫情况按以下情形对收容救护的野生动物进行处理。

（一）对体况良好、无须采取救护治疗措施或经救护治疗后体况恢复、具备野外生存能力的个体，应当按照本办法第九条规定实施放归自然。

（二）对经救护治疗后体况恢复但不具备野外生存能力的个体，属于国家一级重点保护野生动物的，由所在地林业主管部门逐级上报至国务院林业主管部门，由其根据各地野生动物科学研究、宣传教育、基因资源保存、优化人工繁育种群结构等需要统一调配；属于国家二级重点保护野生动物的，由所在地林业主管部门逐级上报省级林业主管部门，由其统一调配。

（三）对按照防疫规定应当采取处理措施的野生动物个体，会同卫生防疫部门进行处理。

（四）对收容后死亡的野生动物个体，应当采取无害化处理措施；对经检疫合格、确有利用价值的野生动物产品，属于国家一级重点保护野生动物的，由所在地林业主管部门逐级上报至国务院林业主管部门，由其统一调配；属于国家二级重点保护野生动物的，由所在地林业主管部门逐级上报省级林业主管部门，由其统一调配。

第九条 将收容救护的野生动物放归自然，应当在其自然分布区域进行，并由该区域所在地省级林业主管部门或其指定的单位统一组织实施。需要跨省区将收容救护的野生动物放归自然的，由收容救护所在地省级林业主管部门根据野生动物自然分布情况，向其自然分布区域所在地省级林业主管部门提出。野生动物自然分布区域所在地省级林业主管部门收到上述跨省区放归自然的请求后，应当及时予以安排。

第十条 林业主管部门依照本规定第八条（二）、（四）款要求，对不适宜放归自然的野生动物或死亡的野生动物个体及产品实施统一调配，应当优先用于科学研究、宣传教育、基因资源保存、优化人工繁育种群结构等目的。

前款所称调配活动属于法律规定的行政许可事项的，按相应的行政许可规定执行。

第十一条 各级林业主管部门及收容救护机构应当建立野生动物收容救护、野外放生档案，对其收容救护的野生动物种类、数量、措施、状况等信息记录在案，并及时上报。其中，收容救护的野生动物属于国家一级重点保护野生动物的，须逐级上报至国务院林业主管部门；属于国家二级重点保护野生动物的，须逐级上报至省级林业主管部门。

第十二条 野生动物收容救护机构或临时收容救护点无故拒绝接收、救治野生动物的，林业主管部门应当责成其纠正；对接收野生动物后不出具接收凭证或不及时报告林业主管部门，并将接收的野生动物占为己有或擅自转让的，林业主管部门应当依法予以查处。

第十三条 本规定自2014年9月1日起施行。

7 野生动物损害防控技术

提要 根据野生动物损害事件的性质和特点，暂将野生动物损害划分为大型兽类肇事、灵长类肇事、鸟撞事件、啮齿类损害、食果动物损害和毒蛇伤人等6种类型。本章介绍了中国野生动物损害的现状和特点，分析了野生动物损害的主要形式及后果，根据野生动物生物学特征、野生动物保护及管理的特点介绍相应的防治技术。

7.1 野生动物损害的定义及性质

损害，从字面上讲是指伤害；《现代汉语词典》意指"使人或事物遭受不幸或伤害"。

当野生动物由特定个人、私人企业或团体占有、管理时，属于侵权责任的范畴，适用《中华人民共和国民法通则》。关于饲养动物致害责任的规定，由动物的所有人或管理人承担民事赔偿责任。因为个人因素的介入，动物行为与损害事实间的因果关系则变得尤为复杂；不仅难以认定动物损害事件的责任主体，而且防治和管理技术亦脱离了野生动物管理技术的范畴，更多属于人类的行为管理。

在此所涉及的野生动物损害仅指生存于自然状态下，或被饲养放归（逃逸）自然状态（包括近自然状态）的动物基于其本能造成致人损害事件，无论是动物的自主行为还是受外界刺激被动发生的行为，同时需有受害人人身损伤和财产损害的事实，且动物行为与损害事实之间应有必然的因果关系。

野生动物损害防治技术，意指对野生动物损害事件的预防、治疗和控制。大部分野生动物，例如小型鸟类、啮齿类因种群数量相对庞大，便于采取较强硬，甚至于致死性的技术手段，即可"治疗"。珍稀、濒危、保护动物造成的损害事件，则应以保护为主，不宜采取致危性的"治疗"措施，大多只能预防，即只能做到"控制"。

本章作者：李旭；绘图：黄礼兵

7.2 野生动物损害特点

伴随野生动物保护形势的发展,野生动物损害管理工作变得日益复杂,一方面表现为人身和财产遭到野生动物侵害时,保护人类合法权益;另一方面表现为加强对野生动物管理,以期减少人与动物的冲突。目前,野生动物损害具有以下特点。

(1)事件数量猛增且突出

由于人类对土地开发需求量进一步增大,自然资源保护与利用在地域上的矛盾不断加剧。野生动物的生存空间被压缩,食物来源减少,引发的野生动物损害问题逐渐增多。近年来,野猪、猪獾(*Arctonyx collaris*)、华南兔(*Lepus sinensis*)、环颈雉(*Phasianus colchicus*)等动物的种群数量大增,其活动范围急剧扩展,严重威胁到当地群众正常的生产活动以及人身安全。

(2)重大事件数量上升

随着自然保护区建设及国家天然林保护工程实施,亚洲象、东北虎(*Panthera tigris altaica*)、黑熊、野猪等野生动物活动空间逐渐得到了改善,加之《中华人民共和国野生动物保护法》的实施,各地方政府又相继制定了禁猎法规,人们保护野生动物的意识不断增强。伴随法制体系和生态文明建设不断完善,野生动物数量得以增长,重点保护野生动物造成的重大事件数量不断上升。如何确保群众的生命财产安全,维护人与自然的和谐共存已引起了政府部门的重视。

(3)发生地域不平衡

中国东部地区经济发达,野生动物种群数量相对较少。西部经济欠发达地区,野生动物种群数量相对较多,重点保护野生动物的肇事事件频频发生,使当地群众生产生活受到极大影响,当地政府难以承担频繁发生的野生动物伤人、踩踏庄稼的补偿费用。由于野生动物损害发生地域的不平衡性,中国各地区野生动物肇事事件的情况以及各地经济情况不一,制订的补偿政策也不一样。因为得到的补偿难以弥补损失,群众保护野生动物的积极性受到影响,甚至发生过群众伤害偷吃庄稼的野生动物事件。

7.3 野生动物损害类型

伴随野生动物保护措施有效实施,局部地区的野生动物种群数量上升,物种及个体数量在单位面积内的密度亦相应增加。同时,由于自然生态系统的结构受到人为干扰,系统中捕食者和被捕食者的平衡关系被打破。一些保护区内食草动物缺乏天敌,导致食草动物种群扩大,与周边的居民争夺庄稼;而食肉动物由于缺乏猎物,进而袭击保护区周边的家畜。根据野生动物损害事件的性质和特点,可将野生动物损害划分为大型兽类肇事、灵长类肇事、鸟撞事件、啮齿类损害、食果动物损害和毒蛇伤人等6种类型。

7.3.1 大型兽类肇事

大型兽类体形较大,损害事件体现出较强的攻击性和致命的伤害性。而且几乎所有肇事的大型野生兽类皆属于珍稀、濒危和保护野生动物,使得大型兽类损害事件处理变得异常特殊和复杂。

7.3.1.1 野生象

近些年,野生象与人的冲突呈上升趋势。野生象损害的主要原因并非是单纯的象对人的损害,而主要是由于人类对野生象栖息地的侵占所致。当人和象的种群数量都在上升的时候,人类用地不断扩展,象的栖息地则不断缩减,因此,野生象被迫和人类竞争水、食物以及空间资源。在非洲的很多地方,非洲象(*Loxodonta africana*)的保护地面积因太小而不足以保护现存的种群数量。

在非洲大部分自然保护地周边,"问题象"破坏庄稼、食物储备和水资源,有时还会危及人身安全。解决野生象损害问题已经关系到整个非洲大陆的野生动物保护事业,在亚洲也同样如此。据云南省西双版纳傣族自治州林业部门统计,1996年至2004年西双版纳地区的亚洲象造成94人伤亡。2019年1~6月,西双版纳境内亚洲象肇事近300起;在勐海县勐阿镇、景洪市景讷乡等区域,频繁发生亚洲象肇事伤人和损坏农作物事件;其中,致人伤亡案件8起,致人死亡6人,造成人员受伤2人;造成农作物损失6500亩(1亩=1/15hm^2),造成经济作物损失95000株;保险理赔570万元。亚洲象还多次进村入户、走街串巷、拦路抢食和损坏过往车辆(图7-1),给当地群众造成严重的财产损失,干扰了群众的正常生产生活。

7.3.1.2 食肉动物

大型食肉动物损害事件上升的原因与野生象的情况相似,主要是由于人口增长、耕种和放牧面积扩张,实行保护措施促成保护动物种群数及个体数量增长;食肉动物的栖息地缩小,猎物种类和数量减少,加剧了损害事件发生。还有大型食肉动物多喜捕食有蹄类动物,同时也可能会捕食家畜。

在印度和非洲多数国家,大型食肉动物捕食家畜事件频率上升。由于种植模式的改变、牧业活动增加,使得森林面积和野生动物栖息地减少和退化,加上干旱的影响,食肉动物在保护地之外游荡寻找水源,进而增加了与人相遇的频次,造成了当地人伤亡数量上升。过去的20年里,对食肉动物的保护受到了人们的关注。然而

图7-1 亚洲象损坏庄稼、影响交通及破坏车辆

在很多地区，食肉动物捕食家畜及伤人，给当地居民造成了经济损失。在欧洲，狼（*Canis lupus*）和熊（*Ursus* spp.）捕食绵羊。在美国，包括狼和熊在内的食肉性猛兽每年捕杀绵羊49万只、山羊8.3万只和牛6000头。在南美洲，美洲狮和美洲豹捕食牛。在非洲，众多的食肉动物捕食牛和山羊。在亚洲，虎（*Panthera tigris*）和金钱豹（*Panthera pardus*）等食肉动物捕食家畜。某些情况下，有些食肉动物还会攻击人类。

中国甘肃南部地区，野猪成了老百姓反映最强烈的"害兽"，其次是猪獾、梅花鹿、黑熊、狼和野鸡类等。2013—2015年，仅陇南市文县就发生了多起野生动物肇事事件，造成5人受伤，1人死亡，受损农作物1313万元，中药材552万元，林下种植业218万元。在吉林珲春部分地区，2012—2013年共发生野猪危害事件1076起，危害面积518.83hm^2，政府对当地农民的补偿金额达363.22万元。

在青藏高原地区，由于牧区扩大、农田开垦、定居点建设和其他经济活动，牧区人与棕熊冲突不断加剧，报复性猎杀棕熊的事件时有发生。西藏的羌塘国家级自然保护区，仅2008年棕熊造成的损失就达676.94万元。在青海省2012—2015年共发生172件人与棕熊冲突事件。在2012年上报的人与棕熊冲突案件有4起，2013年和2014

年各有7起，2015年增长到154起；涉及的县市也由2012年的2个增长到2015年的6个。损害类型上，房屋及粮食损失案件由2012年的1起增长到2015年的124起，增幅达到124倍；牲畜损失案件也由0起增加到27起；冲突致人伤亡的案件除了2014年外，每年有2或3起。1985—2007年，云南省范围内共发生黑熊伤人事件227起，共造成244人伤亡，其中受伤232人，死亡12人。在吉林省，豺（*Cuon alpinus*）、黑熊咬伤牛羊和行人，破坏庄稼的事件时有发生，特别是黑熊捕食牲畜及伤人事件尤为严重。此外，2001—2010年，在珲春国家级自然保护区共发生191起人虎冲突事件，其中，造成1人死亡，3人受伤，多种牲畜遭到伤害。

7.3.1.3 有蹄类

1990年至今，美国的野生动物对庄稼造成的损失呈增加趋势。在新泽西州，约有10类野生动物引发庄稼损失，而鹿类造成的损失约占79%。在美国东南部，黑尾鹿（*Odocoileus hemionus*）每年啃食林木幼苗所造成的经济损失达3600万美元。此外，美国每年大约发生150万起鹿和汽车相撞事件（图7-2），鹿车相撞事件不仅造成巨大的经济损失，而且威胁了公众安全。

图7-2 美国鹿车相撞事件

据陕西省林业厅 2008 年统计，在陕西秦岭山区，羚牛（Budorcas taxicolor）作为国家一级重点保护野生动物，由于禁猎和有效保护，羚牛种群迅速恢复，数量达到 5000 多头。1999—2007 年，秦岭羚牛伤人事件（图 7-3）已发生 155 起，造成了 22 人死亡，184 人受伤。仅 2005—2009 年，陕西省发生羚牛伤害事件 44 起，造成 4 人死亡，53 人受伤，核定损害金额 122.3 万元。在藏北羌塘地区广泛迁徙的野生偶蹄类动物，尤其是藏野驴（Equus kiang），对草场资源带来严重的压力，导致冬季牲畜饥荒；还会发生雄性野牦牛为建立自己的母牦牛群而虏走家养雌性牦牛的现状，甚至出现过野牦牛将人顶伤、顶死的现象。

图 7-3　秦岭羚牛进入民居

7.3.1.4 损害的后果

人和大型兽类的冲突不仅给人类带来损失，也使对珍稀、濒危、保护动物的保护工作陷入困境。一般认为，保护区的保护成效与当地社区的支持与否有很大关系。当一个地区的居民经常性承担野生动物带来的经济损失以及人身安全问题时，他们很可能会敌视野生动物，也可能会反对保护项目。

例如，一份对全美国范围内的农场主调查报告表明，农场主的庄稼有 80% 以上受到了野生动物损害，其中 53% 的农场主表示这种损害已经超出了他们可以容忍范围。在印度，老虎和亚洲象等大型濒危野生动物经常伤害家畜、破坏庄稼，导致其保护前景不被看好。在非洲纳米比亚，农民普遍将野生动物视为害兽。在野生动物危害严重的地区，当地人普遍认为野生动物管理者和保护学家都没有意识到这种野生动物造成的损失。野生动物损害事件频繁发生，可能会降低当地人对野生动物保护的支持。以野生象为例，由于人象冲突不断扩大，当地人驱赶野生象，使得象的分布区域进一步缩减，人象冲突进一步加剧。

7.3.2 灵长类肇事

灵长类动物体质特征与人类相似,且社会行为也相近,因此它们的行为方式也比其他动物更为复杂,肇事的类型亦相对其他野生动物更为多样。

(1) 破坏植被

灵长类采食多种植物的嫩枝和嫩芽、叶、花、果实、树皮等部位,植物某些器官受损而导致生长不佳,受损严重的植株可干枯而死亡。更为严重的是大部分灵长类种群数量大,群居喜动,常在树上跳动,经常折断树枝,压翻小树(胸径5~15cm),导致小树翻根而死亡。据贵州省贵阳市黔灵山公园管理处统计,每年由猕猴(*Macaca mulatta*)活动导致死亡的小树占公园清理死树的30%。特别在猕猴经常活动的地段,如狮子岩、杖钵峰、猴场、九曲径、土地关、动物园等地,林下的小灌木和地上植被更是受到严重的破坏;受破坏严重的植被面积达30000m^2。部分地方受损较严重,除大的乔木树种和灌木外,林下几乎变成了裸地,造成了严重的水土流失。

(2) 侵害庄稼

一些灵长类动物不仅破坏野生的植物,对农户辛苦种植的农作物也造成了很大的损失。浙江省宁波市溪口镇在绵绵群山之中,大概有100多只黄山短尾猴(*Macaca thibetana huangshanensis*)。每年一到秋季,它们就会经常下山,到田里抢食,毁坏庄稼。到了冬季,粮食都收获了,猴子就来吃萝卜,或是油菜秆。虽然农户向政府反映后能够得到一定的补偿,但还是不足以弥补损失。

(3) 损坏人为设施

大部分景区猕猴偏多,猕猴在文物、建筑物上、灯杆上、一些基础设施上频繁活动,损坏瓦片和灯头等,有时瓦片和灯头落下还砸伤了游客,据贵阳市黔灵山公园统计,每年被猕猴损坏的文物、建筑物、有关基础设施等的维修费就达30万元以上。

(4) 对游客及居民的损害

目前生态环境逐渐变好,野生动物资源增多,这对于野生动物资源和生物多样性保护来说是一件大好事,但对于一些居住在山区或自然保护区的居民来说,野生动物却成为他们最大的苦恼。2014年5月,一只疑从江西庐山跑下崇山峻岭的猕猴,闯入山脚下一农户家里,不仅偷吃鸡蛋,咬死狗崽,甚至将一名小孩抓伤,多次伤人。2017年,湖北省巴东县社区居民在楼顶晾晒农作物时遭野生猕猴袭击,咬伤小腿。2017年8月,9岁女孩随家人在庐山黄龙潭游玩时,突遭猕猴追撵,慌不择路的女童不慎坠入山沟致重伤住院。"肇事"猕猴多为成年公猴,野性十足,经常躲在路边树丛中或者潜伏在居民点附近伺机伤人。由于猕猴为国家二级重点保护野生动物,所以社区居民虽屡次被伤却不能采取反击行为。

7.3.3 鸟撞事件

鸟撞是指飞机在起飞、飞行或降落过程中与鸟类撞击而发生的飞行安全事故,简称"鸟撞"或"鸟击"。随着世界航空业的快速发展,飞机增多,航线增加,鸟撞事故发生越来越频繁,已成为世界航空运输业的三大灾害之一。国际航空联合会已经把机场鸟撞灾害升定为"A"类航空灾难。现在"鸟撞"的概念扩展到泛指鸟类与飞行中的人造飞行器、高速运行的列车、汽车等发生碰撞,造成伤害的事件(图7-4)。

图7-4　鸟类撞上飞机前舱玻璃

绝大多数鸟类都有体形小、质量轻的特征,因而鸟撞的破坏主要来自飞行器的速度而非鸟类本身的质量。随着航空技术的发展,人造飞行器的速度不断提高,一些战斗机的速度可以达到3倍音速。根据动量定理,一只0.45kg的鸟与时速80km的飞机相撞,会产生1500牛(N)的力($\approx$150kg);与时速960km的飞机相撞,会产生21.6万N的力,高速运动使得鸟撞的破坏力达到惊人的程度。鸟撞对飞行器的破坏与撞击的位置有着密切的关系,导致严重破坏的撞击多集中在导航系统和动力系统。飞行器的导航系统大多位于前部,包括机载雷达、电子导航设备、通信设备等。此外,驾驶员前面的风挡玻璃对于引导飞机的起降也起到非常重要的作用。由于导航的需要,这些设备的防护罩包括风挡玻璃机械强度大多较其他部位更差,更容易在受到鸟撞后损坏,导致飞行器失去导航系统的指引,在起降过程中发生事故。鸟撞对飞行器动力系统的破坏造成的后果更为直接。对于螺旋桨飞机,鸟撞会导致桨叶变形乃至折断,使得飞机动力下降。对于喷气式飞机,飞鸟常常会被吸入进气口,使涡轮发动机的扇叶变形,或者卡住发动机,使发动机停机乃至起火。对飞行器动力系统的破坏常常是致命的,会直接导致飞机失速坠毁。除了导航系统和动力系统,鸟撞还会对飞行器的其他部件造成破坏,如机翼、尾舵、表面喷漆等。鸟撞是造成航天飞机表面隔热材料脱落的主要原因,但是这些部件的破坏最终导致严重事故的概率并不大。

1912年4月3日，美国飞行员卡尔·罗杰斯驾驶一架莱特EX型飞机做飞行表演，在加州长滩上空遭海鸥撞击后坠入大海，飞行员身亡，这是世界首例鸟撞飞机事故。从20世纪40年代的第二次世界大战开始到60年代初，飞机由螺旋桨过渡到喷气式，飞行速度加快，鸟撞事故成倍增长，恶性事故迭出。苏联民航每年发生鸟撞达1500次之多，其中10%造成航空设备的损坏。据有关部门统计资料表明：全世界每年约发生2万次鸟撞事故，每年在全球因鸟撞造成死亡的人数超过400人；1990—1999年，美国民航每年因鸟撞造成的直接经济损失达3.9亿美元。除了飞机以外，火箭、航天飞机等人造飞行器也有可能与飞鸟发生碰撞而引发事故。空军战斗机鸟撞事故更加严重，1950—2002年全球空军共发生353起严重事故，公开报道的死亡人数达165人；欧洲军用航空每年记录到2000次鸟撞；美国空军在1985—2002年，平均每年因鸟撞损失3376万美元。

7.3.4 啮齿类损害

此处所指的啮齿类包括了哺乳纲（Mammalia）兔形目（Lagomorpha）和啮齿目（Rodentia）的动物，是哺乳动物中种类最多、分布最广、数量最大的一类。它们的体形相对较小，具有寿命短、性成熟快、产仔数多、适应性强等特点，一般1年可繁殖1次至多次。以黑线仓鼠（*Cricetulus barabensis*）为例，幼鼠出生后2~3个月达性成熟；成年个体具有很强的繁殖能力和适应能力。啮齿类动物形态极为多样，体形相差悬殊，但均具有成对的凿状门齿；除主要取食植物外，还采食一些昆虫或其他体形更小型的动物。对农作物而言，被啮齿类取食的主要部位有种子、果实、块根、块茎和茎叶等。例如，大仓鼠（*Tscherskia triton*）主要食物种类中种子（花生、大豆、小麦、玉米）占70%，根、茎、叶、花和果实占15%，动物性食物（蝼蛄、金龟子、蝗虫、棉铃虫等）占15%。

啮齿类的活动对牧业、农业、林业都会造成严重危害。在20世纪70年代，中国北方草原地区曾爆发过数次严重的鼠害。在灾害发生的高峰年，害鼠危害草场的面积占可利用面积的60%，即使在正常年份也达10%~20%。20世纪80年代初期，中国农牧区也爆发了一场大范围的严重鼠灾。中国农田每年受灾面积达2467万hm^2，占全国耕地面积的24.9%，因啮齿类造成的粮食损失在500万~1000万吨，严重时高达1500万吨。在林业生产方面，啮齿类直接盗食播下的种子，毁坏幼苗，啃食树皮、树根，造成树木枯死。仅1982年对黑龙江、辽宁、内蒙古、甘肃等地的调查统计，林区鼠害面积达999900hm^2，一般树木被害率为20%~40%，枯死率在20%以上。此外，啮齿类不仅盗取粮食、啃咬树木、破坏草场，而且还传染多种可怕的疾病。数十种疾病的传播与啮齿类有关，其中，鼠疫、肾综合征出血热（HFRS）、钩端螺旋体病（简称钩体病）为中国的主要传染病种。树栖型啮齿类以松鼠科的物种危害较为严重，松鼠类动物对经济林等造成的损害主要体现在果树的果实及树皮。危害时间分2个阶段，无果期于环剥林木表皮，造成顶梢枯死；果期始啃食果实，造成落果。

7.3.5 食果动物损害

虽然啮齿类动物对果实亦有损害的案例，但主要类型依然以树木损害为主。此处所指损害类型主要影响果实的产量和质量，进而造成的经济损失。

中国98%以上的果园都曾遭受雀鸟危害，果实产量损失达30%以上。2006年，北京市园林绿化局果树处统计，每年约1亿元的果实损失源于鸟类损害。2008年，山东省约有15.3万吨的苹果因鸟雀危害而损失，当年全国因鸟雀危害苹果产量损失近60万吨。中国每年因鸟雀啄食而造成的果实产量损失，中早熟品种果实已高达20%，晚熟品种果实损失率约达5%；高品质果实危害率达到20%，严重影响了果实的品质和产量。美国年均10%的蓝莓受到鸟雀危害。2011年，纽约州甜樱桃产量因鸟雀影响而损失13%的产量，2012年上升到25%。

翼手目狐蝠科果蝠属（*Rousettus* spp.）的动物对果实的损害是近期发现的较为特殊的现象。广东省濒临南海，处于亚热带气候区，气候温暖潮湿。广州地区种植有大量龙眼、荔枝、香蕉和芒果等果树，被誉为"岭南水果之都"，果树种植业已成为广州近郊农村的支柱产业和农民的主要经济来源。但是，这些经济林木也为果蝠属动物提供了有利的栖息环境。96%的果农曾遭受过果蝠危害，其中，87%的果农长年受害。受损果实以荔枝、龙眼为主，芒果、黄皮、香蕉所受危害相对较小。果实所损不仅限于果实质量和产量，还会产生二次危害，被损果实容易滋生病菌，进而招惹蝇虫；健康的果实也会发生相应病变，加剧病菌传播，这也是果树病害发生的主要原因之一。

7.3.6 毒蛇伤人

对于保护区巡护人员及户外活动的人来说，需要提防的危险动物尤以毒蛇最具代表性。毒蛇指能分泌特殊毒液的蛇类，全世界有600余种蛇被认为对人类有毒。毒蛇的牙齿呈中空结构，允许其存储毒液。毒蛇的毒液由毒腺分泌，由于毒腺周围肌肉的收缩，毒液注入尖牙，然后再注入对方体内。野外无毒蛇占多数，被无毒蛇咬伤的人，因为精神过度紧张，也可能因惊恐而出现伤口剧痛红肿，甚至昏倒的现象，这是心理暗示的结果。即便是被有毒的蛇咬伤，毒蛇咬人时不一定放出毒液或把足够量的毒液注入人体；被毒蛇咬伤的人中，只有个别人中毒症状比较严重，有生命危险。

蛇咬伤人导致中毒的严重程度取决于蛇的大小和种类，注入毒液的量，伤口的数目，咬伤的部位和深度（例如头部和躯体咬伤比肢体咬伤严重），被咬者的年龄、体重和健康状况，咬伤和开始治疗之间的时间差，被咬者对蛇毒的易感（反应）性等因素。根据身体局部变化、全身症状和体征，凝血参数和其他实际检查结果分为轻度、中度和重度。蛇毒中毒可从轻度很快发展为重度，因此必须连续重新评估。毒蛇牙印可提示侵犯毒蛇的种类，但不能作为唯一依据，毒蛇咬伤通常留下1个或2个牙印；无毒蛇咬伤通常有多个牙印。蛇毒按其性质可分为神经毒、血液循环毒（简称血循毒）、混合毒三大类。

7.4 防控技术

野生动物损害的防控需要综合各种方式，单独使用任何一种方式均有可能提高野生动物的耐受性，在使用一段时间后可能失效。任何防治技术必须深入研究目标动物的生物学和行为特征，有针对性地实施防治。以下列示了一些目前常用的技术手段。

7.4.1 预警技术

隐患险于明火、防范胜于救灾。"隐患险于明火"，其实是强调加强野生动物防治工作的重要性，消除野生动物肇事隐患，减少损害是缓和人与野生动物矛盾的一项紧迫的任务。"防范胜于救灾"就是野生动物防治工作"预防为主"的具体体现，防患于未然，把一切事故的隐患消灭在萌芽状态，是保障人与野生动物和谐相处的重要基础。

7.4.1.1 生态监测

生态监测是指利用物理、化学、生化、生态学等技术手段，对生态环境中的各个要素、生物与环境之间的相互关系、生态系统结构和功能进行监控和测试。

野生动物监测的主要目的是了解和掌握资源的变化情况，为管理者和决策者在制定保护管理措施提供数据支持。完善野生动物物种信息统计和野生动物分布监测系统，根据肇事区域的实际，对肇事严重的动物开展野外监测，掌握这些动物的种群数量、活动区域、喜好食物和繁殖季节等。完善肇事野生动物的分布情况统计，强化对这类野生动物危害的专项研究，提出有效的预防措施，有效地错开野生动物活动频繁的区域，将野生动物肇事由事后的被动补偿转变为积极有效的肇事预防措施。

7.4.1.2 大型兽类预警

干扰技术对大型兽类的防范作用其实极为有限。相反，对大型兽类进入人居环境预警，人类主动回避是降低人员伤亡的有效措施。

研究案例：

亚洲象是中国生物多样性保护工作中的旗舰物种。中国云南西双版纳国家级自然保护区内，人象混居的现象十分普遍，由于国家对野生亚洲象的保护政策规定，当地老百姓不能以暴力手段驱逐亚洲象，亚洲象损坏当地老百姓（主要是少数民族）的农作物、茶树、橡胶林、果园的现象几乎每天都在发生，不时还有亚洲象损坏居民住房和伤人的事件。

近年来，随着西双版纳保护区周围人类活动范围扩大以及气候变化影响，亚洲象在村寨周边的活动日趋频繁，对当地居民生产生活造成了一定压力，人象冲突时有发生。在西双版纳国家级自然保护区周边，每年都会有村民意外死于野象脚下。为此，中国科学院西双版纳热带植物园和西双版纳国家级自然保护区管理局共同申请并建设了亚洲象安全预警系统（图7-5）。系统由 13 台红外相机作为数据获取手段，依托无线数据传输技术对红外相机进行远程管理，对亚洲象的活动信息进行远程预警和发布。

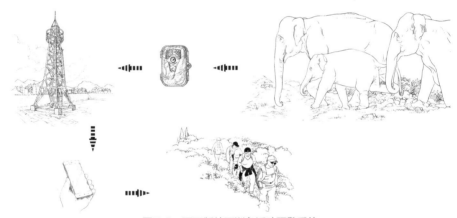

图7-5　西双版纳亚洲象活动预警系统

在预警系统投入运行的 103 天中（2015 年 5 月 24 日至 9 月 4 日），预警区内共监测到村寨周围的亚洲象活动 39 次，其中，有 35 次活动被适时通报，共发布 44 次预警信息，86.36% 的预警信息能够在相机发现亚洲象后的 20 分钟内通过手机短信发布至相关人员手中。此外，加装的无线警报系统，能够进一步通过远程遥控对报警灯进行控制，通过明显的闪光报警提醒当地居民对身边活动的亚洲象提前采取相应的防范措施。

7.4.1.3　鸟撞预警

掌握鸟情动态变化是长期性鸟撞防控的主要措施。在机场建设之初就需要对所在地的生态环境作出评估，尽量避免在鸟类栖息地、迁徙通道和迁徙补给地附近建设机场；机场周边禁养鸽子。机场塔台和空中交通管制部门须随时观测机场地面和上空的鸟类活动状况，遇到大量鸟类聚集和活动时，及时关闭跑道、停止飞机起降、要求飞机拉升高度,从而减少发生鸟撞的概率。具体包括以下两个方面的工作内容。

(1) 鸟类活动情况调查

采取样带和样点相结合的观测方法,调查机场区域鸟类的组成,鸟类在机场活动的季节、集群大小、飞行高度、迁徙习性等特点。由于鸟类活动与气候、天气密切相关,所以在调查时还应记录鸟类活动时的温度、湿度、风向等气象要素,以便结合天气状况,能更准确地分析鸟类的种群数量及生态行为变化。结合机场的鸟撞信息,确定对飞行安全威胁较大的危险鸟种,掌握其喜好食物、筑巢区域、不同季节的活动规律等特点,针对不同鸟种分析研究实用有效的防控措施。

现在观察鸟情主要依靠目视和雷达侦测(图7-6)。在一些国家和地区的机场,在自动终端情报服务中加有鸟情通报,以指导飞行员规避鸟类活动区域。机组人员在起降过程中也须注意观察鸟情,在低空飞行时控制飞行速度,以减少撞击的破坏力。

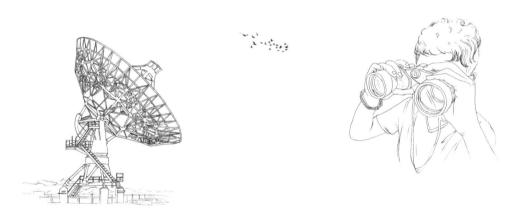

图7-6 雷达侦测和目视观察鸟情

(2) 鸟类环境调查

在整个机场生态系统中,与鸟类活动息息相关的环境因素较多,例如机场分布的植物、昆虫、土壤动物、鼠和兔等生物,与鸟类存在密切的食物链关系。房屋、机棚、塔台、排水通道等设施,与鸟类存在重要的栖息或饮水关系,它们影响着鸟类在机场的活动频度,必须彻底弄清这些环境因素在机场的分布区域、数量特征等具体情况,查明其吸引的主要鸟类,以及对飞行安全的威胁,为实施机场生态环境整治和有效控制鸟类食物链提供科学依据。

7.4.2 栖息地管理及控制

7.4.2.1 转移目标

可采用转移目标法来降低食肉动物的损害,即恢复食肉动物捕食对象的种类和数量，减少其对家畜的捕食。当可供选择的捕食对象数量增加时，食肉动物捕杀家畜的概率随之降低；草食动物亦是如此，当天然食物资源比较充足时，草食动物对庄稼的损害亦会降低。澳大利亚维多利亚州，在易受害农作物周围开阔的地方放上凤头鹦鹉科（Cacatuidae）更喜欢吃的食物，以使其转移取食目标，从而减少农作物的损失。

2018年，我国云南普洱市有亚洲象8群104头。随着亚洲象种群数量的增加，人象矛盾加剧，近6年来，已致使12人死亡。为进一步缓解人象冲突，普洱市林业和草原局通过建设人工硝塘和栽种亚洲象喜欢的芭蕉、棕芦苇等植物，一定程度上缓解了亚洲象食物短缺的问题；同时也减少了亚洲象到农田取食活动的概率，减少对农田庄稼的损害，维护了群众生命和财产安全。

营造多树种的混交林比单一树种的人工林的危害较轻。混交林中，林分组成以目的树种为主，非目的树种应是易被害鼠啃食或作为害鼠食物的提供者，同时还应兼有辅助目的树种生长的作用。例如，刺槐和油松混交，能抑制林地害鼠的发生蔓延，减少鼠的危害，提高林木保存率。在陕西麟游县崔木乡试验，处理区比对照区苗木保存率提高了15%~35%。针对鼢鼠（Myospalax fontanieri）的预防，推广营造刺槐与油松混交林，可以抑制林地鼢鼠的发展蔓延，减少害鼠对林木的危害。在采伐迹地造林时，地面鼠类因树下草类生长繁茂而有所增多，所以植树造林种子易被鼠取食，造林幼树常被鼠啃食；若造林树种单一，并进行抚育、清除苗木间杂草和灌木以利幼树生长，在冬季会导致鼠类食物缺乏，草食性鼠类则以树皮、嫩枝为食，因而可造成严重的危害。所以，在抚育地应提倡营造混交林，同时尽量多保留灌木与杂草。在小兴安岭带岭林区，啃食树皮的棕背䶄（Myodes rufocanus）喜食的针叶树是樟子松、落叶松；阔叶树是蒙古栎、柳；灌木是刺五加、卫矛和忍冬。1984年，吉林省黄泥河林区利用椴、杨、柳枝条作为代替性食物，对照地的针叶林木被害率为18%，试验地林木被害率仅为2%。胡萝卜和白菜等都可作为类似于植物绿色部分的食源。在生产中，可结合除草抚育，按一定密度5m×5m或5m×10m种植胡萝卜也能起到预防鼠害的作用。

7.4.2.2 生境改造

改造栖息地可以改变野生动物的行为，减少野生动物造成的损失。

（1）改变栖息环境，降低鸟撞概率

破坏栖息环境是另一种避免鸟撞的方式。妥善处理机场及附近社区产生的生活垃圾，投放鼠药和捕鼠器，选择本地鸟类不喜欢的草种、树种进行机场绿化，及时处理机场草坪，使鸟类无法藏身。清理机场附近的湿地、树林等适宜鸟类栖息的环境，以及使用鸟类厌恶但对环境没有影响的化学制剂，都会使鸟类放弃机场及附近地区作为栖息地，从而减少在机场附近活动鸟类的种类和种群数量，降低发生鸟撞的概率。

迁移栖息地是比较困难的方式。在远离机场的区域针对造成机场鸟撞事故的主要鸟种建立有针对性保护区，建设栖息地，吸引机场附近鸟类。在上海九段沙湿地国家级自然保护区的建立就成功吸引了原本栖息在浦东国际机场附近的鸟类，减少了该机场的鸟撞事故发生率。

（2）加大造林密度，控制地表鼠害

林地害鼠数量与林地郁闭度呈负相关，即郁闭度越高，地表鼠害越低。合理密植，促进林分提早郁闭是控制林地地表鼠害行之有效的林业生态措施。根据插枝试验，郁闭度在 0.8~1.0 的林地被害率为 0；郁闭度 0.4~0.6 的林地被害率为 22.2%；林中空地被害率为 100%。在长白山黄泥河林区，造林密度为 6600 株 /hm^2 的樟子松人工林，郁闭度在 0.8 以上时，害鼠数量很少，林木被害率为 12.9% 左右；造林密度小于 4400 株 /hm^2，郁闭度在 0.5 以下时，害鼠数量明显高于造林密度大的林地，林木被害率在 28.0% 以上。小兴安岭带岭林区，郁闭度在 0.8~1.0 的林地各季鼠铗日捕获率平均为 2.03%；郁闭度在 0.4~0.6 的林地为 9.42%。

加大造林密度，提高人工林郁闭度，使害鼠数量减少的主要原因是：郁闭度大的林地，林地光照强度减弱，害鼠赖以生存的阳性植物数量减少；草本植物覆盖率低，害鼠隐蔽条件差，不利于栖息，因而数量显著少于郁闭度小的林地。

（3）减少食源，控制啮齿类种群

在秋末至来年春季，林区啮齿类常因食物缺乏而啃食林木，造成损害。啃食林木茎、枝的啮齿类，一般首先选择落地枝条采食。结合透光抚育，将伐除的幼树及灌木枝条，按一定距离堆放在林地中，能够起到防御啮齿类，保护林木的作用。

鼢鼠、鼹形田鼠（*Ellobius baileyi*）、绒鼠（*Eothenomys* spp.）和竹鼠（*Rhizomys* spp.）等营地下生活的啮齿类以取食植物为主，且多数森林啮齿类以草本植物为主食。根据这一特性，在每年的 6~7 月可对造林地进行一次穴状整地或全面除草。穴状整地要求地势平坦，且地形坡度小于 6°。根据设计栽植密度进行测设打点，开挖尺寸 0.6~0.8m 的圆柱状植树穴，最后修成盆状集水面，盆面与地面平。这样做能够有效减少食源，在一定程度上控制啮齿类的数量。据试验，于长白山黄泥河林区采用人工或化学方法除灭杂草，除草前铗日捕获率 36% 除灭草后铗日捕获率 6.7%，无鼠害发生；而对照林地林木被害率则在 50% 以上。

7.4.3 干扰性防控

7.4.3.1 声色恐吓

声色恐吓是运用色彩、警报器、灯光、声音、烟火、丙烷爆炸物等干扰野生动物技术的总和。如果使用得当，这些装置有助于驱逐野生动物。使用声音或者光来驱赶野生动物有悠久的历史，而且在野生动物驱赶工作中也有显著的成效。但值得注意的是，野生动物本身具备一定的学习行为。在云南，社区居民利用声音、光和火驱逐野生亚洲象，甚至鼓声和枪声在传统驱逐工作中也曾起到过明显的作用。然而，这种方法只是开始时有效，当亚洲象习惯了这类声音、光和火后，渐渐发现这些干扰对其本身没有直接伤害时，就再也不起作用了。驱赶鸟类的声色恐吓技术相对成熟，表7-1为鸟类驱赶中声色恐吓设备的特点（图7-7）。

表7-1 常用鸟类驱赶措施及特点

方式	手段	特点
听觉	爆竹弹发射器	把类似过年过节时放的烟花弹装入地面发身器，飞机起降前燃放
	驱鸟车	把几个驱鸟设备集成在一台车辆上，驱鸟员开车巡场
	定向声波	把大分贝声音集束在一个方向，定向声音可增大传播距离
	超声波语音	利用声波音效发出天敌、同类的仿真警告声、悲鸣声
	电子爆音声波	利用特殊的刺激超声波驱鸟
	煤气炮	煤气炮是机场为控制鸟撞而配备的专用设备，是一种以煤气为燃料的爆炸装置。机场地面工作人员定时燃放煤气炮，发出巨大声响，以驱走鸟类
视觉	大型激光器	低光条件下，利用532nm/500mW/150mm绿色激光束，像一根绿色大棒子在机场低空区来回挥舞，适合夜航驱鸟
	小型激光枪	驱鸟人员手持激光枪，发深绿色或红色激光束，驱赶鸟类
	稻草人	把稻草扎成人的模样，吊在空中随风飘动来驱鸟
	彩色风轮	用多彩反光材料编织成风车模型，风吹动时忽闪忽闪来驱鸟
	恐怖眼	在氢气球上画上鸟类害怕的图案，悬挂于机场草地中，随风飘舞的恐怖眼会起到很好的驱赶效果
	充气人	在鼓风机上套牢防止漏气的人形材料，立于机场中，人形材料随着鼓风机的吸气和鼓起而倒下或站立，将鸟类吓跑
	防鸟风车	采用转动式和反光式驱鸟措施，反射太阳光，使鸟类受惊逃跑

人耳能听到的声波频率为20~20000Hz，频率低于20Hz的声波被称为次声波，频率高于20000Hz的声波被称为超声波。超声波和次声波都是人听不到的，但鸟类和小型啮齿类能听到的频率范围比人的要广。超声、次声干扰器，采用的是物理干扰。一定强度的超声和次声波，会令野生动物产生食欲缺乏、厌食、抽搐等症状，甚至间接导致其死亡；但对人类没有明显的影响。跟其他干扰手段相比，超声波和次声波设备简单，对环境的适应力比较强，完全无须依赖化学药物，所以无毒无臭，更不

会造成二次污染。但超声和次声对野生动物影响的认识尚不全面，各种野生动物受干扰影响的机制并不明确。

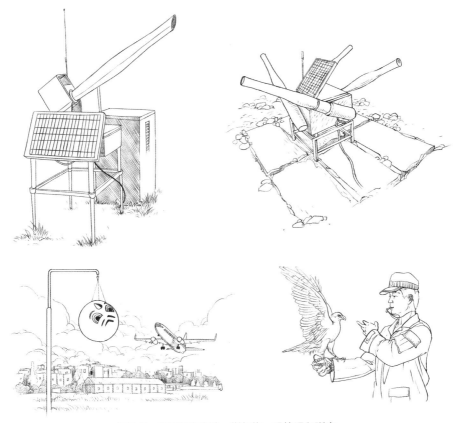

图7-7　机场驱鸟方法：煤气炮、恐怖眼和驯鹰

上述示例方法主要是依靠发出的危险信号刺激野生动物的视觉和听觉系统，使动物产生逃避反应。在使用初期能发挥很大作用，但是在长期使用后，由于设备的外部形状、发出的声音以及摆放的位置都没有变化，而且这些设备又不具有真正的危险性。随着时间的推移，当动物受到多次的重复刺激后，视觉和听觉器官对惊吓反应的敏感度逐步降低。在生理和心理上产生了适应性，致使恐吓设备逐渐失去了驱散野生动物的作用。

7.4.3.2　犬类干扰

犬类是人类最早驯养的家畜之一，在与人类的长期相处中有着重要的贡献。传统农业生产中，为了减少食肉动物造成的损失，多数人使用狗来看守家畜。牧羊犬就是过去千百年来，人类放牧历史中防御野生动物损害的典型代表，在农场负责警卫，避免牛、羊、马等逃走或遗失，保护家畜免于熊或狼的侵袭，同时也大幅度地减少了偷盗行为。事实证明，在欧洲和亚洲使用牧羊犬效果很好。但在北美洲，可能由于经验和管理的原因，使用牧羊犬效果一般。犬类对绝大多数陆生野生动物有明显的驱赶和干扰作用，但对于鸟类和小型啮齿类的干扰作用较小。

犬类干扰野生动物实际上是一把双刃剑。需要注意，犬类对野生动物的干扰是无目标性的。在云南大部分自然保护区边缘，犬类对陆生野生动物保护工作造成极大的影响。例如，云南省保山市隆阳区高黎贡山赧亢生物走廊带，当地居民在东白眉长臂猿（*Hoolock leuconedys*）的栖息地边缘种植草果，常常带着犬类一同进山，无论是犬的叫声还是它追逐其他野生动物，在树冠层栖息的东白眉长臂猿都表现得极为不安，出现惊叫、逃跑等回避行为。

7.4.3.3 驱避剂

具致死毒性或亚致死毒性的化学品并不符合野生动物驱避剂的理念，因为长期摄入或接触可能导致野生动物死亡。驱避剂对目标动物而言应具非致死性，仅是一种驱避刺激，进而导致目标动物行为改变。化学驱避剂在野生动物损害防治中的应用具针对性，但扩展性不强。野生动物种类繁多，在特定的自然环境中，不同的物种对具有驱避作用的化学品具有不同的选择性，几乎没有行之有效，且可广泛应用的化学驱避剂。目前应用相对有效，且广泛推广的化学驱避剂以驱鸟剂和驱鼠剂为代表。

（1）驱鸟剂

鸟害的化学防治不提倡使用毒饵诱杀，可以使用化学驱避剂驱鸟。驱鸟剂多数是绿色无公害生物型的，驱鸟剂一般采用纯天然原料（或等同天然原料）加工而成的一种生物制剂。布点使用后，缓慢持久地释放出一种影响禽鸟神经系统、呼吸系统的特殊清香气味，鸟雀闻后即会飞走，在其记忆期内不会再来。

目前，已经登记注册的鸟类化学驱避剂有几十种，综合起来大致分为粉剂、水剂、颗粒和乳油4种类型。驱鸟粉剂通常在拌种时使用，不但可以驱避鸟、鼠，还能起到促根壮苗的作用；主要用于直播水稻的稻种拌种，以及小麦、花生、玉米、豆类、瓜类蔬菜类种子的拌种，也可以用在幼苗期的喷雾驱鸟。驱鸟水剂是水性制剂的统称，有水乳剂、胶悬剂、微胶囊悬浮乳剂等，用于喷雾驱鸟；主要用于茄果类蔬菜，成熟期谷物，枸杞、玉米、西瓜、荔枝、樱桃等果实的喷雾驱鸟，也可用于水稻、小麦、花生、豆类、花草苗木等幼苗期及成熟期的喷雾驱鸟及机场驱鸟。驱鸟颗粒剂主要应用于葡萄、樱桃、梨、苹果、柿子、砂糖橘等果园驱鸟，也可用于西瓜、草莓、玉米、花生、向日葵等旱地作物驱鸟。驱鸟乳油通常作为挂瓶使用，挂瓶驱鸟的时效性在用量较大的情况下可以持续1个月左右；作为喷雾使用时，兑水稀释倍数不能超过100倍，一般稀释为50倍使用，驱鸟持效期可以达到1星期。

市场上通用的驱鸟剂对树栖型啮齿类、果蝠类也有较好的防御效果。

（2）驱鼠剂

驱鼠剂不等同于灭鼠剂，实际上是一种防鼠措施。在大面积灭鼠后，如不与防鼠措施结合，其灭鼠效果在短期内消失，鼠类很快从周围邻近地区迁入，恢复原来的密度。化学驱鼠剂在1932年开始应用，20世纪50年代进行系统研究，大部分杀霉菌剂和昆虫驱避剂有驱鼠作用，胺类、氮化物、二硫化物等对啮齿类都有较好的驱避作用。杀菌剂福美双可有效防止野兔和地表鼠类咬啮破坏林木，对树栖性的松鼠类也有较好的驱避作用。

造林之前，要对苗木采取必要的保护性技术措施（图7-8）。使用林木保护剂是对造林苗木采取的一种保护性措施。该项措施无毒杀作用，可保护多种林木不被害鼠啃咬，对主要造林树种、经济林树种和林木种子等防护效能显著，持效期长，操作简便易行。可用驱鼠剂、多效抗旱驱鼠剂等对苗木进行涂干或蘸根，实施预防性处理。在实际操作过程中，多效抗旱驱鼠剂可与鱼鳞坑配合使用。

图7-8　苗木保护性措施

紫苏是一种草本油料作物，在林地以合适的密度套种间作，对鼢鼠具有明显的驱避作用，可保护林木和作物免受害鼠危害。套种紫苏的农田和林地，其农作物和林木保存率均高于对照地；林地套种后，地下啮齿类洞道走向明显改变，趋向于试验区外和未种的荒地。套种紫苏密度过稀，对啮齿类预防作用较小；当紫苏密度达80%以上时，其保护作用最强；采收种子后，其根、茎、叶在林地内逐渐腐化，其气味可保持到第二年。蓖麻对啮齿类亦具有明显的驱避作用,所以在经济价值较高的果园、种子园和农田林网四周或行间套种蓖麻,不仅可以保护苗木不受啮齿类危害,而且还能增加果园的经济收益。在新疆蓖麻产区,可采用蓖麻秸秆还田的方法预防啮齿类对林木的危害。

7.4.4 隔离防控

7.4.4.1 障碍物隔离大型动物

"隔离"是目前预防大型野生动物损害的主要形式。障碍物的种类包括传统的篱笆、围墙、壕沟以及现代的围网、电网、铁丝网或者链条等限制兽类通过的物体(图7-9)。

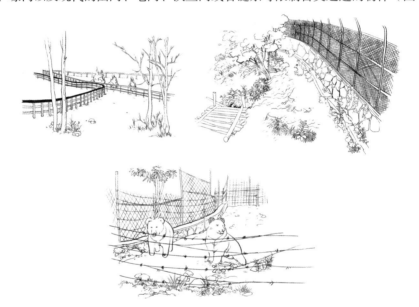

图7-9 限制兽类通过的篱笆、围网和铁丝网

设置障碍物降低野生动物损害发生频率的方法历史久远,亦是最为原始的防范技术。障碍物的设置以限制目标动物通过为主要目的,因此并没有标准的技术指标。实际工作中,设置的障碍物并非单一的篱笆或围墙,而综合设置障碍物往往能得到更好的隔离效果。例如,围墙加围网,障碍物底部由坚硬的岩石构成围墙,可以有效隔离力气较大的大型兽类;障碍物上部建成围网,可以有效防止野生动物跃过障碍物,又节省了建设成本。对于大部分陆生野生动物而言,水域本身就是天然的障碍,壕沟和水的组合可以有效隔离大部分凶猛兽类(图7-10)。虽然该类动物可能游水到壕沟另一边,但陆生动物几乎都不能在水中跳跃,因此跳跃的高度有限,较浅的壕沟也能起到有效的隔离作用。

7 野生动物损害防控技术

图7-10 限制兽类通过的壕沟

如印度保护地的管理者在森林周边建造了碎石墙和带刺的铁丝网，这种措施有助于防止非法的放牧，并且可以防止亚洲狮之类的野生动物离开保护区。但这种方法遭到了一定的反对，因为该方法限制了野生动物的自然活动，加大了保护地的孤岛效应。在保护地周边建造这种障碍的造价比较高，维护的代价高，实际效果并不尽如人意。而且野生动物在跨越带刺的铁丝网时，还可能挂在网上，造成野生动物伤亡。

研究案例：

中蒙边境设立高2m的横贯全线的铁丝网后，蒙原羚（Procapra picticaudata，俗称黄羊）、蒙古野驴（Equus hemionus）的出入境被封死。只能无奈地徘徊在铁丝网周围。黄羊列为国家二级重点保护野生动物，中蒙边境地区是黄羊的主要栖息地。2017年8月，呼伦贝尔新巴尔虎右旗森林公安在边防公路66km处巡逻时，发现1000余只因觅水而从蒙古国迁徙的野生黄羊，它们越过2m多高的铁丝网进入我国境内，迁徙途中，部分黄羊因缺水或被铁丝网和围栏挂住受伤而死（图7-11）。而且这种情况几乎每年都有发生。近年来，随着中蒙边境附近生态恢复及保护野生动物力度的加大，蒙古国野生黄羊频繁翻越边境铁丝网，进入中方境内觅食。为避免此类事情的发生，在中蒙边境地区开设了8处"野生动物绿色通道"，通道宽40m，以方便野驴、黄羊、岩羊（Pseudois nayaur）、北山羊（Capra sibirica）、赤狐（Vulpes vulpes）、狼等野生动物的迁徙活动。为便于野生动物通过和识别，当地还在边境野生动物通道附近堆积了部分食物并设置小面积水坑。

图7-11 带刺的铁丝网造成野生动物伤亡

7.4.4.2 网、袋隔离食果动物

目前防护网被认为是隔离食果动物最有效、最环保的护控措施。在食果动物危害果园前,对树形较小、种植面积不大的小型果园,于果实成熟之前在果园树体周围支架钢管,并在上方增设由铁丝纵横交织的网架,网架上搭建由尼龙丝制作的白色或红色专用防护网。防护网的四周至地面用砖块或土压实,以防动物从网的周围进入。防护网应用于果园,不仅能减少食果动物对果品的损害率,还具有通风、透光、适时遮光的作用;还可以将防护网和防暴雨、冰雹等设备结合,起到抵御自然灾害的功能。虽然布置防护网能有效地隔绝动物取食果实的途径,将动物拒之网外,但仍然存在一些缺点:一是防护网的价格较贵,因风吹日晒导致其使用寿命较短,大型果园投资相对较大;二是容易伤害动物身体,动物可能因为无法挣脱网而被活活缠死。中国南方地区也有一些果农户用淘汰的旧渔网作为防护网来预防食果动物损害,也具有很好的防控效果。

果实套袋是最简单、最常用的防治食果动物损害的措施,全球范围在食果动物防控上均有应用。中国水果套袋栽培试验始于20世纪60年代。当时选用的果袋大多来自国外,自1992年河北省最先推出梨果防虫果袋后,其他地区相继自行研制,随后果树套袋的栽培技术逐渐普及。在动物危害果实之前,对苹果、梨、葡萄等体积较大的果实套纸袋,不仅能够减轻动物的危害,减少果品的损失,还能够避免外界不良环境的影响,可防止尘埃、冰雹、病虫害及枝条磨伤果皮表面等,使得果实表皮光滑,着色均匀,颜色亮丽,很大程度上提高了果实的外观质量。虽然果实套袋防控技术的效果显著,但是该种方法依然存在一些缺点。首先,由于通常所套纸袋质量一般,纸质较薄,乌鸦(*Corvus* spp.)、喜鹊等一些体形较大的鸟类能啄破纸袋危害果实,从而没有起到很好的防控效果。质量较好的袋子，如尼龙网等不但能够防止鸟类的侵袭，而且通风透光性好，虽然能够起到好的防控效果，但是成本太高。其次，果实套袋操作起来比较麻烦，对于树体较高、果实较多的果树费时费力；而对于果实体积较小的果实种类如樱桃、李子等又不适用。再次，由于所套纸袋都是一次性的，容易造成环境污染。

7.4.4.3 切断下地通道控制地下害鼠

鼠类一般在地表下10~30cm的土层中采食。根据这一特性，植树前沿坡向挖50cm深的垂直水平沟，这样就切断了鼠类的取食通道（图7-12）。同时，在沟底种植树苗，对防止鼠类危害树苗根系效果较好。造林前要结合鱼鳞坑整地（在较陡的坡面和支离破碎的沟坡上沿等高线自上而下的挖半月形坑，呈品字形排列，形如鱼鳞）或雁翅式整地（在鱼鳞坑整地的基础上，在坑与坑之间增加一道"V"字形土埂）深翻，以破坏鼠类的洞道。造林时采用不同的整地方式，林木鼠害发生蔓延的程度不同。水平阶整地（适应于坡度5°~45°的地形，沿等高线开挖矩形断面的水平沟，尺寸为0.5~0.8m，宽、深一致或深度略大于宽度）或反坡梯田整地（指在地形基本完整、坡度5°~30°的山坡上，按"等高线，沿山转，宽2m，长不限，死土挖出，活土回填"的方法进行整地）给害鼠打洞、取食创造了有利条件。所以，在大面积造林时，应禁止使用水平阶和反坡梯田整地方式，应用雁翅式整地造林对鼠害的控制作用最好，防制效果达68.7%。生荒地即使土层深厚，土质一般比较坚硬，可以采取鱼鳞坑穴状整地方式营造针叶林或块状针间叶混交林。

图7-12 切断地下通道防控鼠害

利用灌木和次生林木的发达根系阻止害鼠活动。在以营地下生活为主的害鼠危害地区，次生林和灌木林地造林时应保留次生林和灌木，利用它们发达的根系阻止害鼠的活动，限止害鼠的蔓延。如果造林前将灌木连根清除，害鼠便会很快侵入造林地，危害苗木。造林设计时应合理搭配树种，选择适合当地生长的各种针叶树、阔叶树和灌木树种，实行针阔混交、乔灌混交、灌灌混交，避免营造单一的纯林。

7.4.5 致死性防治

7.4.5.1 捕杀和转移

捕杀危害严重的野生动物是减少损失最为有效的方法，但却是迫不得已的方法。粘鸟网在猎杀鸟类和果蝠类动物有较为明显的防治效果，透明的丝织网固定于长杆上，形成一堵透明的墙，鸟类和果蝠类飞过时会被粘住，进而死亡。但从野生动物保护和生物防治的角度来看，该方法存在不足之处。

加拿大哥伦比亚省常常发生人和熊的冲突，为此管理部门会捕杀发生损害的"问题熊"。美国为了降低鹿类动物的密度，减少鹿类对农业生产造成的损失，会选择性的猎杀野生鹿类。2014年台湾玉山公园台湾猴（*Macaca cyclopis*）攻击游客致9人受伤，事发后管理部门在现场设置诱捕笼，县府农业处、屏东科技大学的猕猴专家上山协助捕捉。但是，捕杀这种防制方式成本较高，而且不利于保护意识宣传教育工作开展。捕杀损害的野生动物个体后，只能暂时起到缓解作用，对未来可能发生的野生动物损害强度和频次并没有显著的扼制效果。2019年5月27日早上7时许，陕西省汉中市汉台区徐望镇上吴家营村7组闯入两头秦岭羚牛（*Budorcas bedfordi*），惊动了全村的人。羚牛随后在村内乱跑，造成2死2伤。据徐望镇人民政府工作人员称，接警后，市特警支队来到现场，经相关部门同意，将一只伤人的羚牛击毙，寻找到另一只并将其麻醉后转移至陕西省珍稀野生动物抢救饲养中心（图7-13）。因此，将那些徘徊在人类居住区的"问题动物"迁移到其他合适的地方，例如动物园或其他适宜地点，比直接捕杀可能更为有效。

图7-13 捕捉习惯性肇事的羚牛

7.4.5.2 毒杀

毒杀技术主要应用于防治啮齿类动物损害，在其他野生动物损害防治中并无应用的案例。主要原理在于使有毒物质进入动物体内，破坏动物的正常生理机能而使其中毒死亡。毒杀防治效果快、使用简便，当广泛用于大面积消灭啮齿类时，能暂时降低啮齿类的密度和把危害控制在最低程度。缺点是一些剧毒农药能引起2次甚至3次中毒，导致啮齿类天敌日益减少，生态平衡遭到破坏。在使用不当时还会污染环境，危及家畜、家禽和人的健康。化学防治常用药物中的肠道毒物有磷化锌、杀鼠灵、敌鼠钠盐等；熏蒸毒物有氯化苦、氰化氢、磷化氢等。大隆（溴联莱杀鼠迷）灭鼠剂在农田啮齿类防治中的效果尤佳。

（1）毒饵站投饵技术

为避免化学药剂造成人畜中毒、杀伤天敌、环境污染等问题，应选择无二次中毒的毒饵，必要时可配合毒饵保护器，包括毒饵保护瓶、罐、桶等。毒饵保护器俗称"毒饵站"，是指允许目标对象（靶向动物）自由进入并取食，而其他非靶向动物不能进入的一种能盛放毒饵的容器（图7-14）。应用毒饵保护器投饵灭鼠具有以下优点：一是投饵点少，省药、省工，易操作；二是保护环境，减少污染，有利于保护天敌；三是保护毒饵不变质，可常年投饵，适用于所有地上啮齿类防治。

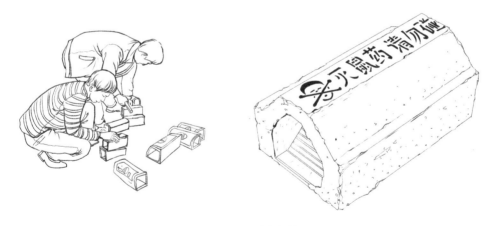

图7-14　毒饵保护器

毒饵保护器可用塑料瓶或竹筒加工而成，只要能使啮齿类自由进入即可（图7-15）。使用时将配制好的毒饵直接或用小纸袋封装后，放入毒饵保护器内，并使其开口尽量向下倾斜。一般每亩地使用毒饵保护器1个，每个毒饵保护器放置毒饵150g左右，并根据啮齿类取食情况补充毒饵。各地根据受损情况适当增减毒饵保护器数量，并在示范的基础上逐步推广使用。

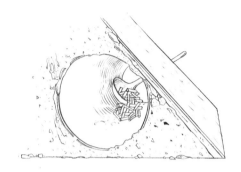

图7-15　简易毒饵站

（2）直接投饵技术

直接投饵技术就是将毒饵直接投放在农田和林地。地面啮齿类防治一般采用一次性饱和封锁式投饵法。投饵按自然田块，在田埂上或沟渠边及稻田附近的啮齿类活动场所投饵一圈，形成保护圈。林地实行少放多堆原则，一般每亩投饵量250g，每隔1m投放1堆，每堆5~10g。农地和村舍附近宜采用连续多次投饵法，按"多吃多补，少吃少补，不吃不补"的原则补充饵量。重点在啮齿类经常活动的地方投放毒饵。

应注意同一种毒饵不可以连续使用。啮齿类采食毒饵中毒死亡后，尸体中尚有残留毒饵的化学成分，毒饵化学成分即使微量，但它的基本物理性质不变。其他同类发现死体时仍旧可以嗅到除同类正常气味外的毒饵化学成分气味。啮齿类的嗅觉非常敏锐，具有很强的气味辨别能力与记忆力。啮齿类能够判断出同伴的死亡与化学成分的特殊气味有无直接关系，并牢记。所以，它不会采食嗅出死体内有特殊气味的食物，还会阻止同伴采食。

（3）生殖不育技术

生殖不育技术在鼠害防治工作中应用较为成熟。鼠类不育剂防治是通过药剂投饵来降低雌、雄害鼠的生育能力，使害鼠种群长期保持在低密度状态，以降低危害程度。鼠类不育剂对环境无污染，对天敌动物安全，适用于大面积防治，目前在生产上使用的有贝奥类雄性不育灭鼠剂和植物性不育剂。

研究案例：

贝奥生物灭鼠剂为卫矛科（Celastraceae）植物雷公藤（*Tripterygium wilfordii*）的粗提物雷公藤多甙制成品，是一种雄性不育灭鼠剂。害鼠进食后，药剂会抑制睾丸的乳酸脱氢酶，附睾末端曲细输精管萎缩，精子量变得极为稀少，丧失生育能力，从而达到减少害鼠数量的目的。研究表明，雷公藤制剂可使发育期成体雄性布氏田鼠睾丸脏器系数下降，对睾丸中精子数量和活力产生显著影响；也可使长爪沙鼠（*Meriones unguiculatus*）精子密度和活力下降，200mg/kg 以上可致试鼠半数以上死亡，不仅具短期杀灭作用，而且具中长期抗生育作用，对害鼠的杀灭和繁殖控制具有较好作用。新贝奥生物灭鼠剂适口性强，对人畜及有益生物相对安全，对环境友好，不会造成残留污染，具有较好的杀灭和抗生育双重作用，能够有效降低害鼠的数量和密度，达到持续灭鼠效果。防治时，0.25mg/kg 雷公藤甲素颗粒剂投药 500~1200g/hm²。投药后一般需禁牧 15~20d，并在施药区竖立明显的警示标志，防止家禽、牲畜进入，避免有益生物误食。

2003 年上海推出新贝奥雄性不育生物灭鼠技术，经农业部批准已可进入大田试验。2004—2006 年，以上海奉贤区的 6 个镇为试点，以常见的小家鼠（*Mus musculus*）、褐家鼠（*Rattus norvegicus*）、黄胸鼠（*Rattus flavipectus*）和黑线姬鼠（*Apodemus agrarius*）为靶标，相继进行了 3 次大面积用不育剂灭鼠和传统化学药物灭鼠的对照实验。结果显示：以不育药灭鼠，鼠密度平均下降 73%；而以化学药灭鼠，鼠密度平均只下降了 31.96%。随后在上海、吉林、福建、青海等省份的农田、草场、林场、居民家庭等环境中反复试验试用。结果表明：灭鼠效果显著，既能控制鼠害，又可保护生态环境。2013 年，进入全国城区、森林、草原、田野等全面推广应用。

7.4.6 天敌防控

自然条件下，目标物种和天敌的关系是相互制约的，天敌数量的变化常在目标物种数量变化之后，即天敌数量的变化具有时滞。目标物种数量减少后，天敌的食物减少了，天敌的数量也将减少；随后，目标物种数量会迅速增加，使天敌数量也因食物增加而增加，二者之间保持相对平衡。因此，对天敌防控应当有正确的认识，既要重视，又不能依赖。当目标物种数量大发生时，还应采取其他有效措施，迅速杀灭目标物种。

豢养猛禽是一种以鸟治鸟的方式。在机场人工驯化和饲养一定数量的猛禽，定时放飞，形成较高的密度，令野生鸟类感受到威胁，从而离开机场。豢养较大型的猛禽不仅可以驱赶鸟类，还能够捕杀生活在机场的哺乳动物，减少食物的供应同样能够驱使鸟类离开机场。在欧洲、北美洲、俄罗斯的一些机场，豢养猛禽驱赶鸟类取得了极大的成功。

啮齿类天敌种类繁多，其中，猛禽类、小型猫科动物和鼬科动物是最重要的天敌类群。森林中，啮齿类的天敌主要有哺乳动物中的狐、鼬类、貂等，鸟类中的隼、鸢、鹰等和爬行类中的蛇，它们有的以食啮齿类为主，有的兼食啮齿类，在森林生态系统中对啮齿类有一定的控制作用。值得注意的是，鼠类密度较低时，天敌控制鼠类数量能起到一定的作用，但当条件适宜时，鼠类数量会迅速增长，天敌在数量上和加速捕食方面作出反应之前，鼠类已给林木造成严重危害。

研究案例：

（1）招鹰控鼠技术

招鹰控鼠技术是利用鼠及其天敌鹰的食物链关系，在草原鼠害发生区人工建造鹰架、鹰墩，给鹰类提供更适宜的觅食、栖息和生存条件，增加鹰的数量和活动范围，从而实现对鼠害的有效控制。招鹰控鼠对布氏田鼠（*Lasiopodomys brandtii*）、长爪沙鼠、达乌尔黄鼠（*Spermophilus dauricus*）等草原主要害鼠的防控效果在37.2%以上，是一种行之有效的生物防治方法。招鹰控鼠设施主要包括鹰架和鹰墩，鹰架为"T"字形，上端为横梁，下端为立柱，便于鹰类休息和瞭望；鹰巢的上端设计成圆形，利于鹰类筑巢繁殖。立柱用混凝土钢筋浇制或用木杆制成，高度5~7m；横梁采用钢材或木材制成，长度30cm。鹰架应设立在害鼠常年活动且密度较大、草地植被稀疏、地势平坦、视野开阔的区域，一般"一"字形排列，每隔4个鹰架设1个鹰墩。鹰架与鹰墩的比例一般为4∶1。

2007年，西藏在沿青藏铁路两侧的当雄县境内架设了2500个招鹰架。2010年，羌塘国家级自然保护区那曲管理局在保护区内鼠兔密度高、草场破坏严重的区域安装了115个招鹰架。每个招鹰架可控制的有效面积约为20万 m^2，每只鹰每天能捕猎2~5只鼠兔。经过数年"招鹰灭鼠"，安装招鹰架区域内的红隼等猛禽数量有不同程度增加，使草原鼠兔危害显著缓解。

自2009年起，甘肃甘南藏族自治州鼠害严重的地区开始栽植鹰架，到2013年，共栽植鹰架12904根，可有效控制鼠害。根据2013年招鹰控鼠效果的观测结果表明：每个调查样区有招引架33根，防治规模为0.2万 hm^2，安置3年后，3个样区防治效果平均为92.2%，治理后鼠密度平均为4.3只 $/hm^2$。架设鹰架后第一年，高原鼠兔有效洞口密度、植被破坏率降低不显著；第二年和第三年，高原鼠兔有效洞口密度分别降低21.9%、31.34%，植被破坏率分别减少5.7%、12.6%；鹰架区高原鼠兔有效洞口密度和植被破坏率持续降低，控鼠效果显著，安置的时间越长，控制效果越好。

（2）野化狐狸控鼠技术

野化狐狸控鼠技术也是一种生物防治新技术、新方法，是利用鼠及其天敌狐狸的食物链关系，将人工饲养的狐狸，经短期野外生存能力科学训练后，有计划地放归到草原鼠害发生区以控制草原鼠害的。目前，野化狐狸控鼠技术所用的狐狸为银黑狐（*Vulpes vulpes fulva*），其驯化可分为3个阶段：一是笼养育成阶段；二是人工散养野化训练阶段；三是自然散养野化训练阶段，主要训练其防护和捕食能力，增强在自然状态下的生存能力，该阶段要尽量避免与人接触。

2003年，宁夏回族自治区草原工作站启动人工野化狐狸控制草原鼠害试验项目，

2年间先后野化放归狐狸55只,放归地覆盖盐池县、海原县和固原市原州区等7个市、县(区)。对首批投放狐狸的海原县南华山区域调查,2003年5月,黄鼠等地面鼠密度为69只/hm², 鼢鼠密度为14只/hm², 而到2004年4月,黄鼠等地面鼠密度已下降为3只/hm², 鼢鼠密度下降为8只/hm²。每只狐狸年可控制草原鼠害面积1000~1200hm², 平均每公顷防治费用仅1.5元左右。当地农户也普遍反映,狐狸野化放归后周围草场害鼠数量明显减少。2005年,人工野化的10只狐狸被宁夏回族自治区草原工作站工作人员放归草原,担负起防治鼠害的"重任"。当时,宁夏已成功野化放归65只狐狸,控制草原鼠害面积超过10万hm²。

7.4.7 对毒蛇的防控技术

除眼镜蛇(*Naja naja*)外,其他蛇一般不会主动攻击人。当人类没有发现它而过分逼近蛇体或无意踩到蛇体时,蛇才咬人。若与毒蛇不期而遇,要保持镇定安静,不要突然移动,不要向其发起攻击;尤其不要振动周边地面、植物,最好等它逃遁,或者等人来救援。若被蛇追逐时,应向山坡上方奔跑,或忽左忽右地转弯跑,切勿直跑或直向下坡跑;可把随手携带的东西往蛇旁边扔过去,转移它的注意力,或把衣服朝它扔过去蒙住它,然后跑开。被毒蛇咬后应及时处理,方法如下。

(1)绑扎法阻止毒液吸收

立即就地取材,用布条类、手巾或绷带等物,于伤口近心端缚扎(在伤肢近侧5~10cm处),以减少静脉及淋巴液的回流。如伤在手指可缚扎手指根部;伤在手掌可缚扎于肘关节下部;伤在足踝部则于膝关节上部或下部缚扎,同时将患肢下垂,不要剧烈奔跑,以免加速血流和毒素的吸收。缚扎时间可持续8~10h,每隔15~30min放松1~2min,一般在伤口排毒和服药后1~3h解除缚扎。咬伤超过12h后不宜缚扎。

同时可用冰敷法协助绑扎法,使用冰块敷于伤肢,使血管及淋巴管收缩,减慢蛇毒的吸收。也可将伤肢或伤指浸入4~7℃的冷水中,3~4h后再改用冰袋冷敷,持续24~36h即可,但局部降温的同时要注意全身的保暖。

(2)扩创处理排除或破坏毒素

用口吮、拔火罐或抽吸器抽吸等方法,将伤口毒血吸出。如吮吸者的口腔黏膜有破损,则不宜做吮吸,以免引起中毒。常规消毒后,沿蛇的牙痕做纵向切口,长约1.5cm,深达皮下,或作"十"字切口,如有毒牙遗留应取出,并用手由伤者的近心端向伤口附近反复挤压,以排出毒血。同时用1:5000高锰酸钾液及双氧水反复冲洗,使蛇毒在伤口处被破坏,减少散播,减轻中毒。血循类毒蛇咬伤后,若伤口流血不止,且全身有出血现象者,则不应扩创。

经扩创处理后，患部肿胀明显时，可于手指蹼间（八邪穴）或足趾蹼间（八风穴）皮肤常规消毒后用三棱针或粗针头与皮肤平行刺入1cm后迅速拔出，再由伤者的近心端向远心端挤压以排除毒液。

（3）用药抑制蛇毒作用

内服和外敷有效的中草药和蛇药片，达到解毒、消炎、止血、强心和利尿作用。目前用于临床的蛇药片已有10余种，使用时首先要弄清所用的药片对哪种毒蛇有效，其次是用药要早，剂量要大，疗程要长。最后，必须有针对性地采用其他中西医的辅助治疗。临床上用得最广的是南通蛇药片（又称季德胜蛇药片）。

抗蛇毒血清对毒蛇咬伤有一定的疗效，单剂血清疗效可高达90%，但多剂血清疗效仅为50%。目前，已试用成功的血清有抗腹蛇毒血清、抗眼镜蛇毒血清、抗五步蛇毒血清和抗银环蛇毒血清等，有的已精制成粉剂，便于保存。使用抗蛇毒血清之前应先做皮肤过敏试验，阴性者可注射。

20世纪60年代中期，我国科学工作者发现，胰蛋白酶能迅速分解蛇毒，使其灭活。70年代初期，广东、广西等地报道用胰蛋白酶及其综合疗法治疗了眼镜王蛇、眼镜蛇、金环蛇（*Bungarus fasciatus*）、银环蛇（*B. multicinctus*）、蝰蛇（*Vipera* spp.）、五步蛇（尖吻蝮，*Deinagkistrodon acutus*）、蝮蛇（*Gloydius* spp.）、竹叶青（*Trimeresurus* spp.）、烙铁头（*Ovophis* spp.）等各种毒蛇咬伤800余例，其中，有的危重型患者自主呼吸停止长达30d以上，相当多的患者局部组织溃烂、坏死，结果全部治愈，无后遗症发生，证实了胰蛋白酶治疗蛇伤具有高效、速效、广谱及抗组织坏死的特点。现在有相应的用于治疗毒蛇咬伤的蛇伤急救盒。一个蛇伤急救盒包括注射器、抗蛇毒蛋白酶、消炎药、抗过敏药和吸毒器皿等组成。主要用于治疗毒蛇、其他有毒动物咬伤及狂犬咬伤，当人被毒蛇或其他动物咬伤后，通过注射蛋白酶，口服抗蛇毒药物及器皿的使用，可有效地治疗蛇伤，此类急救盒可随身携带，使用方便，治愈率高。

野外被蛇咬伤经及时处理后，还应尽快到正规医院进一步处理和治疗。

7.5 野生动物损害补偿

7.5.1 补偿的必要性

实际上，没有任何一种技术手段可以防止所有野生动物带来的损失。野生动物损害除了造成当地居民身体上的伤害和财产上的损失以外，更加重了人们对野生动物的厌恶感和排斥感，这对野生动物保护是极为不利的。兼顾野生动物保护及社区居民的利益，往往会得到更为理想的管理成效。需要让社区居民从野生动物保护工作中获得利益,他们才可能接受野生动物带来的损失,这是野生动物损害防治理念中的重要组成部分。

生态文明观体现在人们在改造客观物质世界的同时,要以科学发展观看待人与自然的关系以及人与人的关系。人与野生动物作为生态系统中的重要组成部分,对于维持生态平衡起着至关重要的作用,两者应该顺应自然规律和谐共处。从生态文明观的角度出发,应该积极保护野生动物资源。但现实社会中却产生了生态公平问题,人类在利用、保护自然资源方面所承担的责任出现了不公平现象。如野生动物肇事损害中,居住在保护区周边的居民承担着保护野生动物的职责,同时还承受着野生动物对人们造成的损害,就是生态不公平现象。因为从物种提供生态服务功能的角度,当地人承担着保护物种,使其继续实现生态服务功能。在这一过程中,当地居民付出了保护成本和更好发展的机会成本,而其他人正免费享受"搭公车"。从根本上说,主体对于自然的开发和补偿应是对等的,谁在资源共享上获益多,谁对自然资源保护责任也更大。野生动物损害造成损失必须要得到补偿,这是树立现代生态文明观,实现生态公平的需要。

7.5.2 区域的不平衡性

中国野生动物损害补偿早在1988年颁布实施的《中华人民共和国野生动物保护法》中就明确规定:"因保护国家和地方重点保护野生动物,造成农作物或者其他损失的,由当地政府给予补偿"。野生动物资源丰富的西部地区经济欠发达,地方政府难以承担较高的生态补偿费用;东部地区经济相对发达,但野生动物较少,发生的野生动物资源生态补偿费亦相对较少;各地制定的补偿标准不统一,有的地方还尚未制定补偿办法。

西藏自治区规定,补偿资金采取"一事一审"的办法,在预算执行过程中专项申请解决,由自治区、地(市)、县级财政分级负担,负担比例为自治区财政50%、地(市)财政30%、县财政20%。

吉林省规定,人身伤害医疗救治费和人身、财产损害补偿费列入省、市(县)两级财政预算,按照财政管理体制由省、市(县)两级负担。野生动物造成人身伤害的医疗救治费、损害补偿费和造成农作物、家畜损害的补偿费由省、市(县)两级财政各负担50%。由于重点保护野生动物损害补偿政策性强,要求准确把握野生动物损害补偿范围和补偿对象,完善调查核实工作内容和程序,规范调查评估和补偿工作,确保经费真正兑现给受灾群众。

云南省规定,补偿费用列入各级财政预算,由各级财政按照财政管理体制分级负担，省财政和地（州）、市（县）财政各负担一半。省对地（州）、市（县）的年度补偿经费一年一定，包干使用。

陕西省规定，人身伤害医疗救治费和人身财产损害补偿费列入各级财政预算，由各级财政按照财政管理体制分级负担。重点保护野生动物造成人身伤害的，医疗救治费和损害补偿费由省级财政负担80%，区（市）、县级财政各负担10%；造成农作物、经济林木、家畜损害的，损害补偿费由省级财政负担20%，市、县级财政各负担40%。

然而，因受资金缺乏、管理体制不完善等因素影响，政府设置的补偿方案在实施过程中因种种困难而成效欠佳。补偿工作烦琐而且量大，而重点保护野生动物损害地点往往交通不便，开展具体工作的基层保护管理机构专业技术人员缺乏。对于受损居民而言，补偿项目经常被认为不充分。因为有补偿带来的经济利益，可能降低社区居民主动减少损失的积极性，进而对野生动物保护工作起到负面的影响。

7.5.3 补偿机制的指导思想

野生动物损害补偿机制是一种有效保护野生动物资源的环境经济制度。一方面，通过制度创新将野生动物资源的保护成本纳入野生动物资源开发利用主体的成本核算体系中，可以有效约束开发主体对野生动物生态系统的破坏行为；另一方面，通过制度建设让野生动物保护的受益者支付相应的费用，以保证野生动物保护者的保护投入能够得到合理回报，保证为保护野生动物资源而付出代价者的损失能够得到弥补，可以激励相关利益方进行野生动物保护，消除开展野生动物保护的障碍。通过以上的制度建设最终实现维护、改善和提高野生动物生态系统服务功能的目的，促进野生动物资源生态资产的保值与增值。

7.5.4 损害补偿方式

从国内外已经开展的各个领域的生态补偿实践来看，补偿的方式大多以直接支付货币为主，辅之以提供实物、给予优惠政策和开展技术培训等的方式，这些方式同样适用于野生动物损害补偿领域。借鉴已有的实践经验，结合野生动物损害补偿的实际特点，野生动物损害补偿方式可以归纳为以下几种类型。

7.5.4.1 货币补偿

野生动物损害补偿是一种经济手段，因此补偿主体通过直接支付给补偿对象货币的方式能够最有效地实现环境经济利益的调整，而且方便灵活。在野生动物损害补偿中，可以根据具体的情境条件和补偿对象，采用补偿金、贴息、退税、补贴、赠款等方式，如对利用野生动物资源的开发主体向国家缴纳野生动物资源保护管理费就是一种征收货币补偿资金的方式。这种方式能够在一定程度上解决补偿对象的资金筹集和经济损失问题，能够很好地体现利用效益的公平性与科学性。

7.5.4.2 政策补偿

各级政府在实施野生动物损害补偿时，可以通过制订给予各项优先权、优惠待遇政策给予补偿对象权利和发展的机会。例如，政府运用行政和经济政策手段，大力扶持有利于野生动物生态资源可持续利用的产业，如野生动物生态旅游和野生动物生态养殖等。补偿对象在补偿权限内，可以利用在产业发展、财政税收以及项目投资等方面的政策支持和优惠进行创新发展。政策补偿方式的优势是可以在宏观上对于补偿对象的发展起到一种方向性的引导作用。

7.5.4.3 实物补偿

在野生动物损害补偿实施的过程中，补偿主体也可以负责提供补偿对象实际生活和生产所急需的生活要素和生产要素，包括物资、劳动力和房屋等，目的是帮助受偿者解决急需的、基本的生活和生产困难。例如，为那些由于野生动物保护而需要搬迁的保护区居民提供住房和基本的生活条件。

7.5.4.4 生产能力补偿

由于野生动物损害补偿项目的实施，一些补偿对象往往要放弃其原有的生产方式，对于一些由于缺乏技术、信息而无法转产的受偿者来说，生产能力的补偿应是最有效的方式。为补偿对象提供无偿的信息咨询和技术培训，帮助他们及时获得市场信息、掌握新的生产技术，从而可以顺利地转向其他产业。

7.5.4.5 发展机会补偿

在野生动物损害补偿对象中，对于一些自谋生路存在困难的个体，政府还要积极创造条件，将这部分人妥善安置到相关的野生动物产业开发项目中去，为他们提供发展机会。

7.5.4.6 股权补偿

在野生动物损害补偿的实施过程中，还可以根据实际情况，采取股权置换的方式进行补偿。对于一些由于野生动物产业开发项目的建设而丧失生存发展机会权利的补偿对象，可以将其所丧失的发展权利折价入股的方式来进行补偿。

7.5.5 野生动物肇事公众责任保险

自2010年以来，云南、青海、四川、浙江、湖南等省份陆续在一些市（县）引入商业保险机制，探索缓解人与野生动物冲突的新途径，而多家保险公司参与了多地"野生动物公众责任保险"的试点。在2018年10月26日修订的《中华人民共和国野生动物保护法》中第十九条，明确规定"有关地方人民政府可以推动保险机构开展野生动物致害赔偿保险业务"，为商业保险缓解人与野生动物冲突提供了法律依据。

云南地处我国西南边陲，拥有大面积的原始热带雨林和独特的山地垂直景观，有243种国家重点保护野生动物，占全国重点保护野生动物种类的72.5%。近年来，全国高度重视野生动植物保护和生态环境建设，云南生物多样性保护和天然林资源保护工作取得了较好成效，野生动物种群数量得到恢复。据2008年云南省林业厅野生动物保护处统计，云南省境内的亚洲象已经从20世纪80年代初的140余头增加到300头左右；白马雪山国家级自然保护区内的滇金丝猴从建区时的400余只已增加到900余只；高黎贡山国家级自然保护区的羚牛数量由原先的6群200头增加到8群300余头，无量山、哀牢山国家级自然保护区的西黑冠长臂猿（*Nomascus concolor*）也由建区时的50群200余只增加到2008年96群400余只。在这些旗舰物种的伞护作用下，猕猴、野猪、黑熊等多种大型动物的数量也得到恢复性增长。庄稼成熟时，大型野生动物到农田里啃食玉米、甘蔗、香蕉等作物，致使很多农民损失严重。在云南边陲的农林交错地区，随着野生动物种群数量增加，重点保护野生动物损害造成的经济损失和人员伤亡日趋严重。

2000—2004年，云南省野生动物损害造成的经济损失达17613万元，达3522.6元/年；2005—2009年上升为25866.3万元，约计5173.26万元/年，经济损失快速增长；2009年云南省受害农户达40729户，108人受伤，5人死亡，核定人员伤亡和财产损失5514.16万元，其中，受损害农林作物4551.375万元，伤亡家畜损失600.26万元。西双版纳是云南省野生动物损害的重灾区，年均经济损失达2000万元以上；普洱市其次，年均经济损失约计1000万元以上；其他损失较为严重的地区有临沧、昭通、怒江、迪庆、丽江、楚雄、曲靖、红河等。由于野生动物肇事危害的补偿经费杯水车薪，受害群众获得的补偿极少。贡山县1头价值2000~3000元的独龙牛遭野生动物危害后，经济补偿费仅为300元，每只羊补40元，玉米每千克补0.6元；福贡县一头牛遭危害后补200元，每只羊补20元，玉米每千克补0.4元；德宏傣族景颇族自治州盈江县，因野生动物伤人较多，政府所拨的补偿费还不够受害群众医疗费开支，所以2005年全县受害的200多头（只）牛羊，未得补偿。

2010年，中国太平洋财产保险股份有限公司西双版纳中心支公司开发的全球首款野生动物肇事公众责任保险在西双版纳开展试点以来，至2017年累计赔偿金额达7851万元，受益农户达4.8万余户。该项目由政府全额出资投保，保险公司勘损赔付，最终实现由政府补偿向商业保险赔偿的转变。2014年时，这个项目已推广到云南省 16 个州（市）129 个县（市、区），实现了全省覆盖。2017 年时，西双版纳现有保费规模达 1670 万元，占全省保费规模的 30% 以上。截至 2019 年 4 月末，西双版纳辖区保险公司因野生动物（大象）肇事累计赔偿 254.1 万余元，其中，农作物损失（玉米 1289 亩、甘蔗 29.4 亩、冬瓜 68.4 亩、橡胶 25 株、咖啡树 7062 株、香蕉 52262 株、坚果 106 株、果树 5002 株）赔偿 107.5 万元；车辆损失 22 辆赔偿 8.6 万元；人员死亡 4 人赔偿 130 万元，人员受伤 2 人赔偿 8 万元。2017—2019 年，红河哈尼族彝族自治州共投入保费 341.92 万元，累计收受各类野生动物肇事赔付申请 2183 起，其中伤亡案件 121 起、物损案件 1062 起，赔付金额达 246.89 万元。

青海省于 2011 年开始试点藏系羊和牦牛保险。其中，青海省果洛自治州的河南蒙古族自治县率先进行牛羊保险试点的地区之一，秉承"政府指导""市场运作""协同推进"，由 B 财产保险公司承办；保险范围包括自然灾害、疾病、政府因故扑杀和野生动物伤害；野生动物伤害方面，起初只赔付因狼产生的伤害，但在 2017 年扩大到全部野生动物对藏系羊和牦牛的伤害。根据相关约定，藏系羊保险金额 300 元/头，牦牛保险金额 2000 元/头；费率 6%，即需缴纳的保费为藏系羊 18 元/头、牦牛 120 元/头；保险期限为一年。截至 2019 年，实现了全省的纯牧业县全覆盖。

四川省平武县于 2018 年率先推出野生动物损害公众责任保险试点，明确将境内大熊猫、金丝猴、羚牛等 16 种野生动物伤害人畜、破坏农林、房屋等 7 种肇事损失情形纳入投保范围，县政府作为投保人全额出资缴纳保费 10 万元，保险公司每年最高赔付 200 万元。截至 2019 年 3 月，累计为 276 户受损农户赔偿 24.79 万元，未发生因受侵害而伤害、捕杀野生动物的报复性行为。

湖南省张家界市永定区是 2017 年全省唯一野生动物致害公众责任保险试点县。该区于 2017 年 1 月 18 日与张家界人寿保险公司签订了为期一年的《永定区野生动物公众责任险》合同，投保 50 万元。2017—2018 年试点期间，该区共接到相关报案 32 起，结案 32 起，总赔款金额为 44.7 万元。

参考文献

蔡静, 蒋志刚, 2006. 人与大型兽类的冲突：野生动物保护所面临的新挑战. 兽类学报, 26(2): 183-190.

窦亚权, 余红红, 李娅, 等, 2019. 我国自然保护区人与野生动物冲突现状及管理建议. 野生动物学报, 40(2): 491-496.

郭永旺，王登，施大钊，2013. 我国农业鼠害发生状况及防控技术进展. 植物保护，39(5): 62-69.

何馨成，吴兆录，2010. 我国野生动物肇事的现状及其管理研究进展. 四川动物，29(1): 141-143.

黄锡生，关慧，2006. 协调人与野生动物矛盾的法律探讨. 野生动物，27(1): 35-37.

李晓娟，周材权 杜杰，等，2018. 机场鸟击特点及防范体系构建. 四川动物，37(1): 22-29.

王占彬，程相朝，孙平，等，2009. 机场鸟撞的生态防治. 生物学通报，44(9): 1-3.

周鸿升，唐景全，郭保香，等，2010. 重点保护野生动物肇事问题、特点及解决途径. 北京林业大学学报(社会科学版)，9 (2): 37-41.

ALIAN J R, WATSON L A, 1990. The impact of alumbricide treatment on airfield grassland. Birdstrike Committee Europe, 20: 531-542.

DOLBEER R A, WRIGHT S E, CLEARY E C, 2000. Ranking the hazard level of wildlife species to aviation. Wildlife Society Bulletin, 28: 372-378.

DRAKE D, GRANDE J, 2002. Assessment of wildlife depredation to agricultural crops in New Jersey. Journal of Extension, 40. Available at: http://www.joe.ore/joe/2002 february/rb4. html. Cited 4 April 2005.

EDMUND H, 1995. Applied ecology as a basis for birdstrike prevention on airports. Vogelund Luftverkehr, 15(1): 23-35.

HOARE R E, 1999. Determinants of human-elephant conflict in a land-use mosaic. Journal of Applied Ecology, 36: 689-700.

RAJPUROHIT R S, KRAUSMAN P R, 2000. Human-sloth-bear conflicts in Madhya Pradesh, India. Wildlife Society Bulletin, 28: 393-399.

RECHER L, 1990. A review of current ideas of the extinction, conservation and management of Australia's terrestrial vertebrate fauna. Proceedings of the Ecological Society of Australia (16): 287-301.

TREVES A, JUREWIEZ R R, NAUGHTON-TREVES L, et al., 2002. Wolf depredation on domestic animals in Wisconsin, 1976—2000. Wildlife Society Bulletin, 30: 231-241.

WOOLNOUGH, 2004. Institutional knowledge as a tool for Pest animal management. Ecological Management and restroration, 5(3): 226-228.

8 野生动物生态研究技术

提要 本章对野生动物生态研究中常用到的红外相机技术、环志和卫星跟踪技术进行介绍,着重讲解各种技术的应用领域、研究对象、野外方案设计、野外布设规程及其注意事项,并简要介绍数据分析与处理以及黑颈鹤的环志和卫星跟踪研究案例。

8.1 红外相机技术

8.1.1 相机陷阱技术简介

野生动物种群动态数据必须借助监测获取。传统数量调查方法有绝对密度调查法(样方/样线法、标记重捕法)和相对密度调查法(捕获法、粪便等痕迹法和访谈法)。理论上,野外观察记录动物是简单容易的,但实际操作很困难。这些方法,每种都有其局限性,如样方/样线法受到人员技能、经验、精力的限制;捕获法会对目标动物带来伤害和干扰;粪便等痕迹法受到人员专业能力和痕迹保留完整性、发现率、失真率等影响和干扰。因此,如何找到一种新的调查方法,既能弥补传统方法的不足,或与其结合,又能获取准确的调查结果,成了学者关注的焦点。20世纪80年代兴起的相机陷阱调查方法就是其中一种全新的调查手段。

简单讲,相机陷阱是一个无人在场情况下拍摄到野生动物图像/影像的系统。红外相机的前身为19世纪末20世纪初,采用多种机械方式(绊绳、踏板等)触发的相机陷阱(camera trap),用来拍摄和记录野生动物。1906年,美国国家地理杂志刊登了野生动物摄影先驱乔治·希拉斯(George Shiras)拍摄的野生动物夜间照片,其相机是用一条绳索绊发的。同期,一名印度林业官使用触发相机拍摄印度境内活动隐秘的夜行动物,得到了野生虎照片。但是,笨重的设备和落后的技术限制了相机陷阱技术的推广使用。同时,相机使用的镁粉闪光灯会惊吓野生动物,甚至会引发森林火灾。

本章作者:崔亮伟、刘强;绘图:黄涛

20世纪70年代，美国人克里斯·韦默（Chris Wemmer）利用标准35 mm相机、红外传感器以及电力驱动装置组装出相机陷阱装置，用于调查东南亚苏拉维西岛上的灵猫。同期，梅林·塔特尔（Merlin Tuttle）利用触发相机拍摄蝙蝠。拍摄原理都是装置发出的红外线光束一旦被目标动物隔断，就触发相机快门。

20世纪80年代初，红外触发相机技术还不成熟，应用范围很小，所有装置都是使用者自制的。80年代中期，出现了小巧的商业化袖珍防水相机，一些工程师就把这样的相机和红外传感器或其他触发装置相连，制作出了轻巧、实用的相机陷阱装置。90年代中期后，红外相机技术被摄影家和生物学家广泛利用。2005年前后，数码照相技术与红外相机技术相结合，生产出了新一代数码红外相机装置，性能得到极大提升，有力地促进了其在野生动物研究中的应用。2010年以后，随着国产红外相机性能的提高、价格的大幅降低，该技术被广泛应用于野生动物种群监测和多样性调查等科研和保护工作。

8.1.2 工作原理简介

相机陷阱技术的核心是一部自动触发相机，分为机械触发和红外触发相机。红外相机技术是红外触发相机陷阱（infrared-triggered camera-trapping）或红外触发拍摄技术（infrared triggered photography）的简称，指在无人操作时，自动拍摄动物照片或影像的技术。其核心部件是红外/热传感器。根据红外传感器工作原理不同，红外相机分为被动式和主动式两种。

8.1.2.1 被动式红外相机工作原理

被动式红外相机由红外传感器、控制线路版、相机、供电系统和外壳等组成。红外传感器探测前方扇形区域内热量、红外能量的突然变化。快门触发同时需要传感器和时间延迟信号。时间延迟指相机拍摄下一张照片前必需的时间间隔，这样可以避免对同一动物拍摄多张照片。时间延迟由主控电路板确定，由选择开关控制。当红外信号和时间延迟信号同时存在时，相机就会自动拍摄一张照片。

野外设置好相机。当鸟兽等温血动物进入传感器监视范围，相机能探测到前方的温度变化。若温度变化达到一定阈值，就触发传感器、进而将信号传向快门；如果此时距离上次拍摄时间长于延迟时间（如10min），就触发快门。相机装置经过一定的时间延迟才能拍摄下一张照片。在此延迟期内，即使传感器再次被触发，相机也不拍照。

8.1.2.2 主动式红外相机工作原理

主动式红外相机由红外线发射器、接收器和相机等组成。发射器发射一束人眼不可见的红外光束,正对着接收器的接收窗口,当动物从发射器和接收器间经过时,红外光束被隔断,引发相机拍照。

主动式红外相机价格较贵,布设使用过程比较复杂,但相对于被动式相机,优点是被非动物因素触发概率小、误拍率低;即使在开阔和高温环境中也能正常工作;可以通过设置红外线发射器高度来限制目标动物的最小体形。

8.1.3 研究对象、应用领域和进展

8.1.3.1 研究对象

红外相机技术适合调查和研究活动隐蔽、难以进行人为观察或跟踪的动物类群,如夜行性或大中型兽类,也可以用于研究特定动物物种的行为。对于基础数据匮乏的地区,红外相机也适合进行大、中型陆生鸟类和兽类的普查。

红外相机难以拍摄小型、飞行迅速和林冠层中活动的鸟类,对穴居爬行类的研究运用也十分有限,原因是拍摄的无效照片多。同时,当动物体色与环境对比度低、根据外表难以甄别的物种或有形态相似物种同域分布时,要慎用此技术开展物种调查。

8.1.3.2 应用领域与研究进展

红外相机技术应用主要集中在野生动物多样性调查、动物行为学研究和人为活动监测等3个方面。

(1) 野生动物多样性调查

①珍稀濒危种类的调查:利用红外相机装置隐蔽和持续工作的特点,研究活动隐蔽、种群密度低、生活史长、珍稀濒危等野生兽类的种类、数量、组成及其分布等信息,如东北虎、东北豹 (*Panthera pardus orientalis*)、荒漠猫 (*Felis bieti*)、华南虎 (*Panthera tigrisamoyensis*)、印支虎 (*P. t. corbetti*)、雪豹、帚尾豪猪 (*Atherurus macrourus*)、云猫 (*Pardofeli smarmorata*)、安徽麝 (*Moschus anhuiensis*)、倭蜂猴 (*Nycticebus pygmaeus*) 和蜂猴 (*N. bengalensis*) 等均收到了极好的效果。近年来,也被用于大型地栖性鸟类多样性的调查。

②种群数量和相对多度:如果能够根据动物的自然形态特征进行个体识别,红外相机技术就可以被用于估算动物的种群数量(如雪豹、东北虎等)。空间标记重捕模型(Spatially Explicit Capture–Recapture, SECR)利用不同动物个体经过特定空间位点及其在此位点上被探测到的概率,将传统非空间封闭种群模型和描述点过程的模型结合,形成等级模型(Hierarchical Model),采用贝叶斯法对模型输出数据进行累加分析,可以准确地估算目标物种的种群密度。此外,红外相机技术可被用于研究鸟兽的相对多度。

③动物监测：目前，红外相机技术广泛被用于野生动物监测和保护管理。相对于传统监测手段，该技术可以提供更加准确的数据和信息，如动物出现时间和次序。阿尔金山北坡荒漠生态系统研究表明，基于水源地的红外相机监测是野生动物调查的有效方法，获取的数据和信息可为荒漠地区水资源管理和保护提供依据。红外相机调查技术与传统监测方法有机整合可以显著提高工作效率、降低人工成本、提高数据质量。

④物种专项调查研究：中国猫科动物缺乏长期系统的研究和积累，也无法掌握和评估其野外种群分布、数量及动态，导致中国境内虎、豹、雪豹等物种保护拯救滞后。红外相机技术逐渐被用于研究雪豹、印支虎、远东豹、东北虎、云豹（*Neofelis nebulosa*）、亚洲金猫（*Catopuma temminckii*）、荒漠猫的分布现状调查，以及西南地区猫科动物及其猎物的分布现状调查，初步掌握了中国境内东北虎和远东豹的种群现状、领域大小、扩散和定居以及繁殖行为，促进了猫科动物保护事业的健康发展。

（2）动物行为学研究

借助照片或视频数据获取野生动物的行为信息，分析其活动规律、领域（如猫科动物）、动物活动节律和时间分配（如雉类、小型食肉类、蒙古野驴、狗獾）、集群行为（如野骆驼）、巢捕食行为、阿尔金山北坡野生动物水源地利用、食腐类动物种类和青藏高原雪豹等动物的气味标记行为，也可利用视频资料研究大型猫科动物（如东北虎和远东豹）的领地标记行为。

野生动物通道利用研究。藏羚羊全部利用了青藏铁路桥梁通道，其中，可可西里通道利用率最高。另外，青藏铁路大量的小桥也被藏羚羊、藏野驴、藏原羚（*Procapra picticaudata*）、狼、沙狐（*Vulpes corsac*）、高原兔（*Lepus oiostolus*）等利用。大中型食草动物、中小型食肉动物对不同类型的通道无选择性，但是犬科动物喜欢小桥和涵洞。

（3）人为活动监测

利用重点监控区的红外相机数据，分析人类活动干扰种类和强度等信息。

8.1.4 野外调查方案设计

相机布设方案根据研究目标、目标物种特性（如分布、数量、活动规律等）、精度要求、地形和生境特征等来确定，同时为了保障数据的科学性、可对比性，需建立科学、统一、规范的监测调查方案。

过去，监测常局限于地面，完全忽略林冠层，这不利于全面评估野生动物多样性。在云南碧罗雪山南段，在地面层（0.5~1.5m）和林冠层（5~10m）分别布设20台红外相机，结果表明林冠层和地面监测到的物种相似度仅29.5%；15种动物仅拍摄于林冠层，16种动物仅拍摄于地面，林冠和地面同时仅拍摄到13种。这说明不同林层物种组成不同，林冠与地面监测都具有不可替代性。林冠和地面的生态环境有差异，空间生态位的差异肯定会导致生物种多样性的不同。因此，不同林层红外相机监测可以研究动物的空间选择和生态位分化。动物监测规范或方案应该覆盖不同空间（如林层），这样可以全面、科学地掌握区域森林生态系统的野生动物多样性，这一点在监测管护计划中非常重要。

8.1.4.1 监测强度

通常，根据研究目标和精度要求来确定监测强度。主要指标有抽样单元面积、相机密度及其监测时长和次数。野外工作中，首先，基于研究目标，结合物种分布模式、数量、活动规律以及拟调查区域的可通行性，设定抽样区域；其次，根据精度要求确定抽样单元面积及其设置的相机数，最终确定监测强度。通常，抽样面积至少达到研究区域面积的 10%，α 和 β 多样性指数才有统计意义。但是，如果研究区域面积大的话，则可适当降低抽样面积。

8.1.4.2 抽样/布设方案

红外相机技术可以用于动物多样性调查、特定物种行为学研究和人类活动监测。研究内容不同，红外相机布设方案也不同。

（1）野生动物多样性调查

为了保证监测数据的科学性、有效性和可对比性，红外相机布设方案须满足 3 个基本原则：独立性、连续性和可比性。独立性指相机不同位点间拍摄的动物彼此互不影响，也就是不同相机位点间拍摄的动物个体无任何相互作用（如排斥或吸引）。连续性指同一相机位点进行长期监测，监测时长应该根据研究目标、物种特点以及可允许的误差来确定。可比性是指不同样地相机布设规则、工作时期和工作强度（时长和位点数）相同，保证数据具有可比性。

根据监测对象的生物学属性（如分布、数量、食性、活动规律）、拟调查区域的生境特征（如植被类型、分布）和干扰因素特点（如种类、分布、强度），借助地理信息系统（GIS）技术、采用分层取样法，将研究区域分为不同样区，然后在样区中通过样方/样线法布设相机。实际操作中，还要考虑精度要求、地形、工作难度、行走路线的可通行性等因素。

目前，一般采用网格抽样，网格大小可以是公顷/千米的倍数。根据地形地貌特征和道路可通行性，首先排除无法或难以到达的样区（如悬崖峭壁、雪山）；然后借助卫星影像图或地形图在每个样区中心预设相机位点，借助全球定位系统（GPS）导航功能，在向导带领下到达预设位点，以此位点为圆点，在其周围一定范围内（如 20~100m，根据样区大小选取）寻找合适的相机安放点（通常选择靠近动物痕迹或路径的位置）。最后，对实际位点进行确认，记录 GPS 和生境信息。根据不同精度要求，相机布设密度一般设定为 1~2 台/（hm² 或 km²）或 1 台/（2 hm² 或 2 km²）。

（2）动物行为学研究

利用红外相机技术可以研究动物的活动节律和特定行为，如标记行为、梅花鹿利用添盐点行为、筑巢和育幼行为等。

布设相机时，根据文献资料和实际观察了解目标动物的活动规律、行为出现模式，然后确定取样规则，布设相机。研究活动节律时，在掌握其主要影响因素（如食物资源）的基础上，采用分层取样法布设相机；研究特定行为时，根据不同位点出现频次和时间等确定取样规则，布设相机。需要注意，研究行为时，该技术适合活动范围狭小的动物。

（3）人为干扰监测

通过社区访查、野外预研等方式掌握拟研究地区人为活动干扰的种类和分布规律，然后确定相机布设地点、数量和方法。如果涉及可能引起当地社区紧张情绪的相机布设时，要做好隐蔽防范措施；在出入研究区域主要路段监测人为活动时，要与当地林业、野生动物管理部门和社区合作，通过与民众交流沟通，获得其理解与支持，保护相机安全。

8.1.4.3 相机布设时长

相机布设周期、时长对结果有重要影响。通常，相机记录到的物种数随布设时长逐渐增加，最后趋于稳定：布设初期，记录的物种数增加较快；当布设时长大于某临界值后，物种数增加缓慢甚至趋于平缓，也就是新增物种数降低。现有研究表明，在利用相机进行快速普查时，建议布设周期不少于 100d。鉴于地区物候与可能的影响环境要素特征、物种的周期性变化规律，通常建议布设一个年周期；如果具有年季周期特征，则需更长时间。

8.1.4.4 制定监测计划

根据研究目标、物种特性和环境特点确定监测计划，设定监测时间和路线、人员安排和记录表格等；然后，制订工作计划，指导野外相机布设。

通常为了保证结果可靠性，避免错误，在正式调查前，建议进行小范围的预实验。第一，检测相机装置能否在当地环境中正常、稳定工作，是否需要做一些改进；第二，使野外人员熟悉、掌握相机使用与设置方法和技能；第三，检验相机布设距离、时间延迟等参数设置是否合适；第四，检验记录内容和表格是否全面，是否需要完善改进。

8.1.4.5 技术培训和野外工作

野外工作前，首先需要对所有参与人员进行技术培训，使其熟悉监测任务、相机布设规则和监测样方的地理位置，掌握野外工作内容、工作日程与记录表格；第二，使其了解和掌握相机技术参数、熟悉相机使用与操作方法；第三，明确分工与任务；第四，学会使用野外工作设备，列出工具清单，完成准备工作。常规工具有红外相机、GPS 记号笔、铅笔、标签、地形图、预设相机位点图和记录表格等。

根据工作计划，进行人员分组。若人手不够，一组人员在特定周期内依次完成多组相机布设，回收时也以相同间隔按顺序回收。尽量保证布设周期一致，增加数据可比性。同时记录每个相机布设位点的基本信息（经纬度、海拔、生境类型、布设高度、布设角度等），并采用不影响动物的方式标记，便于相机后续维护和数据下载。

8.1.5 相机选择和野外布设

8.1.5.1 相机选择

相机感应模式有红外（热释）感应和移动（侦测）感应。顾名思义，红外感应相机由动物热源触发，移动感应相机由动物移动触发。红外被动式相机因便于野外携带、安装而使用广泛（以下提到的红外相机均指被动式红外相机）。相机性能参数主要有图像质量、感应灵敏度、感应速度、拍摄范围、感应距离、防水性能、补光方式、工作温度和湿度、存储空间、故障率、待机时间等。目前，市场上相机品牌繁多，各有优劣势，可基于自身需求和技术参数选购相机。依次考虑如下指标。

（1）图像质量

图像质量的决定因素是物理像素（图像传感器实际可拍摄的最大像素），不是插值像素（通过程序对像素进行复制补充，从而提升分辨率）。目前，一般都使用 CMOS 图像传感器。另外，图像成像效果还与图像处理方案、摄像头快门速度、光学处理和补光方案等有关。当然，同等技术条件下，可优先考虑物理像素。需要注意的是，市场产品标注的几千万像素可能是插值像素。

（2）感应灵敏度

感应灵敏度一般都有"高/中/低"档，根据主要拍摄对象设置。

（3）感应速度（触发时间）

感应速度（触发时间）指从感应到动物至拍照/录像所需的时间。该指标越低越有利于抓拍移动较快的动物，但非越低越好：如果过快，容易拍到动物局部。不同相机触发时间不同，一般在 0.6~1.5s，有些 0.2~0.4s，当然价格可观。具体设置根据物种类型、人为干扰和精度要求确定。如果无参考信息，初步预设中位值，后期根据拍摄效果进行相应调整。

（4）拍摄范围

拍摄范围指拍摄角度。根据实际环境选择：动物较多时，建议使用小角度；角度大意味拍摄范围大，单位图像细节也就变差。因此，40°~60°比较理想。

（5）感应距离

感应距离指感应器触发拍摄动物的距离。一般为15~20m，不过也与触发源个体大小有关，同在20m，黑熊可以触发相机，但鼠类就不一定了。

（6）感应范围

感应范围指感应角度。感应范围不是越宽越好，应该小于拍摄范围，否则会拍摄很多无效照片。

（7）防水性

目前防水级别在IP54至IP67。

（8）补光方式

补光方式分3种，一种白灯（850nm），夜晚补光距离20m，可以看到红点（红爆）；另一种蓝灯（940nm），夜晚补光距离比白灯近1倍；第三种为闪光灯（可见光），灯光能照到的地方都可以拍摄，夜晚可以拍彩色照片，其他2种只能拍黑白照片。

（9）工作温度和湿度

通常温度为 –25~70℃、湿度为5%~95%，也有部分产品最低温度可达 –35℃。

（10）存储空间

相机一般不带存储卡。可配SD存储卡，通常为32 G，有些型号只支持16 G，有些可支持64G或者更大。

（11）功耗

低功耗主要与待机状态、白天/夜晚拍摄状态和环境温度有关。待机状态下只有感应模块工作，待机电流（400~800μA）越小越好。白天拍摄状态指相机在不开启夜视补光灯的状态下拍摄消耗的电量，目前大多数品牌为200~350mA。夜晚拍摄状态指相机在开启夜视补光灯状态下拍摄消耗的电量，比较好的品牌电流0.8~1.2A，夜视效果也理想。

（12）待机时间

待机时间主要与相机功耗、拍摄参数设置（如触发间隔、每次拍摄照片数、摄像时长等）和电池容量有关。电池容量4~12节不等。此外，还与电池质量有关。一般待机时间为3~6个月。

（13）TFT 显示屏位置

TFT 显示屏在相机背面，便于调试。

（14）附属功能和配件

附属功能和配件有网络即时传输功能、外接电源和太阳能电池板以及配备三脚架。

8.1.5.2 参数设置

使用前须设置相机参数。重要参数包括日期和时间、拍摄模式（照片或视频）及其质量、触发间隔、连拍张数、设备编号、密码、灵敏度等。常规动物监测采用"照片"或者"照片+视频"模式，研究动物行为选择"视频"模式。调试时先试拍几张照片，确保相机正常工作。SD 卡需格式化。

8.1.5.3 相机维护

定期维护相机，以延长寿命。建议每次取回立即进行干燥、清洁处理，不用时保存于防潮箱内，取出电池和内存卡。

8.1.5.4 相机布设规则

野外布设时要考虑布设位点、固定位置、高度、方向和角度、放置时长、是否使用引诱剂和伪装等，这些都会直接影响拍摄质量。因此，需要根据目标动物和研究目的来设置相机参数。

（1）布设位点

根据调查目的、研究对象的生物学特性、调查地点的地形/地貌、环境和季节性特点和人为活动状况（地点、时间和频率）等选择合适、可行的布设位点，保证相机有效工作。通常，借助活动痕迹、访查信息和物种生态学知识确定最佳位点布设位点：移动路线（如兽径）（附图8-1）、林下空旷处（附图8-2）、动物标记处、食源地/食物树、水源地（附图8-3）、添盐处（如硝塘）、求偶场所、巢穴/过夜地、倒木/突出部等。

避免将相机放置在阳光直射、前方有被阳光直射的岩石（岩石热容小，太阳照射后升温快，温度高）或具有反光特性材料的区域，以防高温干扰传感器工作或动物活动，最后影响拍摄效果。此外，相机布设应平行地面、镜头略向下偏离，或将其布设于阳光照射不到的地方；避免地面光影变化触发相机，增加无效拍摄。

（2）相机固定

通常利用绳带固定相机，保证相机不松动。布设位置确保拍摄/传感器窗口正对前方监视区。

（3）布设高度

依据目标动物确定相机布设高度。通常，高度调整到动物肩高时的拍摄效果较好。如果目标动物不是单一物种，则可以根据绝大多数动物的身高来确定。通常，拍摄地栖动物，相机高度离地 1.5m 左右比较适中（附图 8-4）；而拍摄树栖动物，则须根据其活动特点将相机放到合适的高度（附图 8-5）。

（4）布设距离

照片质量与拍摄距离有关。拍照时动物离相机太远，照片中的动物就较小，物种鉴定也比较困难；若距离过近，则可能只拍到动物身体的一部分，或者造成相机不能准确对焦而导致相片模糊。通常，参考动物体形大小来确定二者间的距离。实践表明，将相机设置在距离动物可能经过地点 3~5m 处，拍摄兽类效果较好。如果使用诱饵，则可以根据需要决定相机布设的距离（诱饵至相机的距离）。此外，必须清除相机前方的灌木枝条、竹/草丛，以免遮挡镜头和晃动误触发相机（针对动感应相机）。

（5）相机间距

根据动物特征和环境特点，使布设的两台相机间保持一定距离，保证相机数据的独立性；如果两台相机相距太近，较短时间内很可能拍到同一个（群）动物，这样数据就缺乏独立性。数据分析处理时，这样的数据必须剔除。通常建议相机间距至少大于 500m，但是针对不同研究目标和对象、精度要求，具体间距需要通过前期预研来探索和解决。

（6）监视方向

相机监视范围大致为圆锥形，在水平面上（类似俯视）的投影为一个扇形区域。布设相机时需要把传感器窗口正对目标动物可能经过的地点，安装时可通过显示屏查看目标点位于相机最佳感应区。理论上，动物进入监视范围即可触发传感器；实际上，传感器的水平监视范围小于相机可拍摄范围。阳光直射到传感器窗口上，可能触发传感器。因此，相机必须避免阳光直射，比如在云南，通常把相机朝向北面，尽量避免日出/日落的东、西两个朝向。

相机感应区应该垂直动物行径路线。尽量避免正对行径路线，以免影响抓拍次数。

（7）放置时长

红外相机在野外的工作时长，根据研究计划（如对象、内容、进度）和设备性能等确定，通常为数天至数周，甚至更长时间。物种多样性调查可以根据"物种数—布设时间"关系曲线确定最大物种数和布设时长。物种监测就需要放置较长的时间。监测期内，要定期检查电池电量、存储空间及其工作状态，及时更换电池和下载数据，发现问题及时处理，保证正常工作。

（8）相机伪装与加固

通常，相机外表形状、颜色等方面具有一定的伪装功能（如外壳涂有迷彩或表面经过特殊处理），因此放置时不需要伪装。但如果研究区域内人类活动相对频繁，为了避免相机丢失和被人为破坏，可以进行适当伪装。伪装可以就地取材，但要注意固定好，以免松动后遮挡相机窗口。

尽管红外相机对野生动物干扰小，但并非毫无影响。首先，相机本身会引起某些野生动物的注意、好奇或者恐惧，如大熊猫、棕熊、马鹿（*Cervus elaphus*），出于好奇而玩耍、弄歪甚至摔坏或踩毁相机。其次，嗅觉灵敏的动物可能察觉相机散发的塑料或金属气味，甚至附着的人类气味。为了避免发生此类事件，需对相机进行加固或采取其他措施。

相机工作时产生的红外光、声波以及超声波虽然超出了人类的感知范围，但可能被某些动物感知。如果调查目的是获取物种种类，可以忽略上述因素；如果需要获取物种数量，则上述因素可能影响不同种类/个体的捕获率，进而导致抽样偏差。

（9）触发调试

固定相机后，一定要通过测试模式对相机进行触发测试，保证准确抓拍到动物图像。通过在动物行径路线来回行走，观察相机探测指示灯。红灯闪烁表示触发预感应区域，蓝灯闪烁表示触发拍照。测试完后，切记将模式开关切换到工作模式，盖上底盖，紧扣密封扣子。

（10）诱饵使用

为了提高工作效率，在满足研究要求时，可使用诱饵/引诱剂吸引动物。如果能够吸引种群的全部个体，则可获取种群数量和组成，长期监测可以分析种群动态。

诱饵包括食物诱饵、气味引诱剂等，根据目标动物的不同进行选择。例如，使用谷物吸引某些偶蹄类，或使用气味引诱剂吸引多种嗅觉灵敏的食肉动物，或使用花生吸引鼠类等小型兽类。需要注意的是，诱饵（特别是气味引诱剂）可能对某些动物产生负面影响。因此，要根据研究目标进行诱饵使用的可行性分析，进而确定方案。

（11）昼夜模式

相机都有探测光线强弱的传感器，可以感应日/夜变化。因此，根据研究动物的昼夜性来选择昼夜模式；如果是动物多样性调查，则可以选择自动设置昼夜模式。

（12）装置损失

机械/电路故障、意外滑落或碰撞损坏、偷盗、动物攻击等均可损坏相机。恶劣条件（如潮湿、雨水和严寒等）通常可引发相机机械/电路故障。渗入的水和潮气极易引发电路故障。低温会严重降低电池寿命。因此，购买相机时，切记根据拟工作区域的环境特征选择相应防护等级和满足工作条件的相机。

某些兽类（如灵长类、大熊猫、黑熊、虎、象）会撕咬、攻击和破坏相机装置，某些小型啮齿类会啃咬相机及其外部连接线，蚂蚁也会导致电路故障。因此，可以采取适当措施，如将相机绑在树木、立柱等坚固的物体上。同时，可以有针对性地增加防护设施；但不要影响和妨碍相机工作。

目前，野外相机损失率为10%~15%。为了避免无关人员偷拿或破坏相机，首先选择人类活动少的地区布设相机，也可以避开人类活动频繁的时段。否则，需要加强与当地林业、野生动物管理部门的合作，一方面加大巡护监管力度，杜绝、降低人为破坏和损失率；另一方面通过宣传教育，加强与当地社区民众的交流沟通，获得其支持，保证相机安全。另外，建议相机生产商通过科技手段，如在相机持续移动又静止后，可以开启定位报警功能。

总之，相机布设时尽可能选择动物的移动路径、水源地、过夜地、地面杂草较少的位置，相机前杜绝大叶片植物，尽量避开阳光直射的地方；可设置一些障碍，但注意预留动物活动通道，保证其通过相机前的时间最长。相机捆绑在树干1.5m左右的高度，相机头平行地面。安装前拍摄1张照片，看工作是否正常。安装和取卡（或回收）时，均需拍摄1张写有相机位点信息（安装人、相机位点编号、日期）的"白板照片"。多样性监测时不得使用诱饵或嗅味剂。相机布设时注意隐蔽和伪装，防止相机被盗。相机布设前后要详细记录相机情况和布设点的相关信息，包括3个记录表，即相机审核表、相机状况表、相机安放位点信息表等（附录Ⅰ、Ⅱ、Ⅲ）。在数据采集过程中记录相机（正常、失灵、损坏、被盗）和记忆卡（正常、损坏）的工作状态。

8.1.6 红外相机布设流程

目前，红外相机常被用于鸟兽多样性或者特定物种种群调查。多样性调查主要获取调查区域的物种数量及其个体数量，多数物种无法进行个体识别，所以通常采用相对多度指标衡量多样性。利用红外相机进行种群密度调查的前提是能够通过照片进行个体识别，在此基础上利用标记重捕法推算种群规模及密度。因此，主要工作对象为猫科动物（例如虎、豹猫等）。因为猫科动物体表斑纹具有个体特异性，可用于个体识别；另外，猫科多为夜行性动物，活动隐秘、不易发现，其他方法无法获取有效信息。猫科动物个体识别通常需要对比身体两侧斑纹，因此需要在一个位点（如兽径）面对面布设2台相机，当动物经过时，就能同时拍摄身体两侧的斑纹照片，进行个体识别。调查工作程序如下，供参考；其中多样性调查采用（步骤7-1），而物种密度采用（步骤7-2），其他相同。

第一，在卫星影像图或地形图上确定调查区域。

第二，使用GIS软件（例如ArcView）将拟调查区域划分为正方形网格（$1hm^2 \times 1hm^2$ 或 $1km \times 1km$）。

第三，在划分植被类型的基础上，结合地形、地貌和人类活动等，通过分层取样把拟调查区域划分为不同的调查小区；同时将正方形网格和调查小区叠加，得到不同调查小区的网格样方分布图。

第四，排除由于地形等原因无法到达、不适宜进行相机调查的样方（如雪山、裸岩等生境），把剩下的可调查样方统一编号。

第五，根据调查小区面积和精度要求，确定不同调查小区需要布设的相机数量及其位点分布图，准备好相机及其配件（如电池、充电器等）。

第六，与当地有经验的工作人员一起，借助地形图/离线谷歌地图（Google earth）确定相机预设位点。

第七，借助GPS到达预定位点，根据调查对象活动规律和痕迹等，在预设位点200m内寻找合适的兽径或动物痕迹处作为相机放置位点。设置好相机技术参数后，用绳子或铁丝把其固定在兽径一侧的树干或立柱上（高度约1.5m），朝向垂直兽径。

第八，设置好相机技术参数后，在放置位点两侧寻找正对着的两棵树，或人为树立两根正对着的立柱。立柱间距5m左右。在树干或立柱两侧沿兽径方向插上一些小树枝或灌枝，保证动物只能从两台相机间通过。用绳带固定相机（高30~50cm），相机镜头垂直兽径。可用树枝蘸取少许或采用其他方式将气味引诱剂安放在两台相机中间或相机前方，以增加拍摄成功率。

第九，用GPS定位每个布设位点，同时填写布设位点生境记录表和相机布设/检查记录表。

第十，在一张白纸上写清楚布设位点编号、布设日期等信息，放在布设好的相机前方拍摄一张照片，避免相机回收时混淆相机。

第十一，根据相机电量、存储卡容量、拍摄时间、相片质量和环境条件等确定定期检查时间，及时检查相机、更换电池、下载数据，同时填写相机检查记录表。

第十二，如果相机数量不够，每台相机在一个位点放置一段时间后（具体放置时长为预研究确定的最佳放置时长或根据参考文献确定），再移到下一位点。

第十三，相机记录表数字化，物种鉴定。

第十四，原始记录表格归档。

8.1.7 数据分析处理与管理

8.1.7.1 数据整理

首先将存储卡的信息导入电脑，并核对原始数据表格，纠正错误，统一编号，确定每张照片的拍摄位点/时间。如果照片缺少位点、时间和植被等信息，其科学价值将大为降低。然后，根据记录和照片确定每个位点相机的放置和回收日期，计算有效工作日/时长、效率、（动物）照片数、物种种类和数量。

需要指出的是，野外工作期间每天应及时整理和统计数据，这样不仅可以及时更正记录中的错误，避免由于记忆模糊而导致误差；而且能发现调查中的问题，及时改正或调整方案。

8.1.7.2 数据分析

（1）物种相对丰富度

物种多样性通常包括物种丰富度和均匀度。动物照片如果不能进行个体识别，就很难评估研究区域内某一物种的种群大小。但是，可以利用动物照片的拍摄率计算物种相对丰富度指数（Relative Abundance Index, RAI），从而评价不同物种间或不同生境某一物种的相对丰富度。RAI 表示动物的相对数量，指数越高，表示种群数量越大。要谨慎比较物种间的相对丰富度指数，因为该指数不仅与种群数量有关，而且还与动物体形、行为模式、社会结构等有关。

RAI 分为两种，$RAI1$ 基于相机工作天数计算（Carbone et al., 2001），$RAI2$ 基于每天独立照片数计算。目前比较常用的是 $RAI1$，但必须保证一定的相机工作天数（通过物种—天数累积曲线判定）。独立照片包含①相同或不同物种不同个体的连续照片，②间隔 >30min 拍摄的同种个体的连续照片，③同种个体的非连续照片（O'Brien et al., 2003）。

$RAI1$ 以 100 台相机工作日拍摄到某物种的次数作为相对丰度指数。如果一台相机 1d 内（24 小时）拍到多张同一物种单个个体的照片（性别相同或不能鉴定），那么这多张照片只能算作一次拍摄；如果某张照片中出现 n 个个体，那么就算作 n 次拍摄；如果 1d 内先后拍到同一物种不同性别的 2 个个体，那就算作两次拍摄。因此，某一物种的相对丰度指数为：

$$RAI1 = 拍摄次数 \times 100 / 总相机工作日$$

如果要比较不同生境或植被类型中各物种的相对丰富度，就需要分别计算其相对丰度指数。

例如：如果 20 台相机在一个工作周期（30d）中共拍摄了 30 张单个斑羚的照片，其中有 10 张是同一台相机同一天拍摄的；同时还在不同日期拍到了 3 张毛冠鹿照片。那么这 20 台相机在这个工作周期中总的工作日为 30 × 20 = 600（d），斑羚的相对丰度指数 RAI =（20 + 1）× 100/600 = 3.50；毛冠鹿的相对丰度指数 RAI = 3 × 100/600 = 0.50。

$RAI2$ 根据 100 台相机日内拍摄独立有效照片数来计算：

$$RAI2 = S / N \times 100$$

式中，S为某物种独立照片数；N为所有相机位点的总相机日。

（2）种群密度分析

物种种群密度是野生动物研究的重要内容。红外相机获取的图像和视频数据主要为物种及其群体大小、组成、分布（相机位点信息）、行为和生境（植被、海拔）等。数据分析前，需要从照片数据库中筛选出有效照片（即拍摄到清晰、可辨认的动物照片），完成物种识别。然后根据每个物种的独立有效照片数估计种群密度。单位时间（30min 或 1h）内同一相机位点中包含同种个体的相邻有效照片为 1 张独立有效照片，然后根据有关模型估计种群密度。

下面介绍标记重捕模型（mark-recapture model）。该方法通过捕获、标记和再捕获的过程，得到标记和未标记个体比例，来估计种群大小：

$$N = MC / R$$

式中，M为第一次捕获和标记的个体总数；C为第二次捕获的总数；R为第二次捕获时带有标记的个数。

根据动物特定体表特征可以对照片进行个体识别，被识别的个体可以被看作是捕获和标记过的个体，因此可以采用标记重捕模型评估种群密度。个体识别可以基于动物本身的自然特征，如猫科动物体表毛色和斑纹，也可以基于人为标记，如佩戴的耳标、颈圈（编号）等。不过，标记重捕模型能够适用的物种种类比较有限，大部分野生动物不具有个体特异性的体表特征，难以通过照片进行个体识别。

8.1.7.3 图像数据管理系统简介

红外相机的广泛应用得了大量的野生动物物种分布和行为数据。中国科学院动物研究所研发了图像数据管理系统 Camera Data（http://cameradata.ioz.ac.cn）。这是一个开放的网络交互平台，主要用于收集和管理红外相机拍摄的野生动物图像数据，集成了野生动物图像数据规范存贮、标准化分析和共享功能。目标在于促进野生动物图像数据的快速分析和充分利用，为野生动物研究、保护和管理等提供服务。

8.1.8 红外相机技术优劣势

人类活动范围不断扩大、活动强度日益增强，导致野生动物的生存空间逐渐向高纬度、高海拔环境条件恶劣的地区退缩。目前，珍稀濒特等极小种群野生动物物种具有如下显著特征：①种群数量少、种口（个体总数）小；②多数物种分布于人烟稀少、交通不便的区域，人工调查/监测难度大、成本高；③动物怕人、活动隐秘，难以被发现，人力跟踪困难；④生存环境及其生活习性多样，难以形成统一的调查、监测方法和技术。

传统野生动物调查方法（如样线/样带/样方法、捕获法、标记重捕法等）不仅投资大（人力、物力和财力等）、耗时长，而且需要专业技术人员现场工作、确定物种信息（主要为物种鉴定）。面对物种数日益稀少，野外观察日渐困难的局面，只有掌握红外相机的优缺点才更好地应用于野生动物监测研究。

8.1.8.1 红外相机的优点

第一，红外相机作为一种非损伤性的物种调查技术，对野生动物惊扰小、不影响正常活动，更不会对其造成伤害，这对珍稀濒危物种调查研究非常重要，也满足相关伦理要求。

第二，红外相机获取照片和视频资料有助于物种准确鉴定，避免野外调查中由于调查人员水平、经验不足导致的误差，提高准确性。同时，通过分析影像数据可以获取物种多样性、行为和生境利用等信息，为野生动物保护管理和资源利用提供科学依据。

第三，相机调查过程没有人为干扰，可以获取胆小机警、远离人类、采用常规手段无法获取的珍贵数据。尤其是对于行踪隐秘的物种，相机陷阱调查法是一项极为有效的方法。

第四，相机具有昼夜、长期持续工作的优势，这是人力所不及的。因此，可以记录到夜行/晨昏物种的信息。

第五，在统一规则指导下，同时在多个样方布设相机，增强数据（如物种多样性、分布、活动状态和人为干扰等）的可比性。

第六，少量人员就可以完成相机布设和回收，且对人员技能、素质要求并非很高，可以减少人力资源方面（培训和使用）的投入。

第七，利用GIS技术平台，结合地方管理部门实际需求，数据分析结果，可服务于野生动物保护管理。

第八，红外相机获得的大量珍贵野生动物影像资料，可用于公众科普教育。

8.1.8.2 红外相机技术的不足

第一，拍摄大中型动物的效果好，拍摄小型兽类（啮齿类）的效果欠佳；适合摄到地面活动物种，而对地下（鼹类等）和空中活动物种（翼手目）及树栖物种（鼯鼠等）拍摄效果不佳。

第二，相机仅记录到正前方一扇形区域的信息，而非该位点的全部信息。

第三，红外传感器易被各种非动物因素触发，增加了误拍率，尤其在开阔环境，误拍率会更提高。

第四，红外相机能确定某个地区有什么动物，但不能确定没有什么动物。因为没有拍到并不能证明没有分布。

第五，影像识别限制：红外相机监测过程中不可避免地拍摄大量无效，甚至低效（只拍摄到部分）物种照片，人工筛选工作量巨大。建议建立图像自动识别系统，提高工作效率、降低识别误差。

第六，野外安全问题：野外红外相机损失率约10%。相机损失或丢失不仅造成财产损失，也影响野外工作。为避免和减少损失，建议在人类活动稀少的地方布设相机，或采用隐蔽措施，降低被发现率。如果必须在人类活动较多的地区开展研究，可与当地管理部门合作，保证相机安全。

总之，红外相机在野外动物资源调查方面有其独特的优势，但受其自身技术特点所限也有不足。因此，建议根据实际情况同时补充其他调查方法，综合各自优缺点，以期得到尽量准确、全面的数据。

8.2 环志

8.2.1 定义

环志特指鸟类环志（bird ringing 或 bird banding），是研究候鸟迁徙动态或活动规律的重要手段，指将具有唯一编码信息（环志国家、机构、通信地址和编号等）的标记物固定在鸟类某一部位上（如脖颈、跗跖、翅根、鼻孔等），从而使得鸟类个体具有可识别性，当所标记个体被重新观察或捕获后，便可根据鸟环上的信息确定鸟的来源地。为了降低对鸟类正常生活的影响，应尽可能减轻鸟环的重量，因此鸟环常由密度较低的金属制成，如铝合金或铜镍合金等。另外在具体操作时需根据鸟类跗跖或脖颈的粗细程度，选择不同内径的鸟环。为了提高回收率，在环志大中型鸟类时，通常配以颜色鲜艳、易于观察的辅助标志物（如旗标、翼标、颈环）。随着我国观鸟运动的兴起，观鸟爱好者拍摄到越来越多的环志鸟，从而大大提高了回收率。环志是研究候鸟迁徙生态学的经典方法，可以根据回收记录确定候鸟繁殖地、越冬地及其中途停歇地等重要信息。另外，也可用于研究鸟类生活史、种群动态和死亡率等。

8.2.2 研究概况

1899年，丹麦一个教师首次使用铝环环志了欧椋鸟，标志着鸟类环志用于科学研究的开始。1903年，学者们率先在德国开展了第一个鸟类环志计划。随后欧洲和北美洲国家陆续开展了相关的环志网络建设。目前，环志机构和站点已遍布全球，在北美洲、南美洲、欧洲以及亚洲部分国家（如中国、韩国、俄罗斯、泰国、印度等）已基本形成网络，而且全球每年环志的鸟类总数已达千万级。1982年，我国成立了全国鸟类环志中心，全面负责鸟类环志工作。1983—2012年，全国共有103个单位开展鸟类环志工作，至2012年底累计环志鸟类818种310万余只，回收鸟类156种2377只。另外，还彩色标记鸟类200种5.9万余只，观察到36种5063只次。

环志可解决的科学问题包括以下几方面。

8.2.2.1 候鸟繁殖地、越冬地、迁徙路线和重要停歇地等

以我国国家一级重点保护野生动物黑颈鹤为例，1984—2000年，我国境内共环志黑颈鹤49只，其中，繁殖地环志了35只，越冬地环志了14只，观察回收9只。经过分析，确定了黑颈鹤的3条主要迁徙路线：第一条从繁殖地四川若尔盖湿地至越冬地贵州草海湿地；第二条从繁殖地青海隆宝滩湿地至越冬地云南纳帕海湿地；第三条从西藏申扎至日喀则。从而加深了人们对黑颈鹤分布和迁徙生态的了解，为制定保护策略和保护区网络建设奠定了科学基础。另外，昆明曾回收到苏联在贝加尔湖环志的红嘴鸥，同时昆明环志的红嘴鸥又在澳大利亚东海岸被回收，从而证实了昆明越冬的红嘴鸥部分来源于俄罗斯，同时昆明也是红嘴鸥南迁的重要停歇地。

8.2.2.2 鸟类寿命、死亡率

1669年，费迪南德公爵用银环给一只苍鹭（*Ardea cinerea*）做了标记，他的孙子竟然在1728年回收到这只苍鹭，证明苍鹭在野外可以存活60年。一项朱鹮的研究表明，当年出生的个体死亡率竟高达66%，随着年龄增长死亡率逐渐下降，至第六年死亡率仅为30%。

8.2.2.3 群落组成

如云南巍山鸟道雄关环志站2003年共环志鸟类103种，表明红喉姬鹟（*Ficedula pava*）、树鹨（*Anthus hodgsoni*）、田鹨（*A. novaeseelandiae*）、虎纹伯劳（*Lanius tigrinus*）、红尾伯劳（*L. cristatus*）、黄眉柳莺（*Phylloscopus inornalus*）、厚嘴苇莺（*Acrocephalus aedon*）、蓝歌鸲（*Luscinia cyane*）、红点颏（*L. calliope*）及白眉鸫（*Turdus obscurus*）等10种为迁徙鸟类的优势种。

8.2.2.4 幼鸟扩散情况

研究表明东草地鹨（*Sturnella magna*）幼鸟在离巢后90d内可扩散到距出生地1~5km的地方。

8.2.3 环志技术规程

根据全国鸟类环志中心制定的《鸟类环志技术规程》，鸟类环志需经过对鸟的捕捉、鸟环安装、环志信息填报、放飞等步骤。

8.2.3.1 鸟的捕捉

常用捕鸟方法有网捕法、活套法、笼捕法等，其中，网捕法最为常用。

网捕法就是使用粘网捕捉鸟类的方法。粘网（又称雾网）是目前世界上鸟类环志时使用最多的捕鸟工具。捕鸟时，把粘网架设在鸟类可能的飞行路线上，当鸟在飞行过程中撞击到网面，其羽毛、爪等即勾连在网上，无法逃脱，故名粘网（图8-1）。

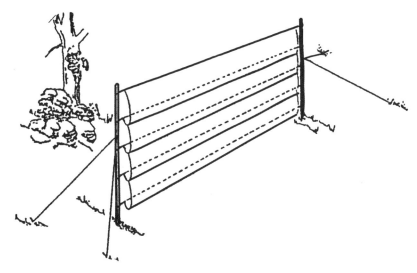

图 8-1 架设好的粘网（仿自《鸟类环志技术规程》）

（1）粘网选择

我国目前使用的网面多为合成纤维制成，该材质线径细小、网的可见度低、防潮性好。实际运用时，需考虑目标鸟类的生物学特征，如体形大小、飞行速度，合理选择合适网孔的网面（表8-1）。

（2）粘网布设

一般由两人配合完成。支网时，一人握杆，稍倾斜，另一人将网面一侧的绳环按照先下后上的顺序依次由支撑杆顶部穿入，完成后将这一端支撑杆固定。随后将网面展开向另一端牵拉，依次完成另外一侧的绳环穿入和支撑杆固定。操作时一定要在水平方向上将网拉紧，而在垂直方向上，应该适当在各层留有余地，以形成"网兜"，否则当鸟撞网时易将鸟弹回使其逃脱。固定支撑杆的方法可依照实际情况确定，如在草原、滩涂等空旷区域，必须借助地桩固定；在灌丛或森林里，则可以直接将固定绳拴在树枝或树干上。支撑杆有多种，可以选用竹竿或较细直的木杆，但为了便于携带，一般选用钓鱼竿作为支撑杆。固定绳和支撑杆应呈三角状，以利于整体稳固。在布设粘网时应注意以下几点。

①布网地点的选择：布网前，应仔细观察鸟类活动习性，如飞行高度、方向和飞行通道等，尽可能将网布置在林间空旷地带或林地边缘。云南各环志站的捕鸟点多布置在山脉垭口处的空旷处，这些地点通常为鸟类的迁徙通道，当地也称"打雀山"或"打鸟坳"。

②布网季节和天气：在繁殖地，鸟类繁殖期结束后，即可进行环志，一般在每年7~9月；在迁徙停歇地，多在春秋环志，秋季是首选时段，一般在每年10~11月；越冬地则可以在越冬期各月进行，云南多在11月至次年3月进行。应避免在恶劣天气布网，如雨天、大风等。在云南，无风和大雾的晚上，可以用强灯光引诱，增加捕鸟数。

表8-1　粘网网目尺寸及适用鸟种（张孚允和杨若莉，1997）

适用鸟种	网目尺寸（cm）	网片尺寸（长、宽/目数）	兜数（目）	颜色
啄花鸟科、太阳鸟科、攀雀科、旋木雀科、绣眼鸟科、莺亚科、鸭科各属种	1.2×1.2	1500×250	5	黑色、草绿色
鹟科、鸫科、岩鹨科、山雀科、文鸟科、雀科、翠鸟科、鹡鸰科、河乌科	1.8×1.8	（600~700）×150	5	黑色、草绿色
百灵科、鸦科、戴胜科、画眉科、鹃形目	2.5×2.5	（700~800）×100	3~4	黑色、草绿色
鸠鸽科、沙鸡科、鸡形目鹑属	3.5×3.5	（700~800）×120	3	黑色
鸡形目（鹑属除外）、雁形目（天鹅除外）	（6.5~8）×（6.5~8）	（600~700）×90	2~3	黑色、天蓝、草绿色
其他大型鸟类	（12~16）×（12~16）	—	—	

兜数指粘网上下的网兜层数。

（3）巡视网场和解网技术

包括查网、解网和装袋3个步骤。

① 查网：为了尽可能减轻对鸟的损伤，应该适当控制查网的间隔时间，一般不宜超过1h，否则由于鸟的持续挣扎会对其造成伤害且不利于后续的解网。以灯光诱引捕鸟时，网前必须有人值守，解网时间不限，当上网鸟数量增加到一定程度就必须马上解网。

② 解网：即从粘网上将鸟取出的过程，此过程有很强的技巧性，基本要求是安全（不能对鸟产生伤害）、迅速。首先，仔细观察，确定鸟飞入的方向。解网时必须从鸟进网的方向入手。如果方向反了，则很难解出，也易对鸟产生伤害。有时，由于鸟挣扎过于强烈，网线互相缠绕，不容易判定入网方向；此时，应将鸟向外牵拉，使网面松垮，然后仔细查看判定入网方向。其次，解鸟时应该按照从前至后的顺序。操作时，首先用左手食指和中指卡住鸟的颈部，其余手指环绕鸟体，往网外牵拉，尽量紧绷网面，然后用右手依次松开缠绕的网线。顺序为先解头、翅膀，最后解脚趾（图8-2）。如果无法将鸟解出时，应当机立断，直接用剪刀剪开网线，以防进一步对鸟产生伤害。对于特殊类群的鸟类，如隼形目，鸮形目以及雀形目的伯劳类，由于其尖锐的喙和爪，很容易对人产生伤害，所以操作时可佩戴皮质手套，并由两人配合完成。在每次解网后，应该把粘于网上的树叶等杂物清除，以防引起鸟的警惕。

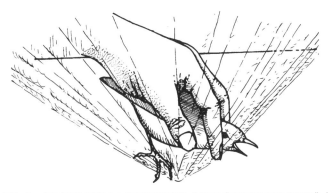

图8-2 解网时的正确方向以及握鸟姿势（引自《鸟类环志技术规程》）

③ 装袋：当鸟被解出后，可以将鸟暂时放入鸟袋。鸟袋通常用通气的棉布制成，尺寸有两种规格（分别为 30cm×40cm 和 40cm×60cm），分别装小鸟和大型鸟。鸟入袋后，应该注意扎紧袋口，以防鸟逃脱。

8.2.3.2 鸟环安装

（1）鸟环

鸟环是环志的关键，环的材质、环面符号（包括编码、文字）、规格及其重量等都对环志结果有至关重要的作用。通常，鸟环设计要求重量轻（不能影响环志鸟的正常活动）、标志明显（易于野外被发现）、材质经久耐用（环面文字能长期保持清晰）。根据佩戴位置不同，鸟环分为脚环、翅环、颈环和鼻环。脚环必须在重新捕获环志鸟或回收尸体后才能获得环志信息，其他几种则可以通过野外直接观察，根据环的颜色、形状、数字等直接获得环志信息。因此，翅环、颈环和鼻环多用于大型鸟类（如隼形目、鸮形目、雁形目、鹤形目、鹳形目以及鸽形目等）。根据制作材料不同，鸟环又分为金属环和塑料环。为了尽量减轻重量，金属环多由铜镍合金或铝镁合金制成。操作时必须根据环志鸟的跗跖周径选择合适内径的鸟环进行佩戴。我国鸟类环志中心根据不同鸟类的跗跖周径设计了15种不同规格的鸟环（表8-2）。全国鸟类环志中心统一使用的脚环信息为环志中心、北京信箱1928以及环编号，如环志中心、北京信箱1928 J01-0001，并对应英文信息。

表8-2 中国鸟环规格型号及适用鸟种

型号	内径（mm）	厚度（mm）	宽度（mm）	周径（mm）	适用鸟种
A	2.0	0.5	5.0	6.3	银喉长尾山雀、攀雀、煤山雀、金腰燕、毛脚燕、短嘴山椒鸟、蓝喉歌鸲、方尾鹟、红胁蓝尾鸲、红尾歌鸲、北红尾鸲、稻田苇莺、黄眉柳莺、文须雀
B	2.5	0.5	5.0	7.9	小星头啄木鸟、白鹡鸰、小鹀、棕头鸦雀、小云雀、燕雀、杂色山雀、大山雀、普通朱雀、金翅雀、鹪鹩、寿带鸟、家燕、灰山椒鸟、金眶鸻、普通翠鸟、棕胸岩鹨、树鹨
C	3.0	0.5	5.0	9.4	树麻雀、凤头百灵、三趾鹬、阔嘴鹬、白腰草鹬、须浮鸥、白额燕鸥、白鹡鸰、赤红山椒鸟、大苇莺、田鹨、领岩鹨、环颈鸻、蒙古沙鸻、铁嘴沙鸻、普通燕鸻、小太平鸟
D	3.5	0.8	6.0	11.0	白喉针尾雨燕、普通楼燕、黑嘴鸥、普通燕鸥、翻石鹬、林鹬、牛头伯劳、灰伯劳、红尾伯劳、黑额伯劳、小杜鹃、红翅凤头鹃、红头咬鹃、锡嘴雀、戴胜、斑鸫、小田鸡、北椋鸟
E	4.0	0.7	7.0	12.6	红脚鹬、泽鹬、红腹滨鹬、白腰草鹬、乌鸫、珠颈斑鸠、火斑鸠、赤颈鸫、中杜鹃、鹰鹃、蓝翡翠、发冠卷尾、楔尾伯劳、黑头蜡嘴雀、栗头蜂虎、灰头绿啄木鸟
F	5.0	0.7	7.0	15.0	白腹鸫、虎斑地鸫、紫啸鸫、灰翅鸫、黑枕黄鹂、灰喜鹊、黄爪隼、黄脚三趾鹑、鹌鹑、三宝鸟、黑啄木鸟、赤翡翠、红角鸮、丘鹬、针尾沙锥、棕背伯劳、山斑鸠、花头鸺鹠、大杜鹃
G	6.0	0.7	10.0	18.7	凤头麦鸡、灰头麦鸡、小田鸡、大斑啄木鸟、松雀鹰、红嘴鸥、普通燕鸥、扇尾沙锥、黑翅长脚鹬、中杓鹬、黄斑苇鳽、短耳鸮、扁嘴海雀、红隼、燕隼、绿鹭
H	7.0	0.7	10.0	22.0	毛腿沙鸡、黑水鸡、灰胸竹鸡、斑翅山鹑、白尾鹞、绿翅鸭、冠鱼狗、雀鹰、灰脸鵟鹰、白腰杓鹬、鹰鸮、长耳鸮、噪鹃
I	8.0	1.0	10.0	25.1	赤颈鸭、普通秋沙鸭、罗纹鸭、大嘴乌鸦、反嘴鹬、大杓鹬、血雉、水雉、黑尾鸥、黄脚银鸥、猎隼、红脚隼、纵纹腹小鸮、池鹭、斑头鸺鹠、白头鹞、白胸苦恶鸟、斑尾榛鸡

(续)

型号	内径(mm)	厚度(mm)	宽度(mm)	周径(mm)	适用鸟种
J	10.0	1.0	10.0	31.4	绿头鸭、白秋沙鸭、赤麻鸭、针尾鸭、白鹭、夜鹭、苍鹭、牛背鹭、小鹳鹈、灰林鸮、苍鹰、毛脚鵟、灰脸鵟鹰、普通鵟、环颈雉、游隼
K	12.0	1.0	13.0	37.6	树鸭、中华秋沙鸭、斑嘴鸭、翘鼻麻鸭、棕头鸥、白斑军舰鸟、小白额雁、大白鹭、黑脸琵鹭、黑鹳、鸳鸯
L	14.0	1.0	13.0	44.0	黑雁、信天翁、白眉鸭、长尾林鸮、褐渔鸮、大鵟、大鸨、黄嘴白鹭、白琵鹭、凤头蜂鹰、白肩雕、灰背鸥
M	18.0	1.0	13.0	56.5	白头鹤、蓑羽鹤、黑颈鹤、丹顶鹤、凤头鹳鹈、豆雁、斑头雁、斑嘴鸭、金雕、草原雕、红喉潜鸟、短尾信天翁、黑脚信天翁、渔鸥
N	22.0	1.0	15.0	69.0	鸿雁、普通鸬鹚、灰雁、秃鹫、玉带海雕、白尾海雕、白枕鹤、灰鹤、小天鹅
Q	26.0	1.0	15.0	81.6	疣鼻天鹅、东方白鹳、斑嘴鹈鹕、大天鹅

（2）工具

环志上环时必须使用环志钳。我国鸟类环志钳分大小两种（图8-3），其中，大号钳为双钳口，用于 G~Q 型鸟环；小号钳有 5 个钳口，用于 A~F 型鸟环。

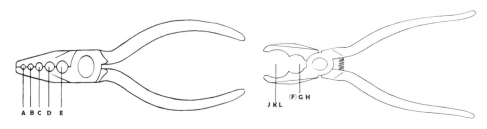

图 8-3　大小两种型号的环志钳（引自《鸟类环志技术规程》）

（3）操作步骤

① 根据环志鸟跗跖周径选择环的型号。

② 把环放进环志钳内适当的钳孔，并与环志钳的开口方向一致（图8-4），把环套在鸟的跗跖位置，轻压环志钳使环口闭合。

③ 把环放在适合的钳口内，将钳转90°，使环口垂直钳开口方向（图8-5）。然后小心把环压合，再加劲把口彻底压紧。目的是为了把刚才没跟环志钳接触的部分也压紧，使环完全闭合。需要注意的是，压合环口时用力要均匀，否则会导致环口重叠。

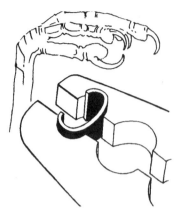 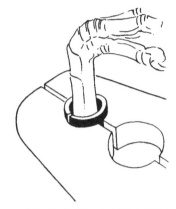

图8-4 环口方向与钳口方向一致　　　　图8-5 环口方向与钳口成90°
（引自《鸟类环志技术规程》）　　　　　（引自《鸟类环志技术规程》）

8.2.3.3 环志信息填报

（1）环志登记表

环志登记表包括以下部分。

① 表头：环志人姓名、环志证编号。

② 环志地点和日期。

③ 种名：必须依据权威科学书籍确定，如《中国鸟类系统检索（第三版）》，不可写土名。对于容易辨识的鸟类可以使用《中国鸟类野外手册》鉴定，如果困难，可运用《中国鸟类系统检索》中的检索表鉴定。

④ 年龄：鸟类年龄鉴定比较困难，但第一年的幼鸟通常和成鸟有较大区别，所以可以简单分为3类，即幼鸟、成鸟以及无法判定类。

⑤ 性别：可根据羽色、个体大小、孵卵斑以及泄殖腔外形鉴定。

⑥ 身体测量值：包括体长、喙长、翅长、尾长、跗跖长、体重。

体长：鸟体自然平躺，使用量尺测量喙尖到尾端的长度，精确到1mm。

喙长：小型鸟类，从喙尖至喙与颅骨的结合处；猛禽类，从喙尖至蜡膜前缘；鸻鹬类和其他长喙鸟类从喙尖至着生羽毛处。使用游标卡尺测量，精确到0.5mm。

翅长：翼角至最长初级飞羽尖端的长度。

尾长：尾羽基部至最长初级飞羽尖端。

跗跖长：胫骨与跗跖关节中点凹陷处到跗跖与中趾关节前面最下方整片鳞片的下缘。

体重：可使用弹簧秤或电子秤称量，但要注意扣除鸟袋的重量。小型雀形目鸟类需精确到0.1g，大型鸟精确到1g即可。

（2）注意事项

① 根据国家林业局（现为国家林业和草原局）颁布的《鸟类环志管理办法》，中华人民共和国鸟类环志中心是全国鸟类环志的技术管理机构，负责组织和指导全国鸟类环志活动。国家鼓励保护区、科研院所和大中专院校等单位结合科研项目及教学实践开展鸟类环志活动。但应接受全国鸟类环志中心的指导、使用统一的鸟环，并及时提交环志信息，以有利于环志信息的统一管理和回收核对。

② 环志工作必须由具有环志证的专业人员操作。如果要申请环志证，可向全国鸟类环志中心索要申请表，按要求填写完毕后寄送。全国鸟类环志中心在收到申请表后3个月内给予明确答复，并安排受理申请人员的培训时间和地点。经培训人员推荐，参加由全国鸟类环志中心组织的考试，合格后办理环志证。

③ 在捕鸟环志时，需一次将所有捕获鸟带走。所以必须准备适当数量的捕鸟器具，如鸟袋、鸟箱等。

④ 环志时应查看是否该鸟已经被环志。如发现旧环出现锋利的边缘、接口处张开、环上号码和地址已严重磨损，则必须取掉旧环并重新安装新环。

8.2.3.4 放飞

鸟环安全放置后，选择开阔、无人的区域直接放飞。

8.3 卫星跟踪

卫星跟踪就是在动物身上佩戴卫星跟踪定位设备，从而获得运动信息（如经纬度、速度、高度等），是研究动物运动的重要技术手段。

8.3.1 跟踪系统

环志或标记是研究动物运动的重要手段，但由于回收率低以及野外观察条件的限制，能提供的信息非常有限。随着科技发展，一些新技术应运而生，如 Argos 和 GPS 跟踪技术，通过这些技术可以方便地获取动物的空间活动和环境信息。

8.3.1.1 Argos 跟踪技术

Argos 跟踪定位技术最初开发的目的是将发射器安放在调查洋流的浮标上，从而获得浮标的位置以及利用传感器获得环境信息。20世纪80年代，该技术应用到大型陆生和海洋哺乳动物研究中。整个系统由安装在动物身上的信号发射器、卫星和地面接收站组成。工作时，信号发射器发射电波，随后卫星根据接收到的电波，监测分析其频率变化和接收时间，随后将这些信息发射到地面接收站，最后由地面接收站分析所获信息。研究者可以从互联网获得动物的空间位置信息。通常，一条数据包括发射器编号、定位日期和时间、经纬度、精度级别等信息。

受发射器发射频率稳定性以及卫星每次经过时接收到次数的影响，所获经纬度坐标的精度级别也有所不同，共分为1、2、3、0、A、B几个级别。1级数据的精度为350~1000m，2级为150~350m，3级在150m内，而0级精度在1km以上，A和B级别精度更差，基本无法使用。精度指测定位置和实际位置间的误差分布属正态分布时的标准偏差范围。例如，1级是指测定位置的68%属于350~1000m。具体应用时，一般仅考虑使用1、2、3和0级别数据，其他数据由于误差太大而无法使用。

8.3.1.2 GPS跟踪技术

GPS技术和Argos技术无论从定位原理还是数据传输上均不同。GPS是全球定位系统（Global Positioning System）的简称，整个系统由24颗卫星组成（其中3颗备用），当接收机收到超过3颗卫星发来的导航电文时便可以确定坐标，精度可达厘米；但目前民用数据精度为10m内。由于接收机只能被动接收卫星信号，而无法主动与卫星通信，所以跟踪器内的定位信息必须由其他渠道传输。随着全球移动电话通信网络（GPRS）的发展，GPS和GPRS技术结合，使得定位信息传输方便而廉价。与目前手机上使用的位置共享或手机找回功能类似，卫星跟踪器由GPS芯片、SIM卡、控制系统和电池组成。电池分为储存式电池和太阳能式电池。一般来讲，太阳能供电跟踪器的寿命更长，数据获取量也较大。GPS跟踪器可自定义获取位点的频率，且可以随时更改。如当鸟在越冬地或繁殖地时，一般1h或2h定位一次便可满足研究家域或栖息地选择的需要，而当鸟迁徙时，为了获得其迁徙时的详细路线等数据，甚至可以设置每2s定位一次（取决于电量存储和消耗速度）。

8.3.2 操作规程

8.3.2.1 跟踪器选用

Argos和GPS跟踪器各有优缺点，应根据实际需求选用（表8-3）。如动物多在无手机通信网络环境中活动，就只能选用Argos跟踪器；如动物活动区域有手机通信网络覆盖，并且对定位精度要求较高，如研究动物的巢穴位置、栖息地选择等，则宜选用GPS跟踪器。

表8-3 两种跟踪器的性能比较

性能	跟踪器类型	
	Argos	GPS
精度	低	高，多在10m内
定位环境	随时定位，偶受地形限制	受地形和植被覆盖情况限制
定位数量	较少，无效点较多	有效数据多
数据传输	无限制，卫星经过时即可	受通信网络限制
价格	较高	较低

8.3.2.2 跟踪器佩戴

兽类一般佩戴在脖颈上，固定用的带子必须足够坚硬（多用皮带），以防动物咬断造成跟踪器脱落。鸟类可佩戴在脖颈、背部和腿部等部位。腿比较长的大型涉禽，可以选用腿部佩戴，如鹤类、鹳类、鹭类等；脖颈比较长的种类，如大天鹅、斑头雁等，可以佩戴在颈部；腿和脖颈均较短的种类，则宜佩戴在上背部。

第一，准备工作由2~3人配合完成。需事先备好的物品包括跟踪器、特氟龙固定线、针线包。首先使用黑色头套或深色袜子罩住鸟的头部，尽量减轻其紧张度，从而配合跟踪器安装。仔细核实跟踪器工作是否正常和电量储备。请谨记一点：跟踪器放到鸟身上放飞以后，如果跟踪器出现问题是很难再收回来的。

第二，以佩戴在上背部为例，把跟踪器平放到桌上，太阳能板在后，芯片部位在前（一般跟踪器上会标注前后位置），由右下角开始，将特氟龙线沿"右下角—右上角—左上角—左下角"的顺序穿入，使左上角和右上角形成一个绳环，左下角和右下角分别留有0.5m的绳头。

第三，将绳环套入鸟的头部，拉至龙骨突前段，左下角和右下角的绳头分别从左翼和右翼腋下穿过至龙骨突的绳环处汇合。最后将这3处缝合即可。

8.3.2.3 注意事项

第一，选用颈部和腿部佩戴跟踪器时，必须根据动物实际情况，选用适宜口径的固定环。以不脱落又不影响动物呼吸和正常活动为准。如是幼鸟或亚成体，必须考虑其后的生长量，以防造成呼吸、吞咽困难或者腿部血液循环受压迫。

第二，选用背部佩戴时，多用背包式，即将跟踪器固定在鸟的上背部，两侧的固定绳分别由翅下穿过，最后在胸前固定。操作时需要特别注意绑缚的位置和松紧度，固定后跟踪器的位置必须在上背部，决不可在后背或腰部，否则极容易造成跟踪器太阳能板被羽毛覆盖，造成跟踪器供电不足。在固定之前，可试探胸前固定绳和鸟胸部的距离，一般以能容下一根手指为宜。

第三，如果跟踪器为一般电池供电，由于存储电量有限，所以要合理设定跟踪器的休眠和工作时间，以节省电量。

第四，目前跟踪器重量最小约 8g，最重可达 100g，应根据动物身体重量选择适当的跟踪器。鸟类限制最严格，为了不给鸟类飞行和日常活动造成不利影响，信号发射器和附件总重量应不超过体重的 4%。

第五，为了防止羽毛遮盖跟踪器的太阳能板，针对不同鸟类背部羽毛的覆盖程度，跟踪器也设计了不同高度的底座。如果是鹤类、鹳类以及猛禽类，应该选用高底座的跟踪器，对于雁鸭类可选用较低底座的跟踪器。

第六，虽然有腿部佩戴的跟踪器，但由于太阳能板偏向侧面，受太阳直射的有效面积小，充电效率较低。所以应该尽可能选用背负式跟踪器。

8.3.3 数据处理

卫星跟踪技术可获得大量动物活动的空间数据，需要借助地理信息系统软件来处理这些数据从而获得更多信息，如绘制迁徙路线、家域、计算相关长度、面积等。具体流程如下。

第一，下载原始数据（不同跟踪器的数据格式可能不同，如 TXT、XLS、KML 等），调整成标准 Excel 格式，要包含跟踪器编号、年、月、日、时、经度、纬度、海拔、温度、精度级别等几列信息。

第二，将调整好的数据导入地理信息软件中，如 ArcView、ArcGIS 等，设置好地理投影，即可显示点数据。

第三，在地理信息系统软件中将点数据转化为线，即可计算活动距离等。

第四，在软件中叠加卫星影像、行政区划、土地利用等数据，即可分析迁徙路线、栖息地利用等。

第五，在 ArcGIS 软件中加载相关插件，可根据单位时间内获得的活动位点计算动物的家域。

8.4 环志与卫星跟踪实例

以大型涉禽黑颈鹤环志和卫星跟踪研究为例。

8.4.1 黑颈鹤捕捉

要成功捕捉目标种必须首先了解其活动习性。如在云南纳帕海国际重要湿地越冬的黑颈鹤可在耕地、草地、浅水沼泽等生境中觅食，但更偏好浅水沼泽生境，群体组成形式有家庭鹤（每群2~4只）和集群鹤（5只至上百只不等）两种。目前，通常选用联排活套（图8-6）进行捕捉，布设活套的地点首选集群鹤活动的浅水沼泽。具体地点要经过多日观察，在地图上仔细标注集群鹤一天的活动范围，并结合脚印痕迹、脱落的羽毛等确定最终下套地点。活套可使用直径1.5mm钓鱼线制作，用直径1 mm左右的棉线或尼龙线将活套捆绑在支撑杆（可用平时使用的筷子作为支撑杆）上，随后用连接线（直径1mm的尼龙线）将所有支撑杆依次连接，并将两端拴在固定桩上。圆形活套有利于鸟脚伸进去，切记使用非圆形活套。布设活套时，支撑杆插入的深度以连接线恰好接触地面为宜，由于市面上售卖的钓鱼线或尼龙线多为白色，为了增加伪装性，可使用泥巴涂抹使其颜色和环境更为接近；两端的固定桩一定要打牢，绝不可让鸟可以拔出，否则鸟可能带着整排活套飞离，会对其造成巨大伤害。

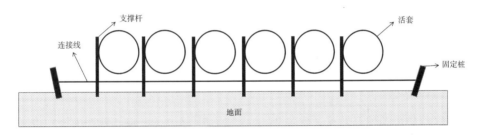

图8-6 联排活套示意图

8.4.2 环志

布设好套子后，需留人值守，远距离观察黑颈鹤的活动情况，一旦有黑颈鹤上套需立即处理。为了减少对黑颈鹤的损伤以及避免黑颈鹤对人的伤害，可首先使用捕鱼用的捞网扣住黑颈鹤头部，然后将手缓慢伸入捞网中，用手握住黑颈鹤上颈部，使其无法转头，随后用头套套住其头部，并由另一人捆绑住黑颈鹤的两腿，使其无法剧烈挣扎。

黑颈鹤捕捉后应立即完成环志工作，切忌长时间留存。环志时，一人负责按压黑颈鹤，一人将N号环志环佩戴于其跗跖上。同时，需要一人配合完成相关形态学测量（包括体重、体长、尾长、喙长等）。在有条件的情况下，最好在黑颈鹤上腿部安装彩环，便于野外识别；但宜使用由全国鸟类环志中心制作的印有数字的彩环，否则可能相互混淆不同地点环志的黑颈鹤。在记录表中需详细记录相关信息，环号是鸟的唯一身份标识，绝不可错记或漏记。

8.4.3 安装跟踪器

为了掌握鸟类迁徙、家域等空间活动情况，对于珍稀濒危或缺少迁徙资料的鸟类，最好加装跟踪器（如 GPS 跟踪器）。黑颈鹤体重在 5kg 左右，所以小于 200g 的跟踪器均可使用。按照以下步骤完成背包式跟踪器的安装。

第一，取捆绑线（特氟龙线）约 1m，按照跟踪器四角（右下、右上、左上、左下）依序穿入，在左上和右上之间留下一个圆环（图 8-7）。

第二，将步骤①中的圆环从黑颈鹤喙部套入至脖颈上端。

第三，将绑绳 A 端和 B 端分别从黑颈鹤的右翼和左翼穿过至前胸。

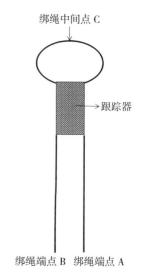

图8-7 背包式跟踪器捆绑方法

第四，调整跟踪器位置至颈部和上背结合处，将绑绳 A 端和 B 端以及圆环的中间点 C 在前胸处缝合，松紧度以恰好插入中指和食指为宜。

第五，缝合跟踪器的四角使得绑绳不能前后滑动。

8.4.4 数据处理

跟踪器获得的位点数据通常为 TXT 或 EXCEL 格式，可将其整理为统一格式的 EXCEL 数据表格，应包括位点编号、日期、时间、经度、纬度等。然后将表格导入 ArcGIS 软件中生成 shape 格式文件，再进行距离、面积等参数的量算。

参考文献

房以好, 任国鹏, 高颖, 等, 2018. 红外相机安放于地面和林冠层对野生动物监测结果的影响. 生物多样性, 26(7): 717-726.

国家林业局, 2001. 鸟类环志管理办法. (2002-02-22)[2016-10-01]. http://www.forestry.gov.cn/portal/bhxh/s/709/content-85326.html.

国家林业局, 2001. 鸟类环志技术规程. (2002-02-22)[2016-10-01]. http://www.forestry.gov.cn/portal/bhxh/s/709/content-85326.html.

伍和启, 杨晓君, 杨君兴, 2008. 卫星跟踪技术在候鸟迁徙研究中的应用. 动物学研究,

29: 346-352.

肖治术, 李欣海, 姜广顺, 2014. 红外相机技术在我国野生动物监测研究中的应用. 生物多样性, 22(6): 683-684.

肖治术, 李欣海, 王学志, 2014. 野生动物多样性监测图像数据管理系统 Camerra Data 介绍. 生物多样性, 22(6): 712-716.

肖治术, 李欣海, 王学志, 等, 2014. 我国森林野生动物红外相机监测规范. 生物多样性, 22(6): 704-711.

张孚允, 杨若莉, 1997. 中国鸟类迁徙研究. 北京: 中国林业出版社: 30-52.

张履冰, 崔绍朋, 黄元骏, 等, 红外相机技术在我国野生动物监测中的应用: 问题与限制. 生物多样性, 22(6): 696-703.

CARBONE C, CHRISTIE S, CONFORTI, et al., 2001. The use of photographic rates to estimate densities of tigers and other cryptic mammals. Animal Conservation, 4: 75-79.

JACKSON R M, ROE J D, WANGCHUK R, et al., 2006. Estimating snow leopard population abundance using photography and capture-recapture techniques. Wildlife Society Bulletin, 34: 772-781.

KAYS R, CROFOOT M C, JETZ W, et al., 2015. Terrestrial animal tracking as an eye on life and planet. Science, 348: aaa2478.

ROYLE J A, NICHOLS J D, KARANTH K U, et al., 2009. A hierarchical model for estimating density in camera-trap studies. Journal of Applied Ecology, 46: 118-127.

XIA L, YANG Q S, LI Z C, et al., 2007. The effect of the Qinghai-Tibet railway on the migration of Tibetan antelope Pantholops hodgsonii in Hohxil National Nature Reserve, China. Oryx, 41: 352-357.

附录

附录1 野生动物多样性调查——相机审核表

调查地点_____ 日期（ 年 月 日）_____ 样点名_____ 审核人_____

相机编号	相机序列号	储存卡号	储存卡为空	电池充满	日期和时间设置正确	相机设置正确	相机工作正常	外壳密封性和锁扣完好	相机其他配件齐备	备注

引自肖治术等（2014）。

8 野生动物生态研究技术

附录Ⅱ 野生动物多样性调查——相机状况表

调查地点＿＿＿＿＿＿＿　　　　样点名＿＿＿＿＿＿＿

相机位点（GPS点）	相机编号	储存卡号	安装日期 年月日	安装人 姓名	结束日期 年月日	取机人 姓名	取机 白板	野外取下相机后填写，情况属实打"√"						相机工作情况和效率				备注
								正常	丢失	外壳损坏	相机受损	存储卡受损	相机位点移位	实际工作时长(h)	理论工作时长(h)	工作效率	未工作原因	

改自肖治术等（2014）。

附录Ⅱ 野生动物多样性调查——相机状况表

相机编号	安装人	样区名	小地名	相机位点(GPS点)	海拔(m)	放置起止期	有无标杆	布设地点	相机朝向	安装角度	地形	坡度	植被	林型	乔木盖度	灌木盖度	草本盖度	人为干扰类型	备注

引自肖治术等（2014）。

有无标杆：相机正前方3 m内有无标杆。
布设地点：兽径、人路、河流、小溪、水塘、硝塘、倒木、石洞旁、其他（可具体标明）。
植被：热带雨林、常绿阔叶林、常绿落叶阔叶混交林、落叶林、针阔混交林、针叶林、草地、草甸、其他（可标注）。
林型：原始林、次生林、灌丛、人工林、农田、竹林、其他（可标明）。
地形：山脊、缓坡、陡坡、其他（可标明）。
人为干扰类型：打猎、放夹、开山、砍柴、采集非木材林产品、其他（可标明）。

附图

附图3-1 爪哇野牛——对于大型兽类,野外偶见的几率很低,需要提前做好功课定点守候(罗旭 摄)

附图3-2 水族馆鱼类——因为光线较暗,使用最大光圈F2.8,等待鱼游过光线充足的位置(罗旭 摄)

附图3-3 巴塘攀蜥——平视角度拍摄,尽量拍全以展现动物全部身体特征(罗旭 摄)

附图3-4 八线腹链蛇——蛇的爬行速度快,要抓住它抬头的一瞬间,得到平视角度(罗旭 摄)

附图 3-5　白斑黑石䳭——右侧构图，主体在黄金分割点附近（罗旭　摄）

附图 3-6　骨顶鸡——多个拍摄主体，需缩小光圈，以加大景深，确保两个主体均清晰（罗旭　摄）

附图 3-7　斑头雁——飞行，留白在前进方向（罗旭　摄）

附图 3-8　加拿大黑雁——运用较高快门速度，将水花四溅的场景抓拍下来，记录鸟类水浴的行为（罗旭　摄）

附图3-9 鹊鸭——拍摄主体前后重叠时,通常以前边的个体聚焦拍摄(罗旭 摄)

附图3-10 酪色绢粉蝶——清晨还有露珠在蝴蝶身体上,有晶莹剔透的感觉(罗旭 摄)

附图3-11 犀角金线鲃——黑色背景凸显了主体,轮廓光增强了鱼体的立体感(张源伟 摄)

附图 3-12 银鸥——手机拍摄，广角很好地展现了季节和拍摄地信息（冬季、尼亚加拉瀑布）（罗旭 摄）

附图3-13 白眉长臂猿——抓住动物吊在树枝上的瞬间可避免画面杂乱（李家鸿 摄）

附图3-14 猕猴——贵阳市黔灵公园游客很多，抓住猕猴上树的瞬间，可以避免树下人的干扰（罗旭 摄）

附图3-15 叉背金线鲃——水族箱接近自然环境的布置,展示了其生存环境(张源伟 摄)

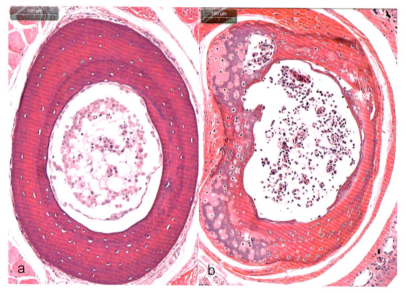

附图3-16 滇蛙趾骨雄性(a)与雌性(b)(李奇生 摄)

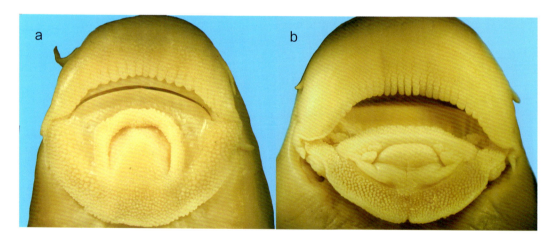

附图3-17 短鳔盘鮈和小垫墨头鱼口吸盘——主、辅灯的高度、角度和光线强度的配合才能反映口吸盘的立体感和细节(周伟 摄)

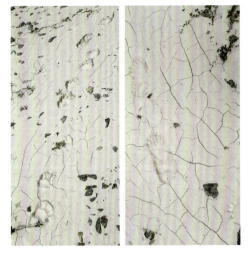

a. 黑熊足迹链（周伟 摄）

b. 绿孔雀足迹（罗旭 摄）

c. 白尾梢虹雉足迹（王斌 摄）

d. 白尾梢虹雉取食坑（高歌 摄）

e. 啄木鸟巢洞（张雪莲 摄）

f. 滇䴓啄巢洞（罗旭 摄）

j. 黄胸织布鸟巢（罗旭 摄）

附图4-1 兽类和鸟类活动痕迹

a. 豺粪便

d. 干燥的豪猪粪便

b. 豹猫粪便

e. 新鲜的豪猪粪便

c. 小熊猫粪便

附图4-2 野生动物粪便（上）（罗旭 摄）

f. 豚鹿粪便

g. 水鹿粪便

h. 白尾梢虹雉粪便

i. 血雉粪便

j. 新鲜的猕猴粪便

附图4-2　野生动物粪便（下）（罗旭　摄）

a. 鹿类采食痕迹（罗旭 摄）

c. 白颊费树蛙卵泡（袁智勇 摄）

d. 鹿类擦痕（罗旭 摄）

b. 黑熊抓痕（高歌 摄）

e. 大象擦痕（罗旭 摄）

附图4-3 哺乳类和两栖类活动痕迹（上）

f. 野猪栖卧地（梁丹 摄）

g. 田鼠啃食痕迹（罗旭 摄）

h. 田鼠洞口（罗旭 摄）

i. 圈养中华穿山甲洞穴
（崔亮伟 摄）

附图4-3 哺乳类和两栖类活动痕迹（下）

a. 豹猫

b. 赤麂

c. 云南兔

附图8-1 在动物通道布设红外相机可拍摄多种动物（罗旭 供图）

a. 赤麂

b. 黑颈长尾雉

c. 黄喉貂

附图8-2 在林下空旷地布设红外相机可拍摄多种动物（罗旭 供图）

a. 白腹锦鸡
b. 白鹇
c. 黑领噪鹛
d. 黑胸鸫
e. 灰树鹊
f. 眼镜蛇

附图8-3 在动物高强度利用地点布设的红外相机可拍摄多种动物（罗旭 供图）

a. 拍摄地栖动物的红外相机安装

b. 红外相机拍摄到的黄喉貂和白鹇

附图8-4　红外相机安装和拍摄的地栖动物（黄志旁　供图）

a. 树上安装红外相机位置及角度

b. 树上红外相机拍摄到的灰叶猴和普通猕猴

附图8-5　红外相机安装和拍摄的树栖动物（黄志旁　供图）